독자의 1초를 아껴주는 정성을 만나보세요!

세상이 아무리 바쁘게 돌아가더라도 책까지 아무렇게나 빨리 만들 수는 없습니다.

인스턴트 식품 같은 책보다 오래 익힌 술이나 장맛이 밴 책을 만들고 싶습니다.

땀 흘리며 일하는 당신을 위해 한 권 한 권 마음을 다해 만들겠습니다.

마지막 페이지에서 만날 새로운 당신을 위해 더 나은 길을 준비하겠습니다.

최소한의 데이터 리터러시

초판 발행 · 2024년 2월 15일
초판 2쇄 발행 · 2024년 7월 26일

지은이 · 송석리, 황수빈, 이정윤, 정유진
발행인 · 이종원
발행처 · (주)도서출판 길벗
출판사 등록일 · 1990년 12월 24일
주소 · 서울시 마포구 월드컵로 10길 56(서교동)
대표 전화 · 02)332-0931 | **팩스** · 02)323-0586
홈페이지 · www.gilbut.co.kr | **이메일** · gilbut@gilbut.co.kr

기획 및 책임편집 · 김윤지(yunjikim@gilbut.co.kr) | **디자인** · 박상희 | **제작** · 이준호, 손일순, 이진혁
마케팅 · 진창섭, 이지민 | **유통혁신** · 한준희 | **영업관리** · 김명자 | **독자지원** · 윤정아

교정교열 · 황진주 | **전산편집** · 도설아 | **출력 및 인쇄** · 금강인쇄 | **제본** · 경문제책

ISBN 979-11-407-0827-7 03310 (길벗 도서번호 080381)

정가 20,000원

송석리, 황수빈, 이정윤, 정유진 지음

길벗

저자의 말

데이터가 넘쳐나는 시대에 필요한 데이터 리터러시

우리가 살아가는 시대는 데이터가 넘쳐납니다. 데이터의 수집이 쉬워졌을 뿐 아니라, 형태도 다양해졌고, 인공지능을 사용해 데이터를 생성하기도 하죠. 인공지능이 빠르게 발전하며 데이터 역시 함께 각광받고 있습니다. "낫 놓고 기역자 모른다"라는 말처럼, 데이터를 읽고 해석할 수 있는 능력, 즉 데이터 리터러시가 부족하다면 눈앞에 데이터가 있어도 데이터가 담고 있는 어떤 정보도 얻을 수 없습니다. 데이터는 마치 광산과 같아서 올바르게 해석하고 활용할 수 있는 능력을 기른다면 남들이 발견하지 못한 멋진 보석을 발굴할 수 있지만, 그 반대일 수도 있지요.

집필진은 학생과 교사를 위한 데이터 리터러시를 연구하면서, 학생과 교사를 포함해 우리 모두에게 필요한 소양이 바로 '데이터 리터러시'라고 생각했습니다. 그리고 그 연구 결과로 인공지능 및 데이터 시대를 현명하게 살아갈 수 있도록 돕는 책을 집필하게 되었습니다. 이 책은 단순히 데이터 리터러시와 관련된 이론서를 넘어, 데이터 리터러시 전문가인 현직 선생님들과 함께 차근차근 일상 속의 질문부터 시작하여 그 답을 찾아가는 과정까지 함께합니다. 특히 노코드 툴부터 파이썬을 이용한 분석과 예측까지 이해하고, 데이터 분석에 사용할 수 있는 도구를 기초 수준부터 고급 수준까지 폭넓게 실습하다 보면 데이터를 다루는 것이 더이상 데이터 과학자만 할 수 있는 전문적인 분야가 아니라 삶에 있어 필수적인 요소임을 경험할 수 있습니다.

일상에서 시작하는 데이터 리터러시 첫걸음

이처럼 《최소한의 데이터 리터러시》는 단순히 데이터를 읽고 해석하는 방법을 넘어서, 여러분 스스로가 데이터를 통해 세상을 새로운 눈으로 바라보고, 더 나은 미래를 만들어 나갈 수 있도록 돕는 길잡이가 될 것입니다. 이 책을 통해 일상이나 업무에서 데이터를 활용할 수 있는 능력을 키우고, 데이터 리터러시가 필요한 시대에 주역으로 거듭나며 데이터를 자유롭게 활용할 수 있기를 진심으로 바랍니다.

2021년 겨울에 처음 만나 데이터 교육 연구를 시작한 MODA팀, 늘 곁에서 응원해 주는 사랑하는 가족과 친구, 그리고 이 책이 나올 수 있도록 기다려주시고 편집에 힘써주신 길벗 김윤지 팀장님과 편집팀에게 감사의 마음을 전합니다.

저자 송석리, 황수빈, 이정윤, 정유진

추천의 글

생성형 인공지능이 등장하면서 AI 교육에 대한 필요성이 그 어느 때보다도 강조되고 있는 요즘, 매우 반가운 책을 보게 되었다. 《최소한의 데이터 리터러시》는 컴퓨터 도구를 배우는 것에서 벗어나, 데이터 리터러시가 일상의 문제들을 현명하게 파악할 수 있다는 점을 다양한 사례를 통해 제시하고 있다. 특히 중·고등학교와 대학에서 수많은 학생을 가르치면서 검증한 내용과 효과적인 방법을 간결하게, 적절한 그림을 활용해서 보여주는 것은 이 책의 큰 장점이다. 최근 학교뿐만 아니라 다양한 분야에서 문제를 이해하고 해결하는 데에 AI를 융합해서 활용하고 있는데, 이 책은 그 자체로서도 유용하지만 AI 교육과 연결되어 활용할 수 있는 중요한 자원이 될 것으로 믿어 의심치 않는다.

– 서울대학교 교육학과 교수 임철일

데이터는 내가 궁금하고 알고 싶었던 대상에 대한 흔적과 힌트를 모은 것이다. 그래서 데이터를 탐구하는 사람은 이런 힌트를 통해 숨어있는 사실을 알아내는 탐정과 같다. 이 책의 가장 큰 미덕은 탐정이 피상적으로 힌트를 조합할 때 범할 수 있는 착각을 다룬다는 점이다. 데이터의 우연성, 오류 가능성 때문에 발생하는 다양한 착각의 함정을 수학과 확률을 통해 논리적으로 피하지 않는다면 비밀이 아닌 쓰레기를 발견하게 될 수도 있기 때문이다. 《최소한의 데이터 리터러시》는 데이터가 삶의 모든 영역에 스며든 시대에, 보통의 사람들이 갖춰야 하는 최소한의 스킬인 데이터 리터러시를 배울 수 있는 책이다. 이 책을 시작으로, 데이터 탐정이 되어 데이터 속의 비밀을 찾아 나의 또는 내가 속한 직장의 자산으로 만들어 보기를 추천한다.

– 서울대학교 수학교육과 교수 유연주

책 소개

차근차근 읽으며 단계별로 익히는 데이터 리터러시 감각

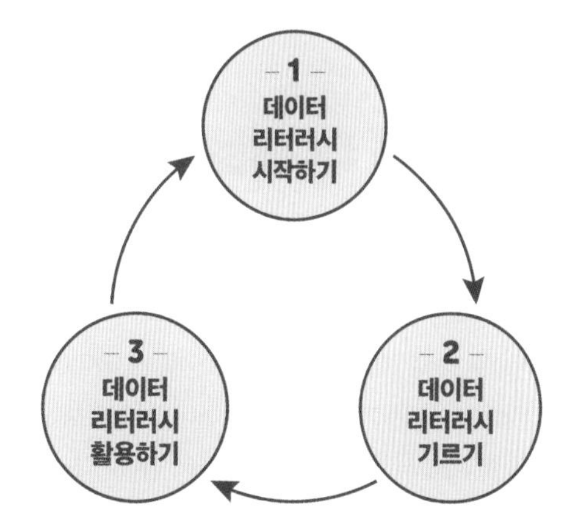

일상에서 데이터 리터러시를 시작하고, 기르고, 활용하는 방법을 단계적으로 익힐 수 있도록 총 3부로 구성했습니다.

1부 "데이터 리터러시를 시작하는 시간"

일상에서 데이터 과학의 세계로 입문하는 시간입니다. "우리가 자주 이용하는 지하철은 어느 역의 이용객이 가장 많을까?", "100년 전의 기온과 지금의 기온은 어떻게 달라졌을까?" 등 일상에서 우리가 가질 수 있는 질문을 통해 데이터 과학이 무엇인지, 데이터 과학을 통해 어떻게 해결할 수 있는지를 보여주는 과정입니다.

2부 "데이터 리터러시를 기르는 시간"

데이터 과학의 비판적 사고라는 렌즈를 만들어 나가는 핵심 파트로, 우리가 한 번쯤은 해봤을 고민에서 시작해 아주 쉽게 데이터 과학에 다가갈 수 있도록 구성하였습니다. 통계와 데이터 과학, 간단한 머신러닝까지 체험해보며 데이터를 어떻게 활용하여 데이터 기반의 의사결정을 할 수 있는지 살펴볼 수 있습니다. 다소 낯선 개념이 많이 나올 수 있지만 맛집 평점과 추천 시스템의 비밀부터 통계의 함정, 베이지안 추론으로 해석하기 등 주변에서 흔히 볼 수 있는 사례와 고민 속에서 데이터 리터러시를 기를 수 있도록 도와줍니다. 숫자와 수식이 가득해 어렵게 보였던 통계를 쉽게 이해할 수 있고, 통계를 통해 삶의 지혜까지 얻을 수 있는 과정입니다.

3부 "데이터 리터러시를 활용하는 시간"

앞서 기른 데이터 리터러시를 바탕으로 나만의 프로젝트를 시작하고 질문에 대한 답을 찾아갈 수 있도록 도와줍니다. 데이터 시각화 결과를 함께 해석하며 인사이트를 도출해보는 활동과 데이터 리터러시 활용 가이드, 데이터 수집을 위한 첫 번째 단계인 설문 조사 만들기, 수집된 자료 분석하고 예측하기 등 데이터 분석에 있어서 반드시 고려해야 할 데이터 윤리까지 함께 살펴봅니다.

이 책을 두 배로 잘 활용하려면

이 책을 통해 데이터 리터러시를 효과적으로 기르고 싶다면 두 번 읽어보는 것을 권장합니다. 첫째, 처음 읽을 때는 실습 없이 눈으로 읽어보며, 여러분만의 일상 속에서 데이터로 해결할 수 있는 질문을 적어보세요! 두 번째 읽을 때는, 책에서 소개하는 데이터 분석을 위한 툴 코답(CODAP), 오렌지3(Orange3), 엑셀, 파이썬 중에서 마음에 드는 툴 하나를 골라, 책에서 나오는 데이터를 직접 분석해보는 것을 추천합니다.
둘째, 데이터 세상 속으로 한 발 더 나아가고 싶다면, 데이터 리터러시 활용하기 가이드에 따라 설문 조사를 통해 데이터를 수집해보고, 분석하며 직접 인사이트를 도출해보세요. 무엇보다 중요한 것은, 혼자 데이터를 분석해보는 것도 좋지만 데이터 분석 결과를 해석하는 것 만큼은 친구나 동료와 함께 해석해야 좀 더 올바르게 데이터를 해석할 수 있다는 것입니다.
셋째, 본문의 상세한 설명과 함께 책의 곳곳에 배치된 '팁'과 '알아두면 좋아요'를 잘 활용해보세요! 현직 선생님들의 풍부한 도움말을 따라가다 보면 어느새 데이터 분석에 자신감을 갖게 될 것입니다.

실습용 데이터 파일 다운로드 안내

책에 나오는 실습용 데이터 파일은 길벗출판사 홈페이지에서 다운로드할 수 있습니다. www.gilbut.co.kr에 접속한 다음 검색 창에 책 제목을 입력하면 해당 도서 페이지가 표시됩니다. 도서 소개 페이지의 [자료실]을 클릭하면 실습용 파일을 다운로드할 수 있습니다.

차례

16장 | 데이터 패턴을 분석해 2050년 서울 기온 예측하기

17장 | 데이터 윤리가 필요한 시간

PART

DATA LITERACY

데이터 리터러시를 시작하는 시간

들어가는 글

1 21세기 미래 역량, 4C

데이터 리터러시에 대한 본격적인 이야기를 하기 전에 이 책에서 우리가 다룰 내용이 어떤 의미를 지니는지 공유하고자 합니다. 혹시 여러분은 '4C'라는 용어를 들어 본 적이 있나요? 또는 21세기에 필요한 '미래 역량'이라는 용어를 들어 본 적이 있나요? 4C와 미래 역량이라는 용어가 생소할 수도 있으니 먼저 4C가 무엇인지 알아보겠습니다.

▲ 그림 1-1 4C의 의미[1]

1 출처: https://www.fablevisionlearning.com/blog/2014/05/above-and-beyond-the-story-of-the-4cs

의사소통 능력(Communication), 협업 능력(Collaboration), 비판적 사고(Critical thinking), 창의성(Creativity) 이 네 가지의 앞 글자를 따서 4C라고 하며, 이것들을 '미래 역량'이라고 합니다. 미래 역량은 2015년에 개정된 우리나라의 2015 개정 교육과정부터 강조되었고, 2022년 개정된 2022 개정 교육과정에서도 여전히 중요하게 다룹니다. 교사로서 이 4C가 미래를 살아가는 데 중요하다는 것에는 충분히 공감하지만, 구체적으로 어떻게 해야 이런 역량을 기를 수 있을지에 대한 답은 잘 떠오르지 않았습니다. 수업 시간에 아이들의 의사소통 능력을 길러준다는 것이 너무 어렵게 느껴졌습니다. 그러던 중에 4C를 설명하는 글에 적힌 내용을 자세히 살펴보게 되었습니다.

4C의 첫 번째 역량인 의사소통(Communication)에 대한 그림을 보면 두 명의 아이들이 대화하는 모습이 보입니다. 의사소통을 정의하는 글에서는 '공유(Sharing)'가 핵심 키워드입니다. 그렇다면 무엇을 공유하는 것일까요? 바로 생각과 질문, 아이디어와 문제 해결 방법을 함께 나누는 것이 의사소통이라고 설명하고 있습니다.

▲ **그림 1-2** 의사소통의 핵심 키워드는 '공유(Sharing)'

두 번째 협업 능력(Collaboration)은 4C 중 가장 어렵다고 생각하는 비판적 사고(Critical Thinking)입니다. 사실 이 책을 통해 만나게 될 '데이터 리터러시'는 4가지 역량과 모두 연결되지만, 특히 비판적 사고와 밀접한 관련이 있습니다. 비판적 사고의 정의를 사전에서 찾아보니 다음과 같았습니다.

비판적 사고 | 교육학용어사전

어떤 사태에 처했을 때 감정 또는 편견에 사로잡히거나 권위에 맹종하지 않고 합리적이고 논리적으로 분석·평가·분류하는 사고과정. 즉, 객관적 증거에 비추어 사태를 비교·검토하고 인과관계를 명백히 하여 여기서 얻어진 판단에 따라 결론을 맺거나 행동하는 과정을 말한다.

외국어 표기 批判的思考(한자), critical thinking(영어)

비판적 사고 | Basic 고교생을 위한 사회 용어사전

자신의 주장에 잘못이 없는지를 엄격히 살펴보는 것으로, 사용되는 언어, 사실 확인, 가치 선택의 잘잘못 여부를 꼼꼼히 살펴보아야 한다.

외국어 표기 批判的思考(한자)

▲ **그림 1-3** 비판적 사고의 사전적 정의(출처: 네이버)

인터넷 검색으로 비판적 사고의 정의를 알아보았지만 여전히 부담스러운 개념이었습니다. 하지만 이번에도 4C를 설명하는 아래 그림을 통해 더 풍부한 나만의 의미를 알아낼 수 있었습니다.

▲ **그림 1-4** '비판적 사고'의 핵심 키워드는 다양한 관점

그림 1-4를 보면 아이가 새를 바라보며 그림을 그리려고 합니다. 그런데 이 아이는 새의 어떤 모습으로 그리려는 것일까요? 아마도 새를 정면에서 바라본 모습을 그리고 있을 것이라고 예상할 수가 있습니다. 다시 말해, 우리가 그림에서 보는 새의 옆모습을 아이는 볼 수 없고, 아이가 바라보고 있는 새의 앞모습은 우리가 알 수 없다는 것입니다. 그렇다면 아이가 그린 새의 모습이 새의 진짜 모습일까요, 아니면 우리가 지금 보고 있는 새의 옆모습이 진짜 모습일까요? 당연히 두 모습 모두 새의 일부이고, 여러 관점에서 본 새의 모습이 합쳐져야 비로소 새

의 전체 모습을 알 수 있다는 게 정답이겠죠. 이 그림을 보면 '장님 코끼리 만지듯 한다'라는 말이 떠오릅니다. 그동안 우리는 이 말을 '전체가 아닌 부분만으로 판단하려고 한다'는 부정적인 의미로 사용했습니다. 하지만 다르게 보면, 우리가 하나의 관점만으로 세상을 바라보는 것은 어쩔 수 없으니, 부족함을 인정하고 여러 관점들을 서로 공유하면 오히려 대상에 대한 폭넓은 이해가 가능해진다고 생각할 수 있습니다.

▲ **그림 1-5** 장님이 코끼리를 만지는 그림[2]

자, 이제 그림 1-4의 영어 문장을 다시 살펴볼까요? 어떤 문제를 새로운 관점으로 바라보고, 기존에 알고 있던 과목과 다른 학문들을 서로 연결시킬 수 있는 역량이 바로 비판적 사고라고 설명합니다.

앞으로 이 책을 통해서 어떤 문제를 바라보던 기존의 관점에 더해지는 새로운 관점을 갖게 될 것입니다. 특히 '데이터'라는 하나의 매개체를 통해서 다양한 관점들이 어떻게 서로 연결되고 융합되면서 새로운 관점으로 발전해 나가는지 경험하게 될 것입니다.

마지막 C는 바로 모든 사회에서 강조하고 있는 창의성(Creativity)입니다. 여기서는 마치 라이트 형제가 떠오르는 듯한 그림과 '시도(Trying)'라는 키워드로 창의성을 설명합니다.

2 출처: https://en.m.wikipedia.org/wiki/File:Blind_men_and_elephant4.jpg

▲ **그림 1-6** 창의성의 핵심 키워드는 '시도(Trying)'

창의성이란 무언가를 하기 위한 시도인데, 여기서 시도는 군대에서 훈련하는 것처럼 반복 숙달을 통한 것이 아닌 새로운 접근 방식으로 계획하고 행동하는 것입니다. 이런 관점에서 보면, 우리는 앞으로 데이터에서 질문을 찾고 문제를 함께 해결하는 과정에서 새로운 접근 방법으로 다양한 시도를 하며 창의성을 키우는 방법을 배우게 될 것입니다.

지금까지 언급한 4C는 데이터를 염두에 둔 개념은 아니지만, 데이터에 기반한 문제 해결 과정은 4C와 같은 미래 역량을 키우기 위한 좋은 방법 중 하나입니다. 그래서 앞으로 이 책에서는 미래를 살아가는 데 필요한 역량을 어떻게 키우는지, 그 방법들을 소개합니다. 이제 미래 역량에 대한 이해를 어느 정도 마쳤으니, 인공지능 시대에 대한 이해를 돕기 위해 컴퓨터와 문제 해결의 역사를 간단히 살펴보겠습니다.

2 컴퓨터와 문제 해결의 역사

요즘 일상을 살면서 아무런 문제가 없나요? 크거나 작거나 아마 분명히 어떤 문제가 하나쯤은 있을 것입니다. 이 책을 읽는 이유도 어떤 문제를 해결하기 위한 방법 중 하나이겠지요. 그런데 이런 '문제'는 도대체 언제부터 우리와 함께 했을까요?

'문제'는 태초부터, 즉 우리 인간이 존재하면서부터 있었습니다. 다시 말하면 우리가 살아있는 동안은 언제나 문제와 함께 한다는 것입니다. 혹시 이 말이 너무 절망적인가요? 하지만 새로운 관점으로 바라보면, 우리가 살아있는 동안 절대 없어지지 않고 앞으로도 영원히 인류와 함께 하는 '문제'에는 긍정적인 측면도 있습니다.

지금까지 이러한 문제를 해결하기 위한 방법들과 도구들이 수없이 생겨났고 또 사라졌습니다. 그런데 지금부터 소개할 문제 해결의 도구는 특별합니다. 이것은 인류 역사상 가장 강력한 문제 해결 도구이자, 수많은 문제를 풀 수 있는 유일한 도구입니다. 이 도구의 이름은 무엇일까요? 네, 맞습니다. 바로 '컴퓨터(Computer)'입니다. 현존하는 우주에서 가장 강력한 문제 해결 도구인 컴퓨터에 대한 이야기를 지금부터 시작해보겠습니다.

계산하는 사람에서 모두의 문제를 해결하는 기계로

혹시 <히든 피겨스>라는 영화를 본 적이 있나요? 이 영화에는 어떤 사람을 영어로 '컴퓨터'라고 부르는 장면이 있는데, 자막에는 '계산원'이라고 번역되어 있습니다. 필자는 영화를 보고 나서 '컴퓨터(Computer)'가 옛날에는 compute라는 동사에 무엇을 하는 사람이라는 -er이 붙어, 계산하는 사람을 지칭하는 용어라는 것을 처음 알았습니다. 보통 프로그래머(Programmer)는 당연히 프로그램을 만드는 사람을 의미하고 컴퓨터는 당연히 기계를 의미한다고 생각하는데, 영화의 배경이었던 1950년대까지만 해도 컴퓨터라고 하면 사람을 의미했던 것입니다. 그리고 계산원(사람)이 해결하던 계산 문제를 컴퓨터(기계)가 대신 해결하면서 영화 <이미테이션 게임>의 내용처럼 군사 및 과학, 우주 분야의 문제를 해결하는 데도 컴퓨터가 활용되기 시작했습니다.

초기의 컴퓨터는 아래 사진처럼 20평 정도 되는 방을 가득 채울 만큼 엄청나게 컸습니다.

▲ **그림 1-7** 방에 가득 찰 정도로 컸던 1940년대의 컴퓨터 에니악(ENIAC)[3]

---

3 출처: https://en.m.wikipedia.org/wiki/ENIAC

이 무렵의 컴퓨터는 국가 수준의 연구소에서 사람들이 해결하기 어려운 고난도 문제를 해결하는 도구로 사용되었습니다. 그래서 당연히 보통 사람들의 일반적인 문제를 해결하는 데 컴퓨터를 사용한다는 것은 상상하기 어려운 일이었습니다. 당시 사람들에게 컴퓨터는 현재 우리가 '슈퍼 컴퓨터'를 떠올리는 것과 비슷한 느낌이었을 것입니다. 그런데 그 시대에도 앞으로 다가올 미래를 내다보고, 미래에는 모든 집과 사무실의 책상 위에 개인용 컴퓨터, 즉 퍼스널 컴퓨터(Personal Computer, PC)가 놓일 것이라고 예측하는 사람들이 있었고, 이들이 PC의 시대를 만들었습니다. 우리나라는 지금으로부터 30년 전인 1990년대부터 PC 시대가 시작되었습니다. 모두의 책상 위에 올라온 컴퓨터는 사람이 처리하던 많은 일들을 자동화했고, 지금도 엑셀, 워드프로세서, 파워포인트 같은 프로그램 도구를 활용해 여러 가지 일(문제)들을 해결하고 있습니다.

인터넷 혁명과 모바일 혁명

PC의 시대였던 90년대를 지나 2000년대가 되자 '인터넷(Internet)'이 책상 위에 올라온 컴퓨터를 전세계와 연결시켜 주었습니다. 불과 20년 전인 2000년 초만 해도 '편지'는 우표를 붙여서 사람의 손을 통해 전달하는 손 편지를 의미하는 것이었고, 학생들이 숙제를 위해 정보를 찾으려면 인터넷을 검색하는 대신 '백과사전'이라는 두꺼운 책을 보았습니다. 하지만 지금은 종이 편지와 구별하기 위해 만든 용어인 전자우편(e-mail)이라는 단어조차 잘 쓰지 않습니다. 그만큼 오늘날 인터넷은 물과 공기처럼 우리 곁에 언제나 있고, 없어서는 안될 존재가 된 것입니다.

하지만 컴퓨터의 발전은 여기에서 끝나지 않았습니다. 바로 2007년 아이폰을 시작으로 모바일 혁명이라는 새로운 혁신이 일어났습니다. 책상 위에 있던 컴퓨터가 모두의 손 안으로 들어온 것입니다. 모바일 혁명으로 인해 우리 세상은 굉장히 많이 바뀌었고, 이 작은 컴퓨터인 스마트폰이 이전과는 비교할 수 없을 정도로 많은 양의 문제를 해결하고 있습니다. 가장 대표적으로는 모바일 메신저를 통해 소통 문제를 혁신적으로 해결했고 카메라, 지도, 심지어 은행과 공공기관에서의 행정 업무, 쇼핑과 교육까지 우리 생활에 굉장히 많은 문제를 스마트폰으로 해결하면서 편리해졌습니다. 이제는 스마트폰 없이 사는 것이 굉장히 불편한 세상 속에서 살고 있습니다. 하지만 누군가가 '스마트폰은 우리 인류의 문제를 대부분 해결할 수 있다'고 주장한다면 동의할 수 있나요? 아마 그렇지 않을 것입니다. 당장 스마트폰으로 해결되지 않는 건강, 인간관계와 같은 문제들이 떠오를 테니까요.

앞으로 30년 동안 우리가 해결할 수많은 문제들

다시 한 번 지금까지의 흐름을 정리하면, 처음엔 계산 문제 해결을 위한 도구로 시작된 컴퓨터가 1990년대에는 많은 사람들의 사무적인 문제를 해결하기 시작했고, 2000년대에는 인터넷의 출현을 거쳐, 2010년대 이후에는 우리 삶의 많은 문제를 해결하며 문제 해결의 범위를 지속적으로 확장시키고 있습니다.

그렇다면 컴퓨터로 해결할 수 있는 문제의 범위는 여기까지 끝일까요? 아닙니다. 컴퓨터는 여전히 진화하고 있습니다. 2050년의 우리는 2020년대의 변화를 어떻게 기억할까요? 아마도 미래에는 2020년대를 데이터 기반의 인공지능이 우리 삶으로 다가온 시대로, 그리고 지금까지 일어난 변화보다 더 큰 변화가 일어난 시대로 기억할 것입니다. 어쩌면 오늘날 아이들이 편지로 소통하고 백과사전으로 숙제를 하던 1990년대의 삶을 상상하기 어려운 것보다 더 큰 변화가 인공지능으로 인해 일어날지도 모릅니다.

물론 컴퓨터의 진화가 인간의 모든 문제를 해결할 수는 없을 것입니다. 하지만 이제는 인간 세상의 문제 중 인공지능이 직간접적으로 영향을 줄 수 없는 문제를 세 가지만 찾으라고 해도 선뜻 답하기 어려운 시대가 되었습니다. 다시 말해 우리가 10년, 20년, 30년 후에 지금을 돌이켜본다면 '그 시절에는 이런 것들이 아직 컴퓨터로 해결되지 않았었구나. 하지만 지금은 인공지능에 의해서 이런 문제들이 해결되고 있구나!'라고 생각할 것입니다. 그리고 아직 해결되지 못한 그 미래의 문제를 해결할 주인공들이 바로 여러분이고, 우리가 찾아낼 새로운 문제는 바로 데이터에서 발견될 것입니다.

그러면 지금부터 우리에게 필요한 최소한의 데이터 리터러시 속으로 들어가볼까요?

21세기에 가장 인기있는 분야, 데이터 과학

데이터 과학 또는 데이터 사이언스라는 단어를 들어봤나요? 아마 이 책을 읽는다면 이미 데이터 분야에 관심이 많겠지만, 사실 데이터 과학은 우리 주변에서 인공지능만큼 익숙한 단어가 아닌 것은 확실한 것 같습니다.

그런데 세계에서 권위 있는 경영 분야의 잡지 〈하버드 비즈니스 리뷰(Harvard Business Review)〉에서는 2012년에 이미 데이터 과학자가 21세기에 가장 인기있는 직업이 될 것이라고 언급했습니다.[4] 그리고 그로부터 10년 정도가 지난 후 우리나라에도 데이터 사이언스 대학원이나 데이터 과학 관련 학과가 많이 생기고 있습니다.

그럼에도 왜 아직 우리 주변에서는 데이터 과학이라는 단어가 익숙하지 않을까요? 이 사실을 데이터로 한번 확인해보겠습니다.

1 구글 검색량으로 데이터 분야 트렌드 분석하기

그림 2-1은 구글 트렌드(trends.google.com)라는 사이트로, 구글에서 각 키워드들이 시간의 흐름에 따라 얼마나 많이 검색되는지를 시각화해 제공합니다. 사용 방법은 아주 간단합니다. [탐색(Explore)] 메뉴에서 찾고 싶은 검색 키워드를 추가하면 해당 기간의 검색량을 시각화해서 볼 수 있습니다.

인공지능(Artificial intelligence), 머신러닝(Machine learning), 딥러닝(Deep learning), 데이터 과

4 https://hbr.org/2012/10/data-scientist-the-sexiest-job-of-the-21st-century

학(Data science)의 검색량 추이를 한번 비교해볼까요? 어떤 키워드의 검색량이 가장 많고 어떤 것이 가장 적을 것 같나요? 잠깐 생각했다가 그래프를 확인해봅시다.

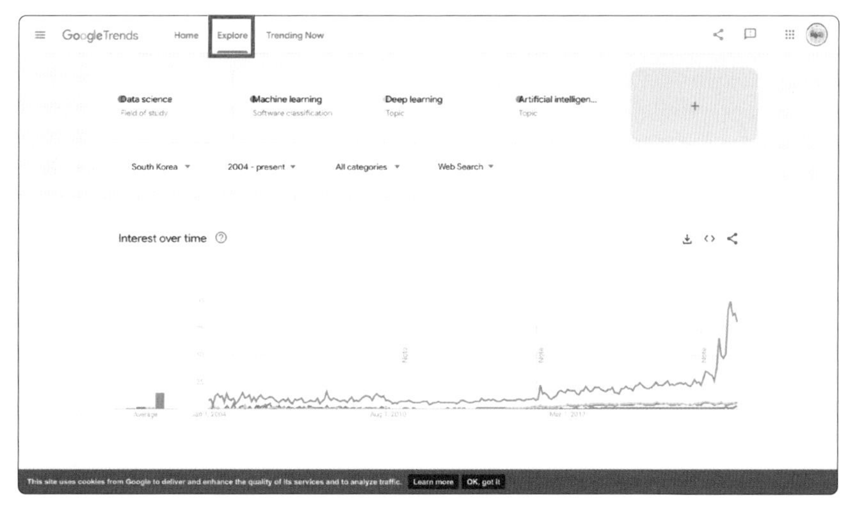

▲ **그림 2-1** 데이터 과학, 머신러닝, 딥러닝, 인공지능 검색량 변화(한국)

먼저 가장 눈에 띄는 것은 역시 초록색 그래프인 인공지능(Artificial intelligence)입니다. 2004년부터 현재까지의 기간 동안 우리가 비교하고 있는 4개의 키워드 중 월등하게 많은 검색량을 보이고 있습니다. 2016년 무렵, 인공지능의 검색량이 급격히 상승한 구간이 보입니다. 이때 어떤 일이 있었을까요? 네, 바로 이세돌 9단과 알파고의 대결이 있었습니다. 알파고 사건 이후 인공지능의 검색량이 잠시 주춤하더니 꾸준히 상승했고, 지금은 그때와는 비교도 안될 만큼 검색량이 많다는 것을 알 수 있습니다. 2022년 11월 챗GPT의 발표 이후 인공지능에 대한 관심으로 검색량이 역대 최고를 보이다가 다소 줄어드는 모습인데, 이 책을 읽는 오늘은 어떤 차이를 보이는지 직접 사이트에서 검색하여 살펴보고 그 이유를 분석해보세요.

그런데 인공지능이 나머지 3가지 키워드에 비해 검색량이 월등히 많다 보니 제대로 비교하기가 어렵습니다. 그래서 인공지능을 제외하고 3가지 키워드의 검색량만 살펴보겠습니다.

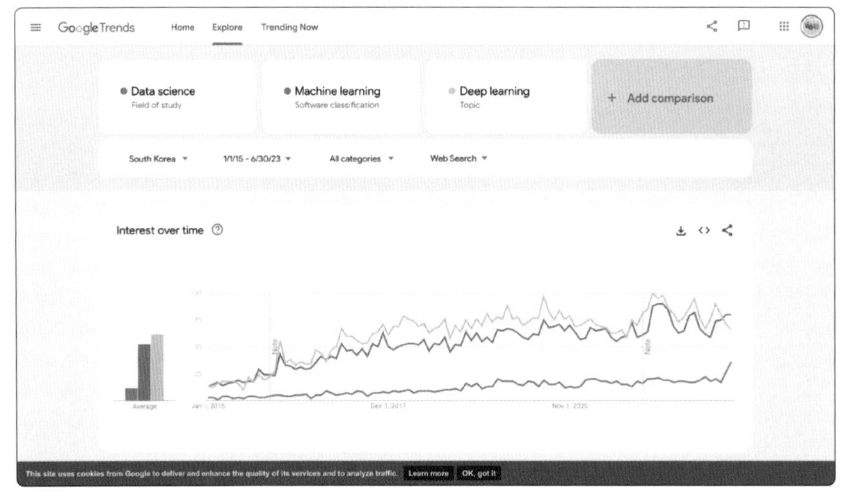

▲ **그림 2-2** 데이터 과학, 머신러닝, 딥러닝의 검색량 변화(한국)

이렇게 3가지 키워드의 검색량을 살펴보니 딥러닝이 조금 더 많은 편이지만 머신러닝과 딥러닝은 비슷한 검색량을 보이고 있고, 이번 장의 주제인 데이터 과학은 검색량이 상대적으로 적습니다. 역시 데이터 과학은 일반적으로 잘 모르는 전문 용어에 가깝다는 사실을 그래프를 통해서도 확인할 수 있습니다.

그렇다면 같은 기간, 같은 키워드에 대해 미국에서의 검색량은 어땠을까요? 국가만 미국으로 바꿔서 확인해보겠습니다.

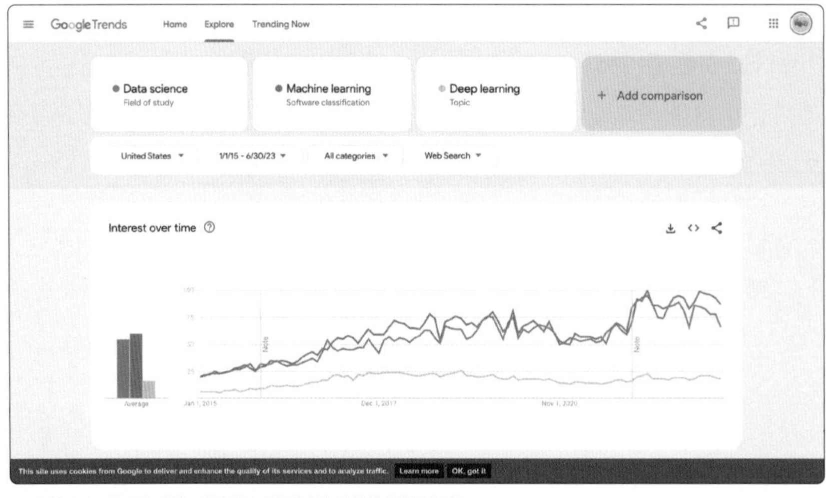

▲ **그림 2-3** 데이터 과학, 머신러닝, 딥러닝의 검색량 변화(미국)

같은 키워드에 대한 미국의 구글 트렌드를 살펴보니 먼저 순위가 우리와 다르다는 사실을 알 수 있습니다. 머신러닝의 검색량이 제일 많고, 그 다음으로 데이터 과학, 그리고 딥러닝의 검색량이 가장 적습니다. 심지어 가끔씩 데이터 과학의 검색량이 가장 많은 경우도 있다는 사실이 조금 놀랍습니다. 아무래도 데이터 과학이 미국보다 우리나라에서 아직 덜 알려진 것 같지만 그만큼 앞으로는 우리나라에서도 데이터 과학에 대한 관심이 더 높아질 가능성이 있다는 생각도 듭니다.

지금까지 구글 트렌드에서 데이터를 찾아보고, 시각화하고, 이를 통해 미래의 동향까지 예측해보았습니다. 한번 구글 트렌드 결과를 참고하여 또 다른 관점에서 분석해보세요. 지역, 기간, 키워드 등을 바꾸면서 찾다 보면 책의 관점과는 다른 나만의 인사이트를 찾아낼 수 있을 것입니다.

2 데이터 과학에 대한 다양한 정의와 벤 다이어그램

사실 데이터 과학이라는 용어는 학문적으로 엄밀하게 정의되어 있지는 않습니다. 그래서 데이터 과학에 대한 이해를 돕기 위해 우리나라의 주요 대학교의 데이터 과학 관련 학과 홈페이지 내용을 소개하여 데이터 과학의 다양한 의미를 찾아보겠습니다.

> "데이터 사이언스는 딥러닝, 머신러닝, 관계 및 논리적 분석, 통계적 분석 등 대용량 데이터로부터 통찰력과 지식을 얻고 추리하기 위한 과학적 방법론과, 풀려고 하는 문제 영역의 지식을 바탕으로 다양한 형식의 방대한 원천 데이터의 획득, 정제, 모델링, 통합 관리, 복합 분석, 시각화 등 일련의 과정을 통해 인간과 사회에 유용한 디지털 솔루션을 만들어 적용하고 지속적으로 개선하는 공학적 측면을 포괄하는 새로운 학문입니다."
>
> • 출처: 서울대학교 데이터 사이언스 대학원 홈페이지

> "데이터 사이언스학이란 사회의 각 분야에서 발생하는 정보를 수집해 이를 분석하고 해석하는 방법론을 개발하는 학문이다. 이에, 데이터 사이언스학부에서는 빠르게 변화하는 정보화 사회에 능동적으로 대처할 수 있는 인력을 배출하기 위해 학생들에게 과학적 사고와 창의력을 함양시키는 교육과 더불어 정보분석에 필요한 컴퓨터 활용 능력에 대한 교육을 하고 있다."
>
> • 출처 : 연세대학교 데이터 사이언스학부 소개

"본 학과는 컴퓨터 과학 분야의 필수 전공 지식인 컴퓨터 프로그래밍, 데이터 구조, 알고리즘, 이산수학, 데이터베이스, 인공지능 등에 대한 교육을 바탕으로, 데이터 과학 분야의 심화 전공 지식인 데이터 분석, 데이터 시각화, 빅데이터 처리 등에 대한 교육이 이루어지고 있습니다."

• 출처 : 고려대학교 데이터 과학과 소개

같은 '데이터 과학' 전공에 대한 소개지만 조금씩 다른 관점이 보이나요? 그럼에도 대다수가 데이터 과학에 대해 동의하는 것이 있습니다. 바로 데이터 과학을 설명할 때 가장 많이 등장하는 벤 다이어그램입니다. 이 벤 다이어그램은 데이터 과학이 크게 3가지 영역으로 이루어진 융합적인 분야라는 것을 보여 줍니다.

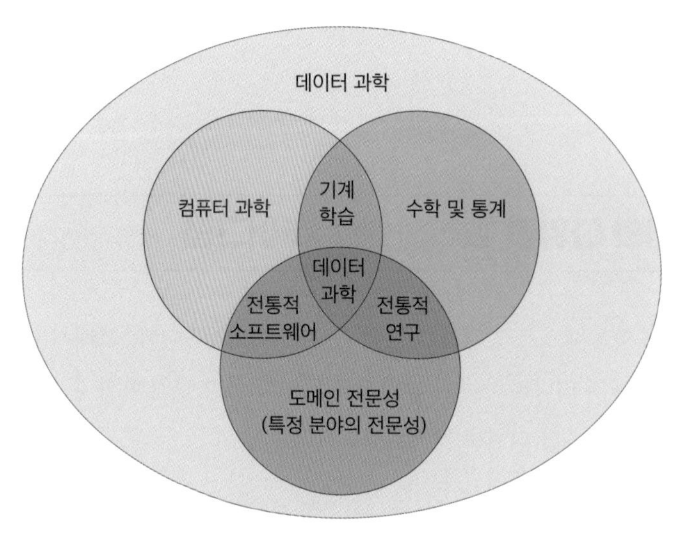

▲ **그림 2-4** 데이터 과학의 벤 다이어그램

각 영역을 조금 더 자세히 살펴볼까요? 첫 번째 영역은 컴퓨터 과학입니다. '구슬이 서 말이어도 꿰어야 보배'라는 말처럼 빅데이터의 시대에 수많은 데이터를 수집해서 다듬고 분석하고 예측하려면 컴퓨터를 활용해 데이터를 다룰 수 있는 능력이 필요합니다. 데이터 리터러시가 데이터를 읽고 쓰는 힘이라면, 컴퓨터 과학은 데이터를 쓰는 힘에 해당합니다. 이렇게 데이터를 처리하고 분석하려면 다양한 도구를 배워야 하지만, 상황에 따라 사용하는 도구가 천차만별이기 때문에 이 책에서는 구체적인 도구에 대한 내용 설명은 최대한 생략하고 일반적인 내용만을 다룰 예정입니다.

두 번째 영역은 수학과 통계입니다. '낫 놓고 기역자도 모른다'는 속담이 있습니다. 흔히 '까막

눈'을 말하는 이 속담은 단순히 글자를 읽지 못하는 것에만 해당되는 속담이 아닙니다. 말 그대로, 기역자 모양의 그래프를 놓고도 그 의미를 읽지 못하는 것과 같습니다. 지금까지 데이터 관련 수업을 하면서 데이터를 처리하고 시각화해서 결과 그래프는 나왔는데, 이 그래프를 어떻게 해석하는 것이 적절한지 모르거나 통계적으로 해석되지 않아 데이터를 읽지 못하는 학생들을 많이 보았습니다. 이와 같이 통계라는 렌즈가 없으면 데이터를 보아도 보이지 않는 상황이 생깁니다. 따라서 입문자가 데이터를 볼 수 있는 꼭 필요한 통계적인 렌즈를 몇 가지 갖추도록 이 책에서 안내할 예정입니다.

마지막으로 데이터 과학을 하는 이들이 가장 중요하다고 강조하는 도메인 전문성 영역입니다. 이는 해결할 문제에 대한 배경 이해와 전문적 지식이 있어야 한다는 것을 의미합니다. 예를 들어 교육 분야의 데이터 과학자에게는 교육 분야의 전문 지식이 도메인 전문성에 해당합니다. 도메인 전문성이 가장 중요한 이유는 조금 뒤에서 살펴보기로 하고, 일단 데이터 과학은 컴퓨터 과학, 수학 및 통계, 도메인 전문성이라는 3가지 영역의 융합으로 이루어진다는 사실을 기억하기 바랍니다. 데이터 과학을 아주 단순하게 말하면, 데이터에 기반하여 문제를 해결하는 분야라고 할 수 있습니다. 간단한 문제였을 때는 굳이 필요하지 않았던 컴퓨터 과학, 수학 및 통계, 도메인 전문성 3가지 영역의 전문성이 모두 필요한 이유는 문제가 복잡하기 때문입니다. 처음에 데이터 과학에 대한 이야기를 접했을 때 이 3가지 영역이 서로 만나야 복잡한 문제를 해결할 수 있다는 점이 참 흥미로웠습니다. 선생님으로서 데이터 과학의 3가지 영역의 만남을 우리 아이들이 자라고 있는 교실의 수업에 적용한다면 데이터 기반의 문제를 해결하는 융합 수업이 가능할 것이라고 생각했기 때문입니다.

그래서 이 벤 다이어그램의 3가지 영역을 이번에는 교과의 관점에서 잠깐 살펴보겠습니다. 3가지 영역 중 데이터 과학에서 가장 중요하다고 강조되는 부분이 어떤 영역이었는지 기억하나요? 바로 도메인 전문성, 즉 해결할 문제 분야에 대한 전문 지식입니다. 우리 아이들은 여러 문제를 둘러싼 배경 지식을 사회, 과학은 물론이고, 국어, 영어, 음악, 체육, 미술, 가정 등 정말 다양한 교과목에서 배웁니다. 그리고 우리 아이들이 살아갈 세상은 데이터 세상이기 때문에 이 모든 과목들은 결국 데이터의 내용적인 측면과 연결됩니다.

그렇다면 데이터 과학에서 이런 전문 지식이 왜 가장 중요할까요? 그 이유는 3가지 정도로 살펴볼 수 있습니다. 첫째, 새로운 문제를 발견하기 위해서는 문제의 배경에 대한 이해가 필요하기 때문입니다. 둘째, 해당 분야의 문제를 해결할 때 필요한 방법이 이미 지식으로 정리가 되어 있기 때문입니다. '바퀴를 다시 발명하지 말라'는 말처럼 이미 누군가가 만든 문제 해결 방법을 잘 활용하려면 해당 분야의 지식이 필요합니다. 마지막으로, 데이터를 통해 찾아낸 문제의 해결책이 정말 이 문제에 적합한 해결책인지, 문제가 잘 해결이 된 것인지 판단하기 위함입니다. 인공지능이 계속 발전하여 아무리 사람보다 문제를 잘 해결할 수 있는 능력을 갖춘다 하더라도 문제가 잘 해결되었는지에 대한 판단은 결국 사람의 몫으로 남을 것입니다. 그래서 데이터 과학의 3가지 영역을 새에 비유하자면, 데이터 관련 지식은 가장 중요한 몸통에 해당하고, 컴퓨터 과학과 수학, 통계는 날개에 해당한다고 할 수 있습니다. 해당 분야에 대한 전문성을 바탕에 두고 두 날개를 단다면 우리 모두 전문 분야에서 데이터로 새로운 문제를 발견하고 해결할 수 있을 것입니다.

두 번째 영역인 컴퓨터 과학은 학교에서 배우는 정보 과목에 해당되며 프로그래밍, 데이터 분석에 대한 이해가 여기에 해당됩니다. 디지털 세상에서 점점 많아지면서 방대한 양의 데이터 안에서 인사이트를 찾는 방법을 알아야 합니다. 많은 양의 데이터를 다루는 것이 걱정일 수 있지만, 웹사이트에서 그래프를 시각화하는 것부터 차근차근 시작하면 됩니다. 다만 복잡한 분석을 하려면 어느 정도 데이터 분석 프로그램을 다룰 수 있어야 하는데, 어느 정도는 익숙한 엑셀만으로도 복잡한 데이터를 분석할 수 있습니다. 그리고 그것보다 더 복잡하고 어려운 문제를 해결하려면 파이썬 프로그래밍 언어를 배우는 것이 좋습니다. 요즘엔 인공지능의 도움을 받을 수 있기 때문에 예전에 비해 훨씬 쉽게 배울 수 있습니다. 결국 중요한 것은 어떤 요리에는 프라이팬을 사용하는 것이 좋고, 어떤 요리에는 전자레인지를 사용하는 것이 좋고, 어떤 요리에는 에어 프라이어를 사용하는 것이 좋은 지 알아 두면 그때 그때 상황에 맞는 도구를 쓸 수 있는 것처럼 데이터로 문제를 해결할 때에도 활용 가능한 다양한 도구의 특성을 이해하고, 어떤 상황에서 어떤 도구가 필요한지 알아 두는 것이 중요합니다. 만약에 비교적 복잡한 문제를 해결해야 한다면 파이썬이나 R과 같은 데이터 분석 언어를 배워 두면 좋습니다.

▲ **그림 2-5** 대표적인 데이터 분석 프로그램(왼쪽부터 엑셀, 파이썬, R)

마지막 세 번째 영역은 수학 및 통계입니다. 이미 학교 교육과 데이터, 인공지능 분야에 대해 더 깊이 있게 이해하려면 필수인 사실이 알려져 있으므로 간단히 언급만 하고 넘어가겠습니다. 사실 통계 교육은 초, 중, 고등학교에서 수학 시간을 통해 이루어지지만 데이터 시대에 필요한 통계, 특히 데이터를 읽고 쓰는 기본적인 소양 차원에서의 통계는 우리가 기존에 배웠던 통계와는 조금 다른 면이 있습니다. 학교에서 배웠던 통계는 평균과 표준편차를 계산하고, 신뢰 구간을 구하기 위해 관련된 공식을 외우는 경우가 많은데, 그런 지식을 실제 삶에 적용하는 사람은 아마 거의 없을 겁니다. 그래서 이 책에서는 실생활에서 데이터를 읽고 쓰는 데 필요한 아주 기본적이지만 중요한 통계적, 수학적 개념들을 이해하기 쉽게 다루어 보겠습니다.

지금까지 데이터 과학에 대해 3가지 벤 다이어그램의 영역을 중심으로 살펴보았습니다. 다음 장에서는 실생활 속 데이터에서 문제를 발견하고, 해결하는 과정을 사례를 중심으로 알아보겠습니다.

3장 생활 속 데이터에 질문하기

오늘 집에서 나오기 전에 어떤 데이터를 확인했나요? 우리는 이미 삶 속에서 습관적으로 데이터에 기반한 의사결정을 하고 있습니다. 예를 들어 집을 나오기 전에 날씨를 확인한 다음 우산을 챙길지 판단하고, 최저 기온과 최고 기온을 보고 어떤 옷을 입을지 판단합니다. 무심코 하는 이런 행동을 자세히 보면 '오늘 우산을 챙겨야 하나?', '오늘 뭐 입지?'와 같은 질문을 하고, 질문에 답하기 위해 데이터를 분석해서 의사결정을 이미 하고 있다는 것을 알 수 있습니다.

이와 같이 데이터를 삶 속에서 가치있게 활용하려면 좋은 질문을 하는 것이 가장 중요합니다. 이번 장에서는 데이터에 질문하는 연습을 시작해보겠습니다. 첫 번째로 우리가 질문을 던져볼 데이터는 생활 속 가장 가까이에 있는 '기온 데이터'입니다.

1 기온 데이터 수집하기

기온 데이터를 수집하려면 먼저 데이터를 찾는 방법을 알아야 합니다. 기온 데이터와 같이 공공기관에서 공개한 데이터를 수집하는 데는 여러 가지 방법이 있지만, 구글 검색을 가장 권장합니다. 구글 검색 창에 검색하려는 '키워드 + 데이터'를 입력하면 원하는 데이터를 쉽게 검색할 수 있습니다. 지금처럼 기온과 관련된 데이터를 검색하고 싶을 때는 '기온 데이터'라고 검색하면 다음과 같이 기상청에서 운영하는 '기상자료개방포털'이 가장 상단에 나옵니다.

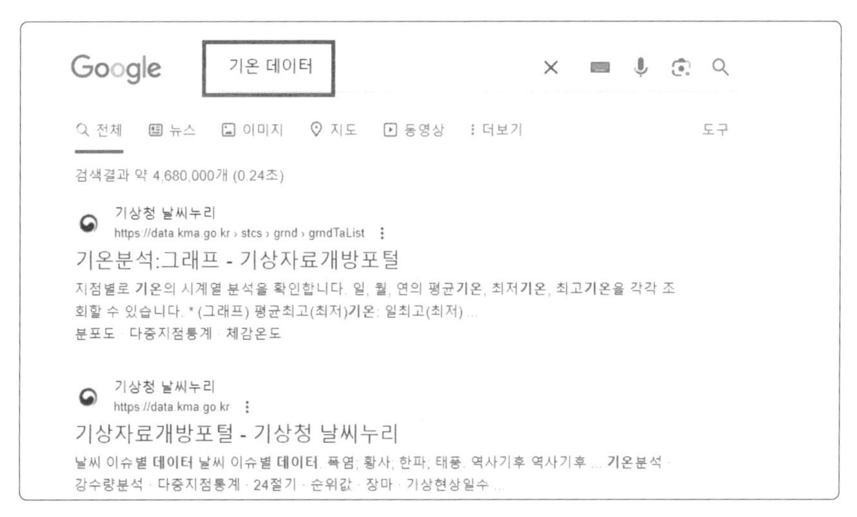

▲ **그림 3-1** 구글에서 기온 데이터를 검색한 결과

검색 결과에서 상단 링크를 누르거나, 기상자료개방포털 사이트에 들어가서 [기후통계분석] - [통계분석] - [기온분석] 메뉴를 누르면 다음과 같은 화면을 볼 수 있습니다.

▲ **그림 3-2** 기상자료개방포털 사이트의 [기후통계분석]-[기온 분석] 메뉴

찬찬히 둘러보면 일, 월, 계절, 연도는 물론 원하는 지역과 기간까지 상세 조건을 설정할 수 있습니다. 먼저 서울 지역에 대한 일 단위 데이터를 수집해보겠습니다. 기간은 가장 먼 과거인 1904년 1월 1일부터 어제까지로 선택하고 [검색] 버튼을 눌러보세요.

▲ **그림 3-3** 기온 분석 검색 조건 설정

110년 동안의 일별 데이터를 분석하기 때문에 결과가 나오기까지 시간이 조금 걸릴 것입니다. 잠시 후 서울의 전체 일별 데이터를 한눈에 볼 수 있는 꺾은선 그래프가 등장합니다.

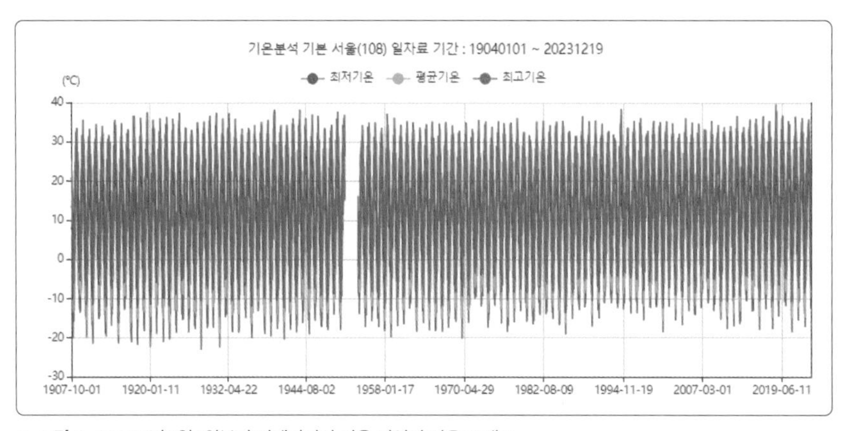

▲ **그림 3-4** 1904년 1월 1일부터 어제까지의 서울 지역의 기온 그래프

만약 이런 종류의 그래프를 처음 본다면 어떻게 해석해야 할지 감이 안 올 것입니다. 잘 보면 중간에 그래프의 일부가 끊어진 구간이 있는데 왜 그런 걸까요? 눈썰미가 좋다면 '혹시 이 기간이 6.25 전쟁 즈음인 것 같은데, 그래서 서울 지역 데이터를 수집하지 못했나?'라고 추측해 볼 수 있습니다.

눈여겨볼 한 가지는, 실제 데이터가 우리가 설정한 날짜인 1904년 1월 1일이 아닌 1907년 10월 1일부터 시작한다는 사실입니다. 왜냐하면 서울의 기상 관측이 1907년 10월 1일부터 시작됐기 때문입니다. 종종 날씨 관련 뉴스에서 볼 수 있는 '110 몇 년 만의 무더위', '110 몇 년 만의 추위' 같은 제목의 기사에서 '110 몇 년 만'이란 곧 '기상 관측 이래 최대'의 같은 의미인 것이죠.

이외에도 서울의 기온 분포가 영하 20~영상 40도 사이에 있다는 점과 역대 최고 기온이 40도를 넘은 적은 없다는 점 등 데이터를 통해 다양한 사실을 확인할 수 있습니다. 그런데 이렇게 데이터를 그래프로 쭉 보면 전체적인 흐름을 알기는 쉽지만, 구체적인 사실을 알기는 어렵습니다. 데이터를 조금 더 자세히 확인하려면 데이터를 다운로드하는 것이 좋습니다.

데이터는 엑셀과 csv 이렇게 두 형식으로 다운로드할 수 있습니다. csv는 comma-separated values의 약자로, 각각의 값을 콤마(,)로 구분해서 데이터를 저장하는 파일 형식을 의미합니다. 다운로드한 csv 데이터를 엑셀과 같은 스프레드시트 프로그램으로 열어보겠습니다.

	A	B	C	D	E	F
1	기온분석					
2	[검색조건]					
3	자료구분 : 일					
4	자료형태 : 기본					
5	지역/지점 : 서울					
6	기간 : 19040101~20231219					
7						
8	날짜	지점	평균기온(℃	최저기온(℃	최고기온(℃)	
9	1907-10-0	108	13.5	7.9	20.7	
10	1907-10-0	108	16.2	7.9	22	
11	1907-10-0	108	16.2	13.1	21.3	
12	1907-10-0	108	16.5	11.2	22	
13	1907-10-0	108	17.6	10.9	25.4	
14	1907-10-0	108	13	11.2	21.3	

▲ **그림 3-5** 기온 데이터를 csv 형식으로 다운로드

데이터를 열어보면 맨 처음 여섯 줄에는 데이터를 설명하는 내용이 있고, 실제 데이터는 총 5개의 속성(날짜, 지점, 평균기온, 최저기온, 최고기온)으로 이루어져 있습니다. 스크롤을 끝까지 내려보면 전체 데이터가 4만 행이 넘는다는 사실을 알 수 있습니다. 참고로 지점에서 108이라는 숫자는 서울의 지역 코드를 의미합니다. 스크롤을 좀 더 내려보면 1950년 9월 1일~1953년 11월 사이의 데이터가 6.25 전쟁으로 인해 수집되지 않은 것을 볼 수 있습니다. 6.25 전쟁 중에만 데이터가 누락된 건 아닙니다. 2017년 10월 12일과 2022년 8월 8일과 같이 비교적 최근의 데이터가 누락된 부분도 있습니다.

날짜	지점	평균기온(℃)	최저기온(℃)	최고기온(℃)
2017-10-12	108	11.4	8.8	
2022-08-08	108	26.8		28.4

▲ **그림 3-6** 누락된 데이터

이처럼 전쟁과 같은 어떤 외부적인 요인에 의해서 데이터가 누락될 수도 있지만, 시스템의 오류 때문에 데이터가 누락되는 경우도 있습니다. 즉, 데이터는 완전무결한 것이 아니며 오류가

있을 수 있다는 사실을 항상 인식하고 꼼꼼히 살피고 검증해야 합니다. 지금까지 기온 데이터를 수집하고 전체적으로 살펴보았으니 이제 생활 속 데이터에 질문하고 답을 찾는 연습을 해봅시다.

2 기온 데이터에 질문하기

혹시 지금이 100년 전보다 더 더워졌을 것이라고 생각하나요? 어쩌면 너무 당연한 상식 같은 질문이라서 답하기 망설여질 수도 있습니다. 이 질문을 우리나라에서 가장 덥기로 소문난 대구의 데이터를 살펴보며 얘기해봅시다. 앞과 같은 방법으로 대구의 데이터를 수집해보면, 놀랍게도 대구는 서울보다 더 먼저 데이터를 수집해 1907년 1월 31일부터 데이터가 존재한다는 사실과, 서울과 달리 6.25 전쟁 때의 데이터도 수집되었다는 사실을 알 수 있습니다. 이제 대구의 기온 데이터 그래프를 보면서 "우리 지역은 지난 100년 동안 더 더워졌을까?"라는 질문에 대한 답을 찾아보겠습니다.

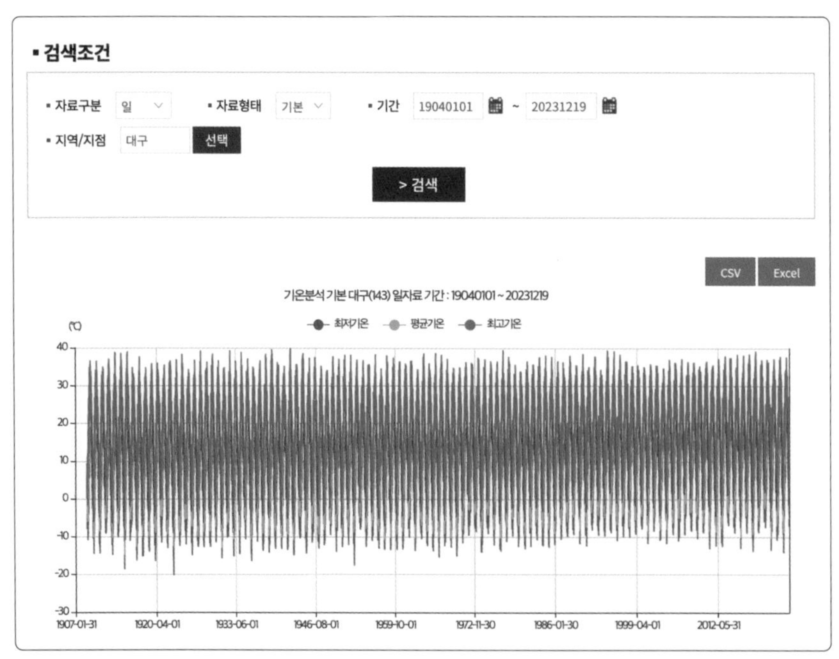

▲ **그림 3-7** 대구의 기온 데이터 그래프

정말로 100년 동안 기온이 상승했다면 그래프가 전체적으로 오른쪽 위로 올라가는 모습이어야 할 것입니다. 그런데 최고 기온 그래프를 살펴보면 오른쪽 위로 점차 올라가는 패턴은 보이지 않습니다. 언론에서는 지구가 점점 더워지고 있다는데 왜 최고 기온은 100년 동안 지속적으로 올라가지 않고 오르락내리락 하는 것처럼 보일까요? 기후 위기는 누군가가 지어낸 거짓말일까요?

하지만 같은 데이터를 다른 관점에서 살펴보면 이전에 보지 못했던 새로운 사실을 알 수 있습니다. 이번엔 40000일이 넘는 전체 데이터를 하나씩 보는 것이 아니라 1년의 데이터를 대표하는 값의 패턴을 확인해보겠습니다. 이때 1년의 데이터를 대표하는 값은 우리가 많이 알고 있는 대푯값인 '평균'입니다.

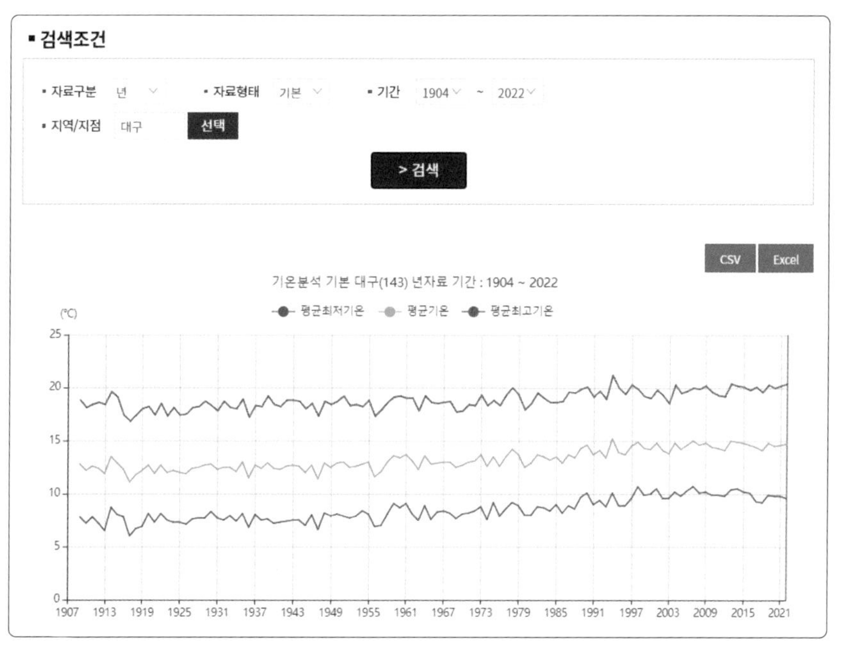

▲ **그림 3-8** 대구의 연평균 데이터 그래프

이렇게 연도별 데이터의 평균값을 그래프로 보니, 지난 100년 동안 기온이 꾸준히 올라가는 패턴이 좀 더 잘 보입니다. 이는 대구뿐만 아니라 다른 지역에서도 마찬가지입니다. 이처럼 하나의 데이터만으로도 생각해볼 수 있는 질문거리들이 무수히 많습니다. 예를 들어 "봄과 가을은 줄고, 여름과 겨울만 길어지고 있다는데 정말 그럴까?", "수능일은 정말 유난히 더 추운 걸까?", "대설, 경칩 등 오랜전에 정해진 절기들을 오늘날 데이터에 기반해서 새롭게 정의할 수 있을까?" 등을 떠올려볼 수 있습니다. 이처럼 생활 속 데이터에 질문을 하는 데는 전문적인 지식이 필요한 게 아닙니다. 우리가 살아가는 세상과 자연에 대한 기본적인 이해, 그리고 무엇보다 호기심이 가장 중요합니다.

3 출퇴근 시간에 사람들이 가장 많이 타고 내리는 역

▲ **그림 3-9** 사진 속 역은 어디일까?

이 사진 속 지하철역은 어디일까요? 사진을 보면 몇 가지 힌트가 있습니다. 일단 초록색인 것을 보아 2호선이고, 사람이 많으며, 자세히 보면 '양천구청, 까치산'이라는 역으로 환승이 되는 역입니다. 정답은 '신도림역'입니다. 이 힌트를 보고 정답을 맞힌 사람, 힌트를 보기 전에 바로 맞힌 사람, 힌트를 보고 맞히지 못한 사람도 있을 것입니다. 이는 배경 지식의 차이 때문이겠죠. 이를 다른 말로 '도메인 전문성의 차이'라고도 합니다. 데이터 속에 담긴 새로운 가치를 찾아내려면 도메인 전문성이 반드시 필요합니다.

이 사진은 2020년 초에 필자가 매일 출퇴근하는 신도림역에서 직접 찍은 것입니다. 당시 코로나19 바이러스가 이제 막 퍼지기 시작한 때라 마스크를 쓴 사람도 있고, 안 쓴 사람도 있는 것을 볼 수 있습니다. 이렇게 매일 출퇴근하는 신도림역에서 "출퇴근 시간에 사람들이 가장 많이 타고 내리는 역은 신도림역일까? 아니면 여기보다 사람이 더 많은 역이 있을까?"라는 질문이 떠올랐습니다. 이 질문을 더 명확하게 정의하려면 일단 출근과 퇴근, 그리고 많이 타고 내린다는 의미를 정리할 필요가 있습니다.

'출근 시간에 사람들이 가장 많이 타는 역은 어디일까?'라고 정의하면 어떨까요? 여전히 모호한 부분이 보입니다. 출근 시간을 몇 시로 정의할지 그리고 많이 탄다는 것의 기준은 무엇일지와 같이 애매한 부분을 데이터로 측정 가능한 형태로 설정해야 합니다.

출근 시간은 사람마다 조금씩 다르지만 일반적으로 아침 7~9시라는 사회적 공감대가 있습니다. 그렇다면 사람들이 가장 많이 타는 것은 어떻게 측정할 수 있을까요? 다양한 측정 기준이 있겠지만, 여기에서는 교통카드를 찍는 것을 기준으로 설정하겠습니다. 다시 질문을 정리해 보면 다음과 같습니다.

"아침 7~9시 사이에 사람들이 교통카드를 가장 많이 찍고 들어가는 지하철역은 어디일까?"

4 대중교통 데이터 수집하기

교통카드 데이터를 살펴볼 수 있다면 앞에서 언급한 문제의 답을 찾을 수 있을 것입니다. 그런데 이런 대중교통 데이터를 우리가 쉽게 구할 수 있을까요? 네, 가능합니다. 많은 사람들에게 익숙한 티머니 사이트(pay.tmoney.co.kr)에 들어가서 [이용 안내] 메뉴의 [대중교통 통계자료]에서 원하는 기간을 선택하면 파일을 다운로드할 수 있습니다.

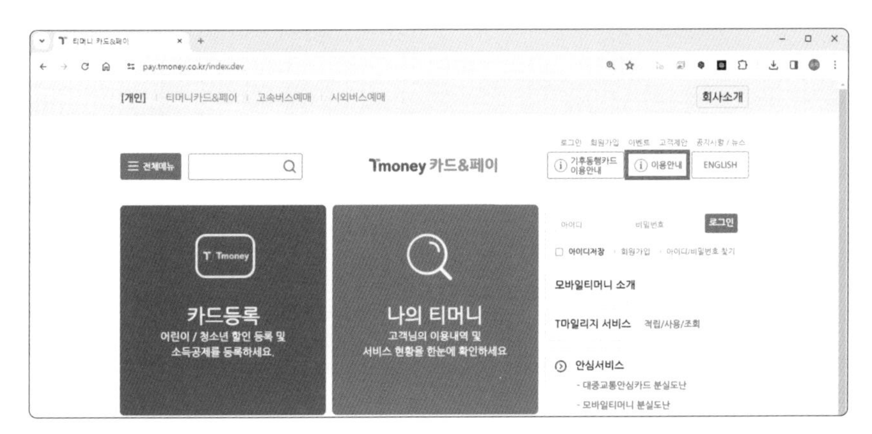

▲ 그림 3-10 티머니 사이트

다운로드한 파일을 열어보면 4개의 탭으로 이루어진 엑셀 파일이 열립니다. 첫 번째 탭은 버스정류장별 데이터로, 어떤 정류장에서 사람들이 많이 타는지 또 내리는지 알 수 있습니다. 두 번째 탭부터 네 번째 탭은 지하철 데이터입니다. 두 번째는 역별 승하차 인원이 월 단위로 집계되어 있습니다. 이것만 보아도 수도권 지하철의 유동 인구 현황을 쉽게 알 수 있습니다.

1	사용월	호선명	역ID	지하철역	승차승객수	하차승객수	작업일시
2	2023-11	2호선	0216	잠실(송파구청)	2,363,235	2,361,900	2023-12-03 09:30:36
3	2023-11	2호선	0222	강남	2,289,258	2,216,682	2023-12-03 09:30:36
4	2023-11	2호선	0239	홍대입구	2,113,992	2,272,494	2023-12-03 09:30:36
5	2023-11	1호선	0150	서울역	1,664,344	1,589,985	2023-12-03 09:30:36
6	2023-11	2호선	0232	구로디지털단지	1,660,368	1,639,043	2023-12-03 09:30:36
7	2023-11	2호선	0219	삼성(무역센터)	1,644,818	1,658,791	2023-12-03 09:30:36
8	2023-11	2호선	0230	신림	1,616,947	1,543,860	2023-12-03 09:30:36
9	2023-11	2호선	0220	선릉	1,605,957	1,415,484	2023-12-03 09:30:36
10	2023-11	2호선	0234	신도림	1,493,645	1,469,351	2023-12-03 09:30:36
11	2023-11	3호선	0329	고속터미널	1,480,206	1,404,268	2023-12-03 09:30:36
12	2023-11	2호선	0202	을지로입구	1,442,890	1,474,418	2023-12-03 09:30:36
13	2023-11	2호선	0221	역삼	1,433,082	1,622,808	2023-12-03 09:30:36
14	2023-11	2호선	0228	서울대입구(관악구청)	1,377,512	1,334,712	2023-12-03 09:30:36
15	2023-11	경부선	1003	용산	1,282,417	1,294,304	2023-12-03 09:30:36
16	2023-11	경부선	1006	영등포	1,269,425	1,301,285	2023-12-03 09:30:36
17	2023-11	7호선	2748	가산디지털단지	1,224,022	1,224,130	2023-12-03 09:30:36
18	2023-11	경부선	1713	수원	1,194,199	1,259,423	2023-12-03 09:30:36
19	2023-11	2호선	0211	성수	1,193,677	1,306,544	2023-12-03 09:30:36
20	2023-11	2호선	0226	사당	1,190,820	1,293,077	2023-12-03 09:30:36

▲ **그림 3-11** 지하철 노선별/역별 이용 현황(승차승객수 기준 내림차순 정렬)

세 번째 탭에는 유임 승차와 무임 승차 데이터가 포함된 데이터가 있습니다. 이 데이터를 보면 서울역의 유임 승차가 144만 명인데 무임 승차가 21만 명이 넘습니다. 하지만 이미 여기서 말하는 '무임 승차'에는 몰래 타는 것뿐만 아니라, 65세 이상 어르신들이 요금을 내지 않고 타는 것도 포함됩니다. 만약 이에 대한 배경지식이 없다면 단순히 '무임 승차가 이렇게 많다니? 서울 시민들의 윤리 의식이 생각보다 떨어지는 군!'이라고 데이터에 대한 잘못된 해석을 내릴 위험이 있습니다. 이 역시 앞서 언급한 '도메인 전문성'이 중요한 이유입니다.

1	사용월	호선명	역ID	지하철역	04:00:00~04:59:59		05:00:00~05:59:59		06:00:00~06:59:59		07:00:00~07:59:59		08:00:00~08:59:59		09:00:00~09:59:59		10:00:00~10:59:59		11:00:00~11:59:59	
2					승차	하차	승차	하차	승차	하차	승차	하차	승차	하차	승차	하차	승차	하차	승차	하차
3	2023-11	1호선	0150	서울역	754	24	8,803	9,140	13,291	57,495	42,678	117,863	76,782	241,291	70,589	173,585	64,804	86,966	83,766	75,092
4	2023-11	1호선	0151	시청	85	1	2,386	4,880	4,126	25,406	8,210	74,544	11,295	204,232	14,695	104,685	17,455	51,517	23,323	49,101
5	2023-11	1호선	0152	종각	146	2	3,933	5,534	4,289	28,364	7,066	112,348	11,327	280,398	14,073	164,732	19,046	66,992	28,863	60,419
6	2023-11	1호선	0153	종로3가	158	5	3,832	2,823	3,672	12,311	5,986	26,646	9,848	69,132	13,973	65,669	20,970	56,952	30,125	63,521
7	2023-11	1호선	0154	종로5가	38	0	2,143	3,994	3,351	16,789	6,345	42,953	10,480	102,462	14,790	69,674	23,562	62,307	36,510	62,719
8	2023-11	1호선	0155	동대문	712	23	11,780	2,144	9,684	6,468	15,581	11,446	21,234	19,660	19,891	22,513	17,382	23,977	19,053	25,774
9	2023-11	1호선	0156	신설동	452	23	9,356	2,201	9,928	8,331	22,239	23,126	33,738	56,566	22,517	34,367	18,745	21,942	20,456	18,617
10	2023-11	1호선	0157	제기동	389	5	5,235	2,298	9,001	9,055	22,364	20,410	34,204	36,641	24,433	33,111	24,694	36,210	31,757	42,653
11	2023-11	1호선	0158	청량리(서	1,098	36	11,641	3,101	17,862	13,030	47,714	17,605	59,275	37,753	37,006	36,350	31,446	38,316	36,060	43,050
12	2023-11	1호선	0159	동묘앞	178	0	3,003	1,049	3,677	4,331	7,997	8,743	13,249	21,207	10,972	17,768	12,017	20,421	16,045	26,699
13	2023-11	2호선	0201	시청	59	0	931	2,009	2,369	18,811	5,649	72,109	8,927	231,357	13,120	102,907	18,996	35,594	25,098	30,545
14	2023-11	2호선	0202	을지로입구	47	3	2,515	2,709	4,690	30,022	11,449	132,327	20,386	357,121	27,621	176,426	33,132	91,410	42,618	73,330
15	2023-11	2호선	0203	을지로3가	27	1	1,288	2,158	2,770	20,102	6,863	75,076	13,483	186,001	18,413	81,063	21,944	35,334	24,242	28,126
16	2023-11	2호선	0204	을지로4가	8	0	832	1,303	2,304	13,824	5,767	37,849	11,701	82,199	13,085	43,265	15,847	27,086	18,470	25,150
17	2023-11	2호선	0205	동대문역사	258	2	5,434	1,223	4,405	8,720	7,829	21,693	13,621	51,393	15,071	34,461	16,739	31,662	18,600	28,676
18	2023-11	2호선	0206	신당	25	0	6,577	1,187	11,671	8,793	29,787	16,716	52,677	31,110	30,856	23,484	20,474	18,088	18,835	19,479
19	2023-11	2호선	0207	상왕십리	56	0	6,081	799	13,850	5,759	42,735	13,232	70,622	31,352	39,120	19,303	23,986	13,811	20,237	13,160
20	2023-11	2호선	0208	왕십리(성	809	7	6,781	1,044	9,954	8,347	26,285	14,001	47,155	29,032	29,906	20,022	20,439	15,901	19,755	16,625
21	2023-11	2호선	0209	한양대	1	0	1,197	586	2,556	7,078	5,768	13,297	9,838	70,506	7,329	61,913	9,070	55,673	19,352	21,918
22	2023-11	2호선	0210	뚝섬	4	0	3,205	2,430	8,093	17,009	19,162	42,323	27,601	144,430	18,362	100,065	15,496	46,574	17,698	36,031
23	2023-11	2호선	0211	성수	55	2	5,507	3,631	9,418	33,123	23,244	73,060	32,574	264,212	24,699	165,095	22,408	84,264	26,747	66,245
24	2023-11	2호선	0212	건대입구	293	4	15,153	2,044	22,294	15,842	55,840	25,424	99,065	65,710	66,377	54,871	40,963	45,474	39,651	46,481
25	2023-11	2호선	0213	구의(광진	45	0	14,046	1,498	26,868	24,140	71,436	17,303	123,274	42,023	77,058	24,515	39,535	20,815	32,113	20,800
26	2023-11	2호선	0214	강변(동서	35	2	9,049	2,026	28,419	21,267	80,117	24,773	120,054	43,777	89,710	35,919	66,336	37,349	55,703	35,107
27	2023-11	2호선	0215	잠실나루	27	3	3,446	2,955	13,028	15,889	39,568	23,556	51,198	41,263	34,234	28,661	26,730	20,895	26,423	18,120
28	2023-11	2호선	0216	잠실(송파	97	7	13,349	5,044	50,966	36,164	126,432	83,391	173,856	184,975	128,323	185,639	85,505	127,153	84,973	121,367
29	2023-11	2호선	0217	잠실새내	46	3	5,667	954	17,941	8,779	61,318	17,285	89,395	30,124	56,390	31,549	36,578	24,581	33,932	26,614

▲ **그림 3-12** 지하철 시간대별 이용 현황

마지막 탭은 지하철 시간대별 이용 현황입니다. 혹시 지금까지 책만 읽고 실제 데이터를 열어

보지 않았다면 이 탭만큼은 반드시 실제 데이터를 열어보는 것을 추천합니다. 위에서 아래로, 왼쪽에서 오른쪽으로 데이터를 살펴보면 데이터가 주는 느낌을 알 수 있습니다.

5 대중교통 데이터에 질문하고 답 찾기

대중교통 데이터에 던져볼 첫 번째 질문은 "23시에 사람들이 가장 많이 타는 역은 어디일까?"입니다. 이 질문은 밤늦은 시간까지 사람들이 그 역 근처에 있다가 밤 11시 이후 집으로 귀가하는 특징을 갖는 역이 정답이 되겠네요. 그렇다면 이 역은 어디일까요? 두 번째 질문은 "출근 시간에 사람들이 가장 많이 타는 역은 어디일까?"입니다. 정답은 어느 역이며 왜 그렇게 생각했나요?

자, 이제 첫 번째 질문부터 차례대로 해결해보겠습니다. 23시에 가장 많이 승차하는 역, 아마 젊은 사람들이 늦은 시간에 많이 모이는 역이나 직장인들의 야근이나 회식이 많은 역이 떠오를 겁니다.

```
import csv
data = csv.reader(open('subway2003.csv', encoding = 'cp949'))
next(data)
next(data)
i = int(input('몇 시가 궁금하신가요?'))-4
mx = 0
max_station = ''
for row in data :
    if int(mx) < int(row[2+(i*2)]) :
        mx = row[2+(i*2)]
        max_station = row[1]+'('+ row[0] +')'
print(max_station, mx)
```

▲ **그림 3-13** N시에 가장 많이 승차하는 역을 출력하는 파이썬 코드

위 코드는 파이썬이라는 프로그래밍 언어로 만든 것으로, 입력한 시각의 승차에 해당하는 열(Column)에서 가장 높은 값을 찾고, 그 값이 어떤 역인지 출력하는 코드입니다. 처음 보면 외계어처럼 보이겠지만, 데이터 분석 역량을 키우고 싶다면 파이썬 학습을 추천합니다. 하지만 여기에서 코드는 별로 중요한 것이 아니니까 문제에 집중해보겠습니다.

이 코드를 실행한 후 우리가 알아보고 싶은 시간을 입력하면 그 시간대에 승차 인원이 가장 많이 들어간 역이 어디이고 한 달간 그 시간대에 몇 명이 역으로 들어갔는지 다음과 같이 출

력합니다. 여기에 23이라는 숫자를 입력하면 23시에 승차를 가장 많이 한 역이 출력이 되는 것입니다.

```
몇 시가 궁금하신가요?
강남(2호선) 64158
```

▲ **그림 3-14** 23시에 승차 인원이 가장 많이 이용한 역에 대한 출력 결과

정답은 강남역이었네요. 아마 야근을 하거나 늦은 시간까지 약속이 있었던 사람들이 많은 지역이기 때문일 것 같습니다. 그런데 앞서 살펴본 코드에 있던 2003이라는 숫자는 2003년을 의미하는 게 아닙니다. 대중교통 데이터를 2008년부터 공개했기 때문에 20년 3월, 즉 2020년 3월을 의미합니다. 이 시기는 코로나19 바이러스로 인해 초, 중, 고등학교의 개학이 연기되었던 사상 초유의 달이었습니다. 다시 말하면 평소의 3월과는 많이 달랐겠죠. 그렇다면 위 코드의 데이터 부분만 2019년 3월의 데이터로 바꿔서 코로나19 바이러스의 영향을 받기 전인 2019년 3월엔 어땠는지 확인해보겠습니다.

```
몇 시가 궁금하신가요?
홍대입구(2호선) 142789
```

▲ **그림 3-15** 2019년 3월 23시에 승차 인원이 가장 많았던 역에 대한 출력 결과

같은 분석 코드였지만 다른 정답이 나오는 것을 볼 수 있습니다. 그리고 두 시기의 승차 인원 수를 비교하면 2020년 3월의 강남역은 승차 인원이 6만4천 명이었는데, 2019년 3월에는 2배가 넘습니다. 코로나19가 대중교통 이용에 끼친 영향이 엄청 컸다는 사실도 알 수 있습니다.

마지막으로 2019년 12월을 기준으로 승하차 인원이 가장 많았던 역을 시간대별로 그래프로 나타내면 다음과 같습니다.

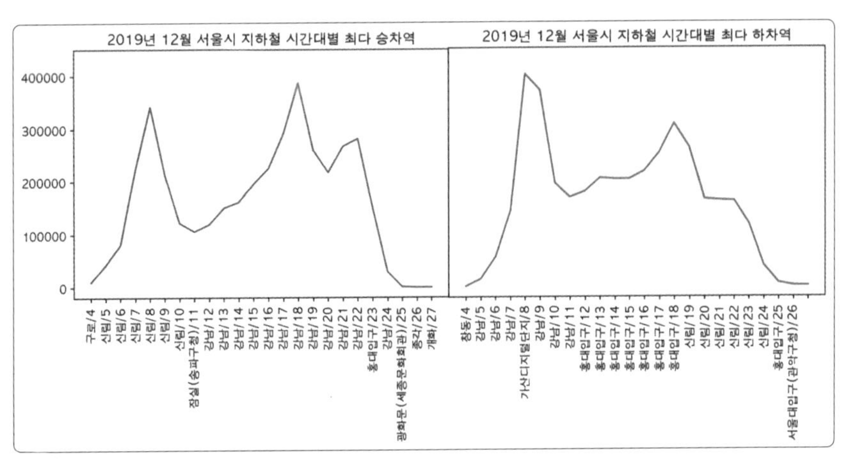

▲ **그림 3-16** 시간대별 최다 승하차역

이 그래프를 해석하면 아침 출근 시간 승차는 신림역, 하차는 강남역, 낮 시간대 승차는 강남역, 하차는 홍대입구역, 또 퇴근 시간에는 승차는 강남역, 하차는 신림역이 가장 많이 등장하는 것을 알 수 있습니다. 결론적으로 2019년 12월을 기준으로 보면 출근 시간에 승차 인원이 가장 많은 역은 신림역이었습니다. 그렇다면 수도권에서 주거지가 가장 많이 모여 있는 역이 신림역이라는 의미일까요? 그렇진 않습니다. 신림역 근처에 거주하는 지인의 말에 따르면, 당시 신림역 주변에는 지하철 인프라가 좋지 않아서 멀리서도 버스, 마을버스를 타고 신림역으로 오는 사람이 많았다고 합니다. 그리고 이런 배경에 2022년에 개통된 신림선과 관련이 있을 것이라고 유추해볼 수 있겠네요.

이번 장에서는 기온 데이터와 대중교통 데이터에 질문을 해보고 새로운 관점에서 바라보는 연습을 했습니다. 다음 장에서는 미래를 가장 정확하게 예측할 수 있는 데이터를 소개하겠습니다.

4장 미래를 가장 정확하게 예측하는 방법

미래를 가장 정확하게 예측할 수 있는 데이터가 있다면 무엇일까요? 물론 미래를 정확하게 예측할 수 있는 방법은 없겠지만, 비교적 가장 정확하게 예측할 수 있는 데이터는 바로 인구 데이터입니다. 현대 경영학의 아버지라고 불리우는 피터 드러커는 저서를 통해 "인구 통계의 변화는 미래와 관련된 것 가운데 정확한 예측을 할 수 있는 유일한 사실"이라고 했습니다.

▲ **그림 4-1** 현대 경영학의 아버지라 불리우는 피터 드러커 교수

생각해보면 맞는 말입니다. 올해 태어난 아이들이 몇 명인지를 알면, 이 아이들이 커서 몇 년 후 초등학생이 되고, 성인이 되고, 노인이 될 것인지에 대한 예측이 가능하기 때문입니다. 중간에 전세계적으로 엄청나게 큰 재앙이 생기지 않는 한 일정한 오차 범위 안에서 예측할 수 있습니다. 그리고 이렇게 미래를 예측하는 데 필요한 인구 데이터는 초, 중, 고등학교에 걸쳐서 수업시간에 다뤄지는 친숙한 데이터이기도 하지요. 이번 장에서는 인구 데이터를 직접 수집해서 살펴보고, 인구 데이터에 질문하고 비판적으로 해석해보겠습니다.

1 인구 데이터 수집하기

기온 데이터와 마찬가지로 구글 검색 창에서 '인구 데이터'를 검색하면, 인구와 관련된 수많은 자료가 나옵니다. 그리고 대부분의 데이터들이 정부나 공공 기관에서 제공한다는 사실도 알 수 있습니다. 이렇게 정부에서 관리하고 있는 데이터들을 '공공 데이터'라고 합니다. 우리나라 정부에서는 몇 년 전부터 더 많은, 더 양질의 공공 데이터를 제공하기 위해서 많은 노력을 하고 있기 때문에, 앞으로도 공공 데이터가 여러 산업에서 활용될 가능성은 무궁무진할 것입니다.

행정안전부에서 운영하고 있는 주민등록 인구통계 사이트(https://jumin.mois.go.kr)에 들어가면 여러 유형의 데이터를 다운로드할 수 있습니다. 이 중에서 '연령별 인구현황' 데이터를 살펴보겠습니다. 행정구역, 기간 등 다양한 옵션을 바꿀 수 있는데, 여기서 몇 가지 옵션만 바꿔 보겠습니다.

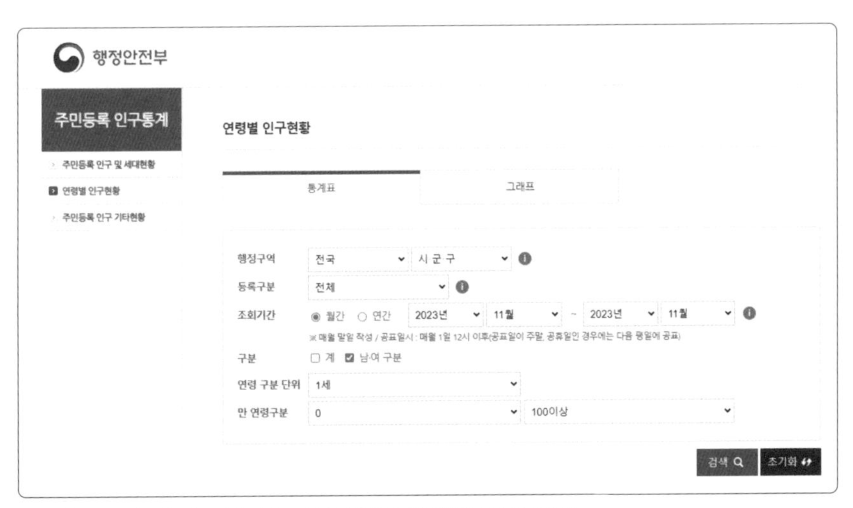

▲ 그림 4-2 주민등록 인구통계 사이트에서 연령별 인구현황 데이터 살펴보기

첫 번째로 바꿀 항목은 [구분]입니다. 이 부분은 남녀 합계 인구 현황을 볼 것인지, 남녀 성별 인구 현황을 볼 것인지 결정하는 옵션입니다. 남녀 구분 인구 현황까지 보면 더 폭넓은 질문을 할 수 있기 때문에 '계'의 체크를 해제하고 '남·여 구분'의 체크만 남겨두겠습니다. 다음으로는 [연령 구분 단위]를 '1세'로 바꾸고, [만 연령 구분]은 '0부터 100 이상'으로 설정하면 됩

니다. 이제 여기에서 [검색] 버튼을 누른 다음 '전체읍면동현황'을 체크하면 설정이 끝납니다. 마지막으로 [csv 다운로드] 버튼을 눌러서 파일을 열면 전국의 모든 읍면동 단위까지의 연령별 인구 데이터를 확인할 수 있습니다.

	A	B	C	D	E	F	G	H
1	행정구역	2023년11월_남_총인구수	2023년11월_남_연령구간인구수	2023년11월_남_0세	2023년11	2023년11	2023년11	2023년11
2	서울특별시 (1100000000)	4,543,055	4,543,055	19,459	21,114	22,290	22,507	24,849
3	서울특별시 종로구 (1111000000)	67,393	67,393	199	249	246	248	261
4	서울특별시 종로구 청운효자동(1111051500)	5,193	5,193	23	21	21	27	28
5	서울특별시 종로구 사직동(1111053000)	3,995	3,995	13	14	24	15	17
6	서울특별시 종로구 삼청동(1111054000)	1,074	1,074	2	3	5	2	0
7	서울특별시 종로구 부암동(1111055000)	4,311	4,311	9	11	13	10	17
8	서울특별시 종로구 평창동(1111056000)	8,103	8,103	35	41	41	46	53
9	서울특별시 종로구 무악동(1111057000)	3,656	3,656	13	16	25	18	16
10	서울특별시 종로구 교남동(1111058000)	4,450	4,450	23	34	32	33	39
11	서울특별시 종로구 가회동(1111060000)	1,792	1,792	6	7	8	5	11
12	서울특별시 종로구 종로1.2.3.4가동(1111061500)	4,062	4,062	7	16	7	8	9
13	서울특별시 종로구 종로5.6가동(1111063000)	2,835	2,835	3	5	3	11	2
14	서울특별시 종로구 이화동(1111064000)	3,283	3,283	7	6	6	7	9
15	서울특별시 종로구 혜화동(1111065000)	7,635	7,635	24	22	15	21	20
16	서울특별시 종로구 창신제1동(1111067000)	2,394	2,394	6	8	7	5	5
17	서울특별시 종로구 창신제2동(1111068000)	3,894	3,894	5	4	6	9	5
18	서울특별시 종로구 창신제3동(1111069000)	3,128	3,128	11	18	11	13	16
19	서울특별시 종로구 숭인제1동(1111070000)	2,806	2,806	5	9	12	9	5
20	서울특별시 종로구 숭인제2동(1111071000)	4,782	4,782	7	14	10	9	9
21	서울특별시 중구 (1114000000)	58,631	58,631	247	277	280	281	286
22	서울특별시 중구 소공동(1114052000)	1,034	1,034	6	5	9	11	5

▲ **그림 4-3** 1~100세 이상까지 전국의 인구 데이터

TIP 마찬가지 방법으로 '계'에 체크하고, '남·여 구분'의 체크를 해제한 후 남녀 합계 데이터로 다운로드해 보세요!

데이터를 수집했으니 직접 살펴보며 만져볼 차례입니다. 데이터를 열 중심으로 살펴보면 행정구역의 이름과 남성 총 인구수, 그리고 남성 0세 인구부터 100세 이상까지 총 101개 연령 구간에 대한 데이터를 확인할 수 있습니다. 화면을 오른쪽으로 이동하면 남성 인구에 이어서 여성 인구 데이터가 연령별로 나타납니다. 이 역시 0세부터 100세 이상까지 총 101개 연령 구간으로 저장되어 있습니다.

행을 중심으로 살펴보면 가장 위엔 서울특별시, 구, 동 순서로 데이터가 나옵니다. 앞서 '전체읍면동현황'에 체크했기 때문에 전국의 모든 읍, 면, 동에 대한 인구 데이터를 살펴볼 수 있습니다. 스크롤을 아래로 내려서 내가 살고 있는 지역 또는 직장이 있는 곳의 데이터를 찾아보면 흥미로울 것입니다. 데이터를 수집했으니 이어서 인구 데이터를 가지고 어떤 질문을 할 수 있을지 한번 생각해보겠습니다.

2 인구 데이터에 질문하기

가장 먼저 살펴볼 질문은 "우리 지역은 어떤 연령의 사람이 가장 많이 살고 있을까?"입니다. 내가 살고 있는 지역에는 어떤 연령대의 사람들이 가장 많이 살고 있으며, 그렇게 생각한 이유는 무엇인가요? 이 질문에 대한 답은 어떻게 하면 찾을 수 있을까요? 조금 전에 본 연령 구간별 데이터를 엑셀 같은 프로그램을 활용해서 꺾은선 그래프로 표현하면 아주 쉽게 알 수 있습니다. 그리고 이 질문에는 성별에 대한 것이 아니라, 전체 인구에 대한 것이기 때문에 남녀 인구가 합산된 데이터가 필요합니다.

그렇다면 다시 질문으로 돌아와서 서울에는 어떤 연령의 사람이 가장 많이 살고 있을까요? 나이를 정확히 맞히기는 어려우니 다음 객관식 보기 중에 정답이 어떤 구간에 있을지 골라보세요.

① 10 ~ 19살
② 20 ~ 29살
③ 30 ~ 39살
④ 40 ~ 49살
⑤ 50 ~ 59살

그럼 이 문제에 대한 정답을 찾기 위해 서울특별시의 인구 구조 그래프를 살펴봅시다. 다음은 서울특별시의 인구수 0세부터 100세 이상까지의 인구 현황을 꺾은선으로 나타낸 그래프입니다.

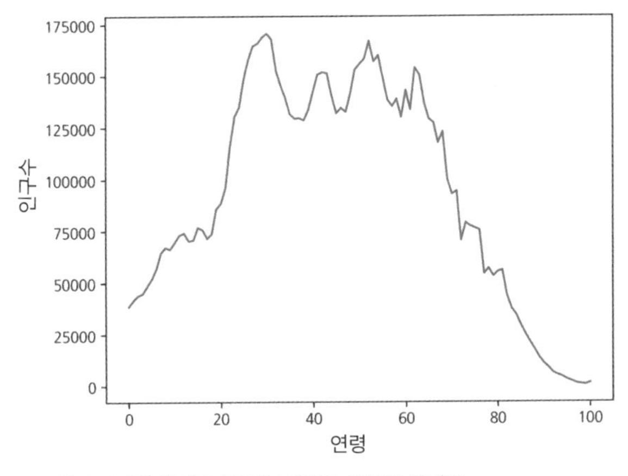

▲ **그림 4-4** 서울시 인구 구조를 보여주는 꺾은선 그래프

이렇게 보니 어떤 연령대에 사람이 가장 많은지 한눈에 보이나요? 대부분이 아마 40대나 50대가 가장 많을 것이라 생각했을 텐데 놀랍게도 20대 후반에서 30대 초반 인구가 가장 많네요. 그러면 정답은 20대인가요, 30대인가요? 2023년 11월 기준으로는 숫자를 확인해 보면 29세가 169,862명으로 가장 많습니다. 그렇다면 정답은 2번이군요. 정말일까요?

그런데 같은 해의 9월에는 정답이 바뀝니다. 29세 인구는 169,505명이고, 30세 인구는 169,721명입니다. 정답은 3번인가요? 아니죠. 정확히는 '서울에 가장 많은 사람이 사는 나이는 29세 또는 30세이다'가 정답이겠네요. 하지만 정확한 정답을 맞히는 것이 중요한 게 아니라, 데이터에서 정답을 찾는 과정이 더 중요합니다. 그러면 서울이 아닌 수도권 경기도의 인구도 서울 옆에 있는 수도권이니까 당연히 비슷할까요? 놀랍게도 경기도의 인구 구조는 다음과 같이 서울과 아주 다른 인구 분포를 나타냅니다.

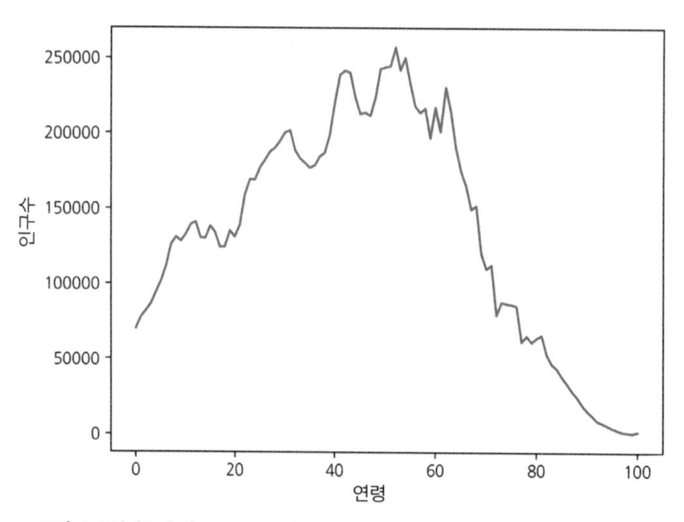

▲ **그림 4-5** 경기도의 인구 구조를 보여주는 그래프

그러면 다음 질문으로 넘어가겠습니다. 돌과 바람과 여자가 많은 섬이라는 뜻의 삼다도, 제주도는 정말 그 이름처럼 여성 인구가 더 많은 섬일까요? 이 질문에 답을 하려면 남녀 성별 인구 데이터가 필요합니다. 갑자기 사회 시간에 배운 인구 피라미드 그래프가 떠오르지 않나요? 우리도 남녀 연령별 데이터를 바탕으로 인구 피라미드 그래프를 그려보겠습니다.

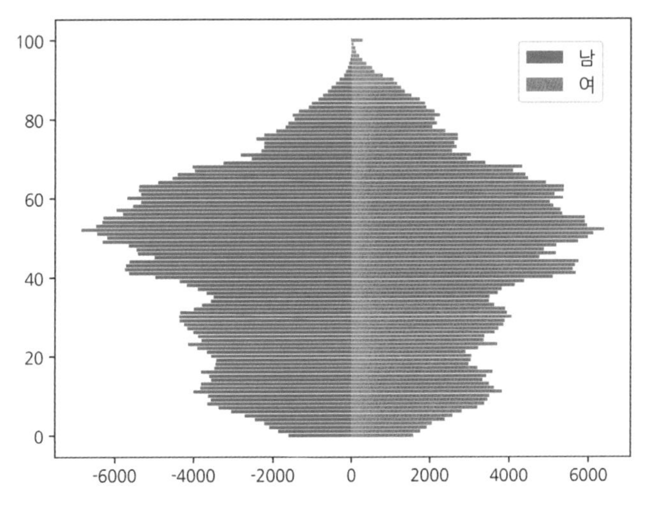

▲ **그림 4-6** 제주도의 남녀 연령별 인구 피라미드 그래프

이 그래프만 봐서는 제주도에 여성이 많은지 잘 보이지 않습니다. 사실 어떤 지역에 남성이 많은지 여성이 많은지 한눈에 확인하기 위한 가장 좋은 방법은 그 지역의 남성과 여성 성별 총 인구수를 직접 비교하는 것입니다. 2023년 11월 현재를 기준으로 보면 남성이 338,265명, 여성이 337,580명으로 아주 근소한 차이로 제주도에는 남성 인구가 더 많습니다. 사실 남성이 여성보다 더 많아진 지 10년도 더 되었다고 합니다. 그렇다면 제주도에 사는 남성과 여성의 수가 얼마나 차이나는 것일까요? 이런 것을 표현하기엔 숫자만으로 보는 것보다 원그래프가 좋습니다. 그리고 여기에 퍼센트까지 표현되면 더 명확해집니다.

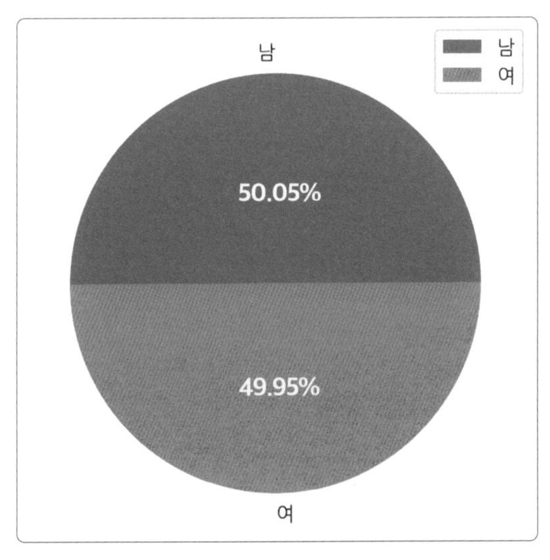

▲ **그림 4-7** 제주도의 남녀 인구에 대한 원그래프

같은 데이터를 원그래프로 그리고, 남성과 여성의 비율을 각각 퍼센트로 표현했더니 우리가 알고 싶었던 결과를 쉽게 알 수가 있습니다. 제주도는 정말 남녀 인구수가 비슷한데, 그러면 왜 제주도엔 삼다도라는 별명이 생겼을까요? 옛날에는 연령이 높은 여성과 젊은 남성이 더 많았던 걸까요?

우리가 다운로드했던 데이터를 기억해보면 제주도의 모든 인구에 대한 데이터뿐만 아니라 0세~100세 이상까지 모든 연령대에 대한 데이터가 포함되어 있으니, 어떤 연령 구간에서 남성이 많고 어떤 연령 구간에서 여성이 많을지 비교할 수 있을 것 같습니다. 이런 관점에서 제주도의 각 연령별 남성 인구수에서 여성 인구수를 빼서 모든 연령대에 대해 계산한 후, 막대 그래프로 그려보면 질문에 대한 답이 나올 것 같습니다. 이런 관점에서 제주도의 남녀 연령별 데이터를 분석한 결과는 다음과 같습니다.

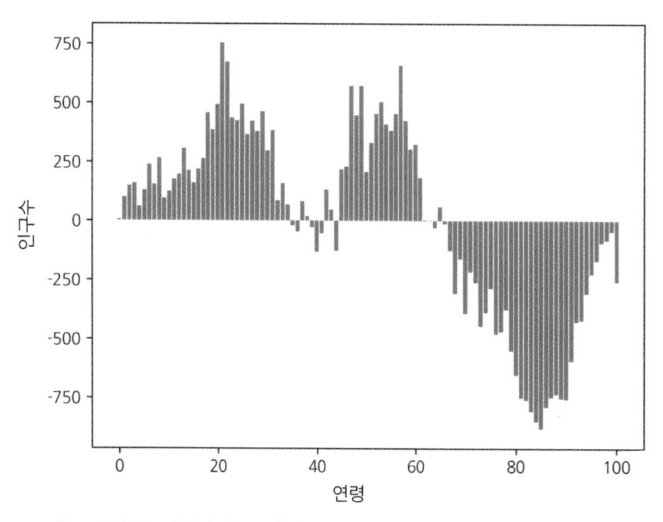

▲ **그림 4-8** 제주도의 남녀 인구수 차이를 보여 주는 막대그래프

이 그래프를 해석하면 대략 60세를 기준으로 남녀 인구 차이가 구분되는 것을 확인할 수 있습니다. 이 그래프를 바탕으로 유추하면 '제주도가 삼다도로 불리우던 시절에는 여성이 많았었는데, 최근에는 남성이 많이 유입이 돼서 이런 결과가 나오지 않았을까?'라는 가설을 세워볼 수 있습니다.

지금까지 사례를 통해 그동안 우리가 몰랐던 새로운 사실들을 알 수 있다는 것과 질문에 대한 답을 찾아가는 과정에서 비판적인 관점을 조금만 더하면 우리가 간과했던 사실까지 알 수 있다는 것을 배웠습니다. 마지막으로 데이터 리터러시를 키우기 위한 핵심 포인트를 한 번 더 짚어보겠습니다.

3 데이터를 읽고 쓰는 데이터 리터러시 키우기

앞서 "서울에는 어떤 연령대가 가장 많을까요?"라는 질문에 아마 대다수가 정답과 다른 답을 생각했을 것입니다. 우리나라도 이미 고령 사회에 접어들었기 때문에 상식적으로는 20대 후반에서 30대 초반인 사람들이 많을 것이라고 생각하기 어렵습니다. 이와 같이 우리가 알고 있는 상식과 데이터가 다른 경우가 종종 있습니다. 그래서 우리는 기존에 알고 있던 상식과 감으로만 문제를 해결하면 안 됩니다. 물론 우리의 경험과 직감도 중요하지만 거기에 데이터를 더해야 현실을 더 정확하게 파악할 수 있고, 그러한 현실에 대한 명확한 근거를 바탕으로 미래를 예측해야 더 정확하게 예측할 수 있습니다. 즉, 데이터 기반의 의사결정이 중요합니다.

둘째, 관심 있는 데이터에 여러분이 진짜로 궁금한 질문을 던지는 것이 중요합니다. 그래서 인공지능 시대에 할 수 있는 가장 가치 있는 일은 데이터를 살펴보며 가치 있는 질문을 던지고, 좋은 문제를 발견해서 잘 정의하는 것입니다. 반가운 소식은 이를 위해 엄청나게 큰 데이터가 필요하지 않다는 것입니다. 작은 데이터에 던질 수 있는 질문은 무궁무진합니다.

셋째, 데이터를 잘 읽고 쓰려면 데이터에 대한 배경 지식이 매우 중요합니다. 데이터에서 좋은 질문을 발견하려면 해당 분야에 대한 배경 지식이 반드시 필요합니다. 앞서 기온, 대중교통, 인구 데이터를 바탕으로 데이터 리터러시를 설명한 이유는 대부분의 사람들이 배경지식을 갖고 있는 일반적인 데이터이기 때문입니다. 하지만 이 책에서 데이터를 읽고 쓰는 법을 배운 다음에는 꼭 나의 전문 분야나 관심 있는 분야의 데이터를 찾아서 연습하는 것이 좋습니다.

넷째, 데이터 분석 방법을 알면 문제 발견 및 해결 능력을 높일 수 있습니다. 내가 직접 문제 해결 과정을 설계하고 해결해본 경험이 있느냐 없느냐는 결과에 큰 영향을 미칩니다. 여기에 파이썬 같은 텍스트 프로그래밍 언어 기반의 데이터 분석 방법도 배우면 큰 도움이 되겠죠.

마지막으로 데이터 리터러시 능력을 키우고 싶다면 문제에 대한 답을 '찾는' 방법을 배우고 익히는 것을 목적으로 삼고 항상 비판적인 관점을 갖고 데이터를 바라보기 바랍니다.

PART 2

DATA LITERACY

데이터 리터러시를 기르는 시간

5장 데이터 시대에 현명한 미디어 프로슈머로 살아남기

희정 씨는 친구들과 오랜만에 만나기 위해 약속을 잡고 있습니다.

희정 우리 이번 주말에 만나기로 했지? 어디서 볼까?

친구 A 브런치 먹을까?

친구 B 그래, 브런치 좋아. 어디로 갈까? 최근에 맛나 브런치 가봤는데 맛있었어!

희정 오, 나도 예전에 대박 브런치라는 곳에 갔었는데 맛있게 먹었어.

친구 B 두 곳의 리뷰 별점을 찾아보니까 맛나 브런치는 4.7점, 대박 브런치는 4.5점이네. 어디로 가는 게 좋을까?

친구 A 아무래도 별점이 더 높은 맛나 브런치가 낫지 않을까?

친구들은 평점이 더 높은 맛나 브런치로 가자고 하네요. 희정씨는 고민입니다. 과연 평점이 높다고 해서 만족할 확률이 더 높을까요?

1 평점 데이터 자세히 살펴보기

스마트폰으로 접하는 소셜 미디어나 뉴스는 우리가 의사 결정을 하는 데 많은 영향을 줍니다. 이러한 미디어 속에서 데이터를 올바르게 읽는 것은 매우 중요합니다. 흔히 사람들은 희정 씨의 고민처럼 약속 장소를 찾거나 배달 음식을 시킬 때, 온라인에서 물건을 살 때 혹은 영화를 볼 때 평점을 기반으로 어떠한 결정을 내립니다.

결정을 내릴 때 가장 중요한 것은 맛집의 메뉴나 위치 혹은 제품의 브랜드와 기능일 것이고, 영화의 경우 장르나 등장인물도 해당됩니다. 하지만 특별히 선호하는 것이 없을 때는 추천 알고리즘에 따라 선택하거나 다른 사용자들의 리뷰가 중요한 판단 기준이 되기도 합니다. 이번 장에서는 다른 사용자들의 리뷰를 직접 보고 의사 결정을 하는 사례를 살펴보겠습니다. 텍스트로 된 리뷰를 분석하는 텍스트 분석도 있지만, 여기서는 1점부터 5점까지로 평점을 매겨 수치화하는 방법을 다뤄보겠습니다. 별점은 숫자 데이터로 바꾸기 쉬워 일반적인 텍스트 분석보다 빠르게 판단할 수 있다는 장점이 있습니다.

평점은 일반적으로 나쁨, 별로, 보통, 좋음, 최고 혹은 1~5점까지의 5개의 척도로 매겨집니다. 예를 들어 다음과 같이 사용자들이 평점을 매겼다고 가정해볼까요?

평점	사용자 수
★☆☆☆☆	10명
★★☆☆☆	4명
★★★☆☆	10명
★★★★☆	9명
★★★★★	7명

▲ **표 5-1** 별점으로 매기는 평점의 예

평점을 매긴 사용자 수는 총 40명이므로, 평균 평점을 구하는 식은 다음과 같습니다.

평균 = {(1점×10명)+(2점×4명)+(3점×10명)+(4점×9명)+(5점×7명)}/40명 = 119/40 = 2.975(점)

이 경우 평균이 중심인 3점도 채 안되는, 만족도가 높지 않은 가게라고 판단할 수 있겠네요. 하지만 표 5-1의 평점 분포를 살펴보면 보통 이상인 사람들이 절반이 넘습니다. 그럼에도 1점에 모여 있는 10명의 영향이 상당히 컸다는 것을 알 수 있습니다. 그렇다면 우리의 관심사인 맛나 브런치와 대박 브런치의 평점 분포를 살펴볼까요?

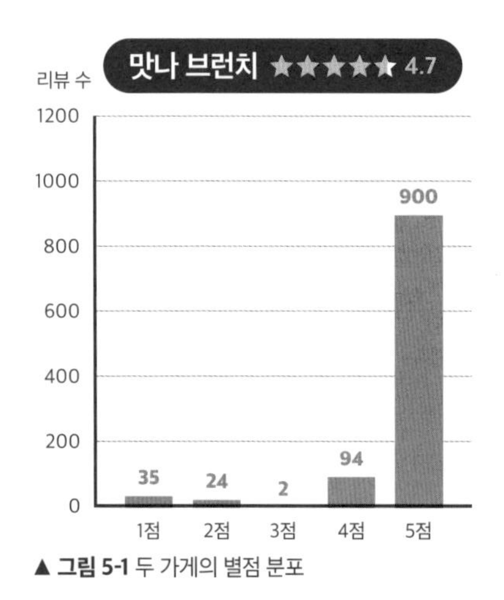

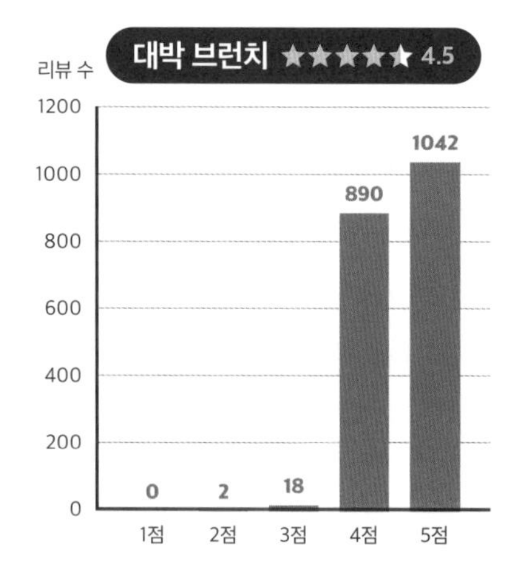

▲ **그림 5-1** 두 가게의 별점 분포

두 맛집의 별점 분포를 분석하면 다음과 같습니다.

- ✔ 맛나 브런치는 5점짜리 리뷰가 900개지만, 1점과 2점짜리 리뷰도 60개 정도 있다. 반면 대박 브런치는 5점 리뷰가 1,042개, 4점은 890개로 4~5점에 많이 몰려 있고 1점은 0개, 그리고 2점은 2개, 3점은 18개이다. 두 가게 모두 별점이 오른쪽(4~5점)으로 치우쳐 있다.
- ✔ 가장 높은 평점인 5점의 비율만 고려해보면 맛나 브런치는 약 85%, 대박 브런치는 약 53%로 대박 브런치가 월등히 높다. 반면에 4~5점의 비율은 맛나 브런치가 조금 더 높다.
- ✔ 관점을 바꿔보면, 1~2점 리뷰의 비율은 맛나 브런치가 5%, 대박 브런치가 0.1%이다. 즉, 대박 브런치보다는 맛나 브런치에 불만족할 가능성이 크다는 것을 알 수 있다.

분포를 자세히 살펴보기 전과 후의 생각이 어떻게 달라졌나요? 혹시 어느 가게에 갈지 선택이 바뀌진 않았나요? 조금 더 정확한 판단을 하려면, 맛나 브런치에서 1점에 해당하는 리뷰를 보고 어떤 점에서 불만이 있는지 살펴보면서 그 점에 동의하는지 확인해볼 수 있습니다.

만약 1점 리뷰의 대부분이 '맛은 있는데 직원이 불친절하다!'는 내용일 경우, 음식의 맛을 서비스보다 중요시하는 사람이라면 맛나 브런치에 가도 괜찮겠죠. 하지만 맛보다는 가게의 서비스나 분위기가 중요한 사람이라면, 대박 브런치가 합리적인 선택인 것 같습니다. 즉, 안정적으로 맛있는 음식을 먹고 싶다면 사람들 대부분이 좋다고 평가한 대박 브런치를 선택하는 게 좋겠네요. 반면 부정적인 리뷰가 5% 정도 있을지라도 최고로 평가한 사람들의 비율이 훨씬 높은 맛나 브런치에 도전해보는 것도 나쁘지 않을 것 같습니다.

또한, 대박 브런치에는 2,000개의 리뷰가 있고 맛나 브런치에는 1,000개의 리뷰가 등록되어 있는 점도 흥미롭네요. 물론 리뷰 수가 많다고 해서 신뢰할 수 있는 것은 아니지만, 각자의 성향에 맞게 합리적인 선택을 하려면 별점의 분포를 알고 선택하는 것도 중요합니다.

마지막으로 '별점 이벤트' 같은 마케팅 활동이 리뷰에 영향을 준 건 아닌지 종합적으로 고려해서 판단하면 좀 더 합리적인 선택을 할 수 있습니다. 참고로 업체의 광고로 인해 별점 평균의 신뢰도가 떨어지기도 하고, 사이트마다 별점의 평균만 공개하고 별점의 분포를 공개하지 않는 곳도 많기 때문에 평점을 이용해 의사결정을 할 때는 조심해야 합니다. 중요한 것은 평균만 보고 선택해서는 합리적인 선택을 할 수 없으므로 분포를 함께 확인하는 것입니다. 또 분포를 보더라도, 어떤 가게가 무조건 좋다는 정답이 있는 것이 아니므로 '나'에게 맞는 선택을 할 수 있어야 합니다. 상황에 따라 답이 달라지는 데이터 리터러시, 매력적이지 않나요?

2 여론조사 결과에 휘둘리지 않기

여론조사는 미디어에서 굉장히 많이 접합니다. 특히 선거철마다 여러 여론조사 기관에서는 유권자의 경향을 알고자 여론조사를 실시하고 공표합니다. 아마 뉴스에서 아래 헤드라인의 기사를 본 적이 있을 것입니다.

10명 중 4명 A 후보 지지

00 선거, A 후보가 유력

A, B 후보 오차 범위 내 접전

'여론조사'란 어떤 사회 집단의 구성원에 대해 여론의 동향을 알아보려는 목적으로 실시하는 통계적 사회 조사입니다. 하지만 모든 유권자들의 의견을 조사하기에는 비용과 시간이 지나치게 많이 듭니다. 다행히도 통계적인 방법을 사용해 일부 사람들에게만 조사를 해도 충분히 전체 유권자의 경향을 추측할 수 있습니다. 일정 수의 대상자를 선정해서 조사하지만, 어디까지나 일부만을 조사하기 때문에 오차가 생길 수밖에 없으므로 조사 결과를 일반화하지 않도록 항상 조심해야 합니다.

뉴스 기사에서 다루듯이, 여론조사 결과는 유권자들의 심리에도 영향을 끼치며 결국 선거 결과에도 큰 영향을 미칩니다. 만약 의도적으로 어떤 후보가 우세하다는 기사가 계속 나온다면, 실제로 그 후보에게 관심이 집중되겠죠. 이렇게 유력한 후보에 관심이 집중되는 현상을 '밴드왜건 효과(Band Wagon effect)'라고 합니다. 따라서 우리나라를 포함한 몇몇 국가에서는 선거 직전에는 여론조사 공표를 금지하는 일명 '깜깜이 기간'이 있습니다. 그렇다면 여론조사를 어떻게 해석해야 할지 예시를 통해 살펴볼까요?

다음과 같이 전국의 유권자 1,000명에게 가장 유력한 A, B, C 후보에 대한 여론조사를 시행한 결과, A 후보는 40%, B 후보는 36%, C 후보는 24%의 지지율을 보이는 것으로 나타났다고 합시다.

- ✔ 조사 대상: 전국 만 18세 이상 남녀 1,000명
- ✔ 조사 일시: 2022년 12월 29~30일
- ✔ 조사 방법: 전화 면접(무선 100%)
- ✔ 표본 오차: ±3%p(95% 신뢰수준)

▲ **그림 5-2** 여론조사 결과

위의 그림과 함께 쓰여있는 조사 대상, 조사 일시, 조사 방법, 표본 오차는 여론조사 관련 기사에서 흔히 볼 수 있는 단어들이지만, 조금 복잡해보일 수 있습니다. 여론조사를 공표할 때는 중앙선거여론조사심의위원회에서 고시한 선거여론조사기준 제18조 1항에 의해 몇 가지 요소들을 반드시 표기해야 합니다. 위 내용 역시 그중 일부입니다.

조사 대상은 선정한 표본을 말합니다. 조사 일시는 조사한 기간을 의미하고, 조사 방법이 전화 면접이라는 것은 전화를 통해 직접 의견을 물어보며 조사했다는 것입니다. 마지막으로 표본 오차는 무엇일까요? 전수 조사, 즉 모두를 조사하는 것이 아닌 표본 조사이기 때문에 실제 결과와 달라서 생길 수밖에 없는 오차의 최댓값을 의미합니다.

%와 %p의 차이점이 궁금해요

기사를 보면 '10%p 더 높다'라는 표현이 종종 등장하는데, 이는 '10% 더 많다'와 다른 의미입니다. 예를 들어, 어떤 후보의 지지율이 20%에서 30%로 올랐다면 '지지율이 (30-20)=10%p 증가했다'라고 하거나, 혹은 '지지율이 (30-20)/20*100=50% 증가했다'라고 합니다. 이렇게 퍼센트 포인트는 두 백분율의 산술적 차이를 나타낼 때 사용하며, 퍼센트는 두 백분율의 비율을 나타낼 때 사용합니다.

이때, 신뢰수준이 95%라는 것은 이 여론조사를 95% 믿을 수 있다는 뜻이 아니라, 동일한 형태의 여론조사를 100번 실시했을 때 95번은 A 후보가 이 범위(신뢰구간)에서 지지율을 얻을 것으로 기대된다는 뜻이므로 유의해야 합니다. 신뢰구간은 각 후보의 지지율에 표본 오차인 3%p를 빼고 더하여 구할 수 있습니다. 예를 들어, A 후보의 지지율인 40%에 3%p를 빼고 더하면 37%에서 43%가 되므로 A 후보의 지지율 신뢰구간은 37% 이상 43% 이하입니다. 이처럼 세 후보의 신뢰구간을 한 축 위에 나타내면 그림 5-3과 같습니다.

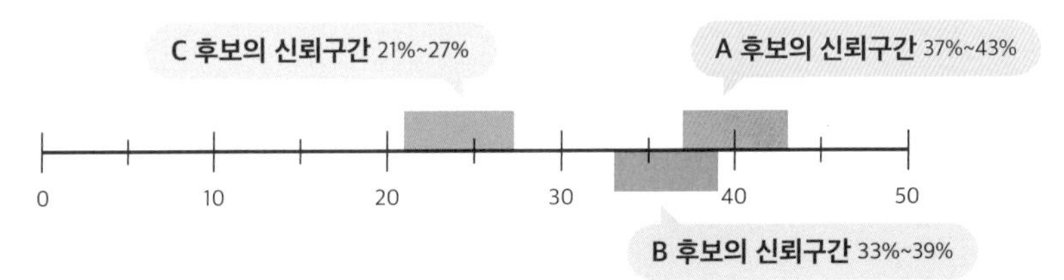

▲ **그림 5-3** 세 후보 A, B, C의 신뢰구간

A와 B 후보의 신뢰구간이 일부 겹치는 반면, 후보 C의 신뢰구간은 후보 A, B와 전혀 겹치지 않습니다. 이는 C는 A와 B에 비해 지지율이 유의미하게 낮다고 할 수 있지만 A는 B보다 지지율이 높다고 할 수 없는 것입니다. 한 표본 조사의 결과일 뿐이니까요. 다른 표본을 대상으로 조사하면 결과가 충분히 뒤바뀔 수 있다는 의미입니다. 따라서 여론조사 결과를 볼 때 각 후보의 지지율에 표본 오차를 더하고 빼 신뢰구간을 구한 후, 두 후보의 지지율에 대한 신뢰구간이 겹친다면 섣불리 어떤 후보가 우세하다고 판단해서는 안 됩니다.

대부분의 여론조사에서 표본 오차가 3.1%p 혹은 3%p로 비슷한 이유

표본 오차를 구하는 식은 바로 신뢰도(95%)와 표본의 수에 영향을 받습니다. 표본 오차를 구하는 공식에 따르면 신뢰도가 낮을수록, 표본 수가 많을수록 오차는 작아집니다. 하지만 신뢰도는 한없이 낮추는 것도, 표본 수를 무작정 늘리는 것도 힘들겠죠? 따라서 적정한 신뢰수준에 해당하는 95%와 1,000명이라는 표본 수를 많이 활용하는데, 이 두 수치로 표본 오차를 구했을 때 나오는 3.1%p입니다. 그리고 이를 반올림한 수치가 바로 3%p입니다. 대부분의 여론조사에서 3.1%p 혹은 3%p를 일반적으로 많이 사용하는 이유가 이해되었나요?

3 여론조사 너머의 무언가를 보기

가상의 사례를 통해 여론조사 결과를 올바르게 읽는 방법을 알아보았습니다. 여론조사 결과를 읽고 바로 판단하기보다 표본을 수집하는 과정, 즉 조사 일시와 조사 대상, 조사 방법도 함께 생각해야 합니다. 이와 관련된 재미있고 유명한 일화를 소개하겠습니다.

1936년 미국 대통령 선거에 민주당에서는 루즈벨트, 공화당에서는 랜던이 출마했습니다. 그런데 선거 전 서로 다른 두 기관에서 시행한 여론조사의 결과가 정반대로 나왔습니다. 이를 어떻게 해석해야 할까요?

잡지 <리터러리 다이제스트>에서는 약 1000만 명에게 엽서를 발송해 236만 명에게서 받은 답변으로 통계를 낸 결과, 공화당의 랜던 후보가 무려 57%의 지지율을 보였습니다. 236만 명을 대상으로 받은 응답이니 꽤 믿을 만한 결과라고 생각했겠죠? 하지만 갤럽이라는 여론조사 기관에서 미국 전역에 있는 다양한 계층의 유권자 1500명을 대상으로 응답을 받은 결과, 루즈벨트의 지지율이 56%로 더 높았습니다. 그렇다면 실제 당선 결과는 어땠을까요?

민주당 루즈벨트의 압승이었습니다. 투표 결과를 보니 민주당 루즈벨트는 62%, 공화당 랜던 후보는 38%에 그쳤습니다. 오히려 훨씬 더 적은 수의 표본으로 조사했던 갤럽의 예측이 더 정확했는데, 이것은 우연일까요? 그렇지 않습니다.

▲ **그림 5-4** 두 여론조사 기관의 조사 결과

당시 <리터러리 다이제스트>는 유선전화 가입자, 자동차 소유주의 주소록을 토대로 여론조사를 위해 우편을 보냈습니다. 대부분이 중산층 이상의 계층으로 공화당 지지자들이 많았죠. 설문 조사를 하는데 설문 대상이 특정 집단에 편향되었다면 전체의 의견을 대표하는 결과를 얻기가 어렵습니다. 이러한 유권자의 성향 못지 않게 응답률도 중요합니다. <리터러리 다이제스트>에서는 1000만 명을 대상으로 설문을 보냈으나 1/4 정도인 236만 명에게 응답을 받았고 나머지 3/4의 의견은 설문지를 받고도 응답을 하지 않은 데이터였습니다. 설문지를 통해 자료를 수집할 경우 이러한 '무응답'도 때로는 의미가 있으므로 분석할 때 주의해야 합니다.

자료에서 빠진 값, 결측치

설문에서 '무응답'은 자료에서 결측치로 볼 수 있습니다. 결측치란 자료에서 그 값이 빠져 있는 것입니다. 쉽게 말해 설문에서 '무응답'인 경우죠. 설문을 통해 데이터를 수집한 경우 누락된 원인에 따라 결측치의 종류는 세 가지로 구분될 수 있습니다. 첫째, 응답자가 실수로 누락하거나 전산 오류로 인해 결측치가 생긴 경우입니다. 둘째, 누락된 데이터가 특정 변수와 연관은 있지만 직접적인 인과관계는 없는 경우입니다. 셋째, 다른 변수와 직접적인 관련이 있는 경우입니다. 위의 예처럼 소득이 낮은 사람이 응답을 하지 않는 경우를 예로 들 수 있습니다. 각각 완전 무작위 결측, 무작위 결측, 비 무작위 결측이라고 부르기도 합니다. 실제로 분석을 할 때에는 결측치의 비율에 따라, 다른 변수와의 관련성에 따라 삭제하거나 적합한 값으로 대체하여 분석합니다.

반면 갤럽은 통계적으로 표본 추출 방법을 다르게 해, 다양한 계층의 유권자들에게 응답을 받아 편향되지 않은 응답을 받았습니다. 이러한 표본 추출 방법이 인정받게 되면서 갤럽은 유명해지고 여론조사 기관의 대표로 자리매김했습니다.

Hankook Research Gallup 한국갤럽

▲ **그림 5-5** 국내의 대표 여론조사 기관들

거의 100년이 지난 오늘날에도 여론조사 방식에 따른 결과 차이는 존재합니다. 또 정치 성향에 따라 자동응답이나 전화면접 방식에 대한 선호도도 여전히 다르게 나타나는 경향이 있습니다. 언뜻 생각하면 응답자 수가 많을수록 좋을 것 같지만, 앞서 미국 대선의 사례에서 보았듯이 꼭 그렇지만은 않습니다. 일반적으로 대통령 선거는 최소 1000명의 표본을 조사했을 때 통계적으로 의미 있는 표본 조사로 봅니다. 이외에도 여론조사에 영향을 미치는 요소는 굉장히 많기 때문에 표본 오차나 조사 방식 등을 고려하지 않고 단순히 지지율 수치만 비교해서는 판세를 잘못 파악할 수 있습니다.

여론조사뿐만 아니라 직접 설문 조사를 시행하고 요약해서 정리할 때, 의도하든 의도치 않든 데이터를 분석하면서 잘못된 해석을 할 수 있습니다. 그럴 때 여러 가지 질문을 스스로 혹은 동료와 함께 던져보면서 통찰력을 얻길 바랍니다. 데이터 해석과 통찰에는 정답이 없습니다. 주어진 상황에 따라 조금 더 올바른, 바람직한 해석이 있을 뿐이죠. 따라서 우리의 일상생활, 학교, 가정과 직장에서도 데이터나 통계를 보고 서로 의견을 공유하는 과정이 데이터 리터러시를 기르는 데 꼭 필요합니다. 이러한 과정은 특히 나이와 수준에 상관없이 이뤄질 수 있는 활동이므로 가정이나 학교, 직장에서 이뤄진다면 더없이 좋을 것입니다.

지금까지 미디어 속에서 데이터의 함정에 빠지지 않는 방법을 알아보았습니다. 사실 데이터마다 그 특성이 서로 다르기 때문에 새로운 데이터에서 함정에 빠지지 않기는 참 어렵습니다. 데이터의 함정에 빠지지 않기 위한 두 가지 방법을 제안하면서 마무리하고자 합니다.

첫째, '역지사지'의 마음입니다. 우리는 미디어에서 다양한 메시지를 소비하는 소비자인 동시에 메시지를 생산하기도 합니다. 특히 미디어를 통해 데이터로 소통할 때 가장 중요한 수단은 바로 시각적인 소통입니다. 소통을 잘 하려면 소비자로서 정보를 받아들이는 과정뿐만 아니라 직접 만들어보는 과정을 통해 어떤 부분에서 함정이 생길 수 있는지를 잘 파악할 수 있을 것입니다. 이를 위해 위에서 언급한 것처럼 많은 사람들과 데이터 해석 의견을 나눠볼 수 있겠죠. 둘째, 미디어를 소비하거나 생산할 때, 체크리스트처럼 몇 가지 질문을 던져보는 것입니다. 다음 표는 센터 포 미디어 리터러시(Center for Media Literacy)에서 제안한 '미디어 리터러시를 기르기 위한 다섯 가지 핵심 질문[5]'을 '데이터 리터러시를 위한 다섯 가지 핵심 개념과 핵심 질문'으로 재구성한 것입니다. 데이터나 미디어를 볼 때 이 다섯 가지 질문에 답해본다면 데이터에 대한 통찰을 효율적으로 얻을 수 있을 것입니다.

소비자 측면의 질문	핵심 개념(키워드)	생산자 측면의 질문
누가 이 데이터를 만들었는가?	모든 메시지는 구성된다(저자).	나는 무엇을 제작하고 있는가?
이 데이터는 나의 주목을 끌기 위해 어떤 창의적인 기법을 사용했는가?	통계 자료는 그 자체의 규칙 속에서 창의적인 언어를 사용해 구성된다(형식).	나의 통계 자료는 형식, 창의성, 기술에 대한 이해를 반영하고 있는가?
사람들이 통계 자료를 어떻게 다르게 이해하는가?	동일한 자료라도 사람들은 다르게 경험한다(청자).	나의 자료는 사람들에게 각기 다른 반응을 자아내는가?
이 자료에는 어떤 가치나 관점들이 반영, 혹은 생략되어 있는가?	데이터는 내재된 가치나 관점을 가진다(콘텐츠).	내가 만든 통계 자료는 내 자신의 가치나 관점을 명확하고 일관성 있게 제시하고 있는가?
이 통계 자료는 왜 발표되었는가?	대부분의 통계 자료는 이익 혹은 권력을 얻기 위해 만들어진 것이다(목적).	나는 내가 말하고자 하는 것을 효율적으로 전달하고 있는가?

▲ **표 5-2** 데이터 리터러시를 위한 다섯 개의 핵심 개념과 핵심 질문

5 출처: 미디어 리터러시의 5가지의 핵심 개념과 핵심 질문에서 재구성(Five Key Questions of Media Literacy(Center for Media Literacy, 2005))

영화가 추천되는 과정

20대 직장인 유미 씨는 퇴근 후 저녁 식사로 만들 된장찌개 레시피를 유튜브에서 찾아보다가 추천 영상으로 뜨는 먹방 동영상과 예능 동영상까지 이어서 보고 말았습니다. 또 자기 전에 운동화를 사려고 검색 사이트를 켰는데, 갑자기 된장 광고가 뜹니다. 저녁에 된장찌개 먹은 걸 어떻게 알았는지 광고에서 된장을 추천해 주네요. 여러분도 이런 경험이 있을 것이라 생각합니다.

▲ **그림 6-1** 유튜브의 추천 알고리즘

이처럼 우리는 각종 SNS에서 우리의 취향을 파악하고 추천해 주는 영상이나 콘텐츠를 자연스럽게 소비합니다. 때로는 쇼핑과 전혀 상관없는 다른 앱에서도 우리의 행동을 추적해서 구매를 유도하는 맞춤형 광고를 띄웁니다. 문득 어떤 원리로 이렇게 영상을 추천하는지 궁금하지 않나요? 예능 콘텐츠와 같은 재미 위주의 콘텐츠는 상관없지만, 만약 정치적이나 경제적인 상황을 한쪽의 의견만을 대변하는 영상만을 추천할 경우, 이런 알고리즘이 위험하지는 않을까요? 이번 장에서는 추천 시스템의 원리를 가볍게 살펴보고, 그에 따른 부작용까지 함께 알아보겠습니다.

1 추천 시스템의 역사와 다양한 알고리즘

미디어에서 제공하는 정보들은 우리가 합리적인 의사결정을 하는 데 많은 도움을 줍니다. 하지만 인터넷과 기술의 발달로 정보의 양이 점점 늘어나 오늘날에는 정말 정보의 홍수라고 해도 될 만큼 정보가 넘쳐납니다. 그러다 보니 미디어에서는 기준에 따라 정보의 일부만 보여주게 되죠. 따라서 사용자가 원할 만한 항목을 골라 추천하는 방법이 사용되고 있습니다. 이것이 바로 '추천 시스템(Recommender System)'입니다. 영화나 음악은 물론이고, 뉴스나 제품광고 등 SNS와 검색엔진조차 추천 시스템을 사용하고 있어서 이 시스템을 사용하지 않는 서비스를 찾기 힘들 정도입니다. 추천 시스템은 정보를 필터링해 제공함으로써 소비자가 원하는 정보를 쉽게 찾을 수 있고, 원하지 않는 정보를 제거해 정확하고 유용한 정보를 찾을 수 있다는 장점이 있습니다. 그럼 추천 시스템의 역사를 살짝 들여다볼까요?

기저귀를 사는 사람들은 어떤 물건을 같이 살까?

미국 월마트에서 판매된 제품들의 데이터를 분석한 결과, 맥주의 매출과 기저귀의 매출 사이에 연관성이 높다는 사실을 발견했습니다. 그래서 맥주 진열대의 위치를 기저귀 옆으로 바꾸었더니, 맥주의 매출이 그 전에 비해 몇 배나 뛰었다고 합니다. 맥주와 기저귀 사이에 어떤 관련이 있었던 것일까요?

마트 담당자가 관찰을 통해 그 이유를 살펴보니, 아기를 키우는 젊은 남편이 아내의 심부름으로 마트에 와서 기저귀를 사고, 기저귀를 사는 김에 본인을 위한 맥주를 산다는 사실을 알게 되었습니다. 즉, 아기를 키우는 젊은 남성이 맥주를 선호하는 경향이 있었던 것이죠. 상품의 특성으로만 보면 전혀 공통점이 없어 보였던 맥주와 기저귀지만, 이러한 연관성으로 인해 두 상품의 매출의 상관관계가 높게 나타난 것입니다.

▲ **그림 6-2** 아기 기저귀 소비와 맥주 소비의 연관성: 아기를 키우는 젊은 남성

이 재미있는 일화는 사람들이 데이터 속에서 유용한 패턴이나 새로운 지식을 찾아내는 데이터 마이닝(Data Mining)이라는 분야에 관심을 갖게 되는 계기가 되었습니다. 이른바 소비자들의 장바구니 안에 담긴 물건들의 연관성을 분석한다는 점에서 장바구니 분석(Market Basket Analysis) 혹은 연관성 분석(Association Rule Mining)이라고도 합니다. 이렇게 소비자의 행동을 분석해 상품의 진열 위치를 변경하거나 세트 상품으로 판매해 마트의 매출을 늘린 것처럼, 마케팅을 할 때 카드 사용 내역을 기반으로 소비자들의 구매 패턴을 분석해 쿠폰을 제공하거나 상품 진열 위치를 변경하는 등 구매를 촉진할 수 있는 전략을 사용하기도 합니다.

상관관계와 인과관계의 차이점

위의 일화에서 맥주의 매출과 기저귀의 매출이 상관관계가 높게 나온 사실을 바탕으로, 기저귀 구매가 맥주 구매에 영향을 주는 인과관계가 있다는 사실을 발견했습니다. 반대로 맥주 구매가 기저귀 구매로 이어진다고 해석할 수는 없겠죠. 통계학에서 인과관계와 상관관계를 헷갈리지 않도록 조심해야 한다는 말이 있습니다. 이와 관련된 자세한 내용은 8장 '데이터 속에 숨어 있는 관계 찾기'에서 다룰 예정이니 참고하세요.

콘텐츠 기반 필터링: <어벤져스>와 비슷한 영화는 무엇일까?

"로맨스, 스릴러, 액션 등 어떤 영화 장르를 좋아하나요?", "어떤 아티스트나 영화 감독을 좋아하나요?"

이런 질문들은 처음 만난 사람과 친해지기 위해 나누는 대화이기도 하지만, 음악 스트리밍 앱이나 OTT 서비스에 처음 가입할 때 사용자에게 묻는 질문이기도 합니다. 이처럼 사용자가 선호하는 작품의 특징을 파악해서 그와 비슷한 장르의 음악이나 영화를 추천하는 방법을 '콘텐츠 기반 필터링(Content-based Filtering)'이라고 합니다.

그림 6-3 사용자가 시청한 영화와 비슷한 영화를 추천하는 콘텐츠 기반 필터링

예를 들어 어떤 사용자가 OTT 서비스에서 〈어벤져스: 인피니티 워(Avengers: Infinity War)〉와 〈어벤져스: 엔드게임(Avengers: End Game)〉 등 어벤져스 시리즈를 보고 긍정적인 평가(좋아요 등)를 했다면 같은 마블 사의 영화인 〈스파이더맨: 파 프롬 홈(Spider-Man: Far From Home)〉을 추천하는 것입니다. 이는 깊은 추론이 필요 없는 아주 간단하고 쉬운 추천 방식입니다. 하지만 콘텐츠의 장르나 유형 등의 특성을 분류하기 힘들거나 알기 힘든 경우에는 추천하기 어렵다는 단점이 있습니다.

협업 필터링: 나와 비슷한 취향의 사람들이 많이 본 영화는 무엇일까?

OTT 서비스나 유튜브 동영상을 보다 보면 '내가 구독한 채널인 A의 구독자들의 즐겨보는 콘텐츠' 등 나와 비슷한 취향의 사람들이 좋아하는 동영상을 추천하는 경우도 있습니다. 이처럼 취향이 비슷한 사람들의 집단(이웃, Neighborhood)이 존재함을 가정하고 이 집단에 속한 사람들이 공통으로 좋아하는 항목을 추천하는 방식을 '사용자 기반의 협업 필터링(User-based Collaborative Filtering)'이라고 합니다.

예를 들어 사용자 석리와 정윤이가 어벤져스 시리즈인 〈어벤져스: 인피니티 워〉와 〈어벤져스: 엔드게임〉을 시청한 후 '좋아요'로 긍정적인 평가를 했습니다. 이때 석리가 영화 〈아바타〉에도 '좋아요'를 눌렀다면, 석리와 마찬가지로 〈어벤져스〉 시리즈를 좋아한 정윤이에게도 영화 〈아바타〉를 추천해 주는 것입니다.

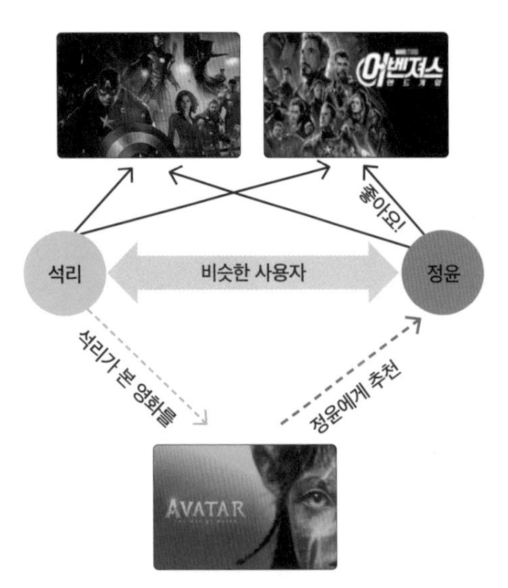

▲ **그림 6-4** 사용자 기반 협업 필터링

반대로, 비슷한 사용자가 아닌 비슷한 영화를 바탕으로 추천하는 것은 '아이템 기반 협업 필터링(Item-based Collaborative Filtering)'이라고 합니다. 즉, 영화 〈어벤져스〉, 〈아바타〉, 〈스파이더맨〉을 좋아한 사용자와 패턴이 비슷하고 유진이가 아직 〈스파이더맨〉을 보지 않았다면, 〈스파이더맨〉을 유진이에게 추천하는 방식입니다.

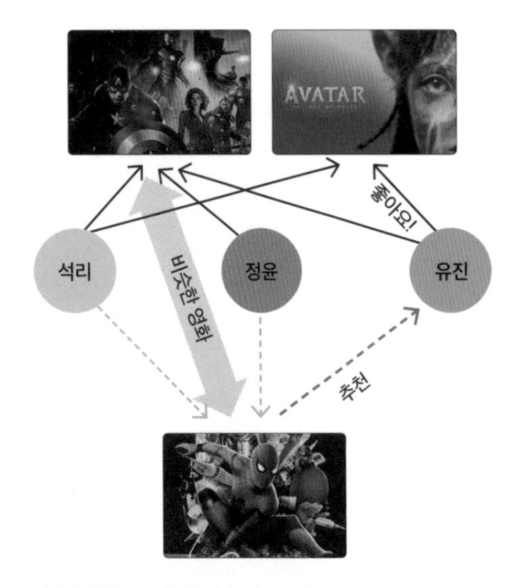

▲ **그림 6-5** 아이템 기반 협업 필터링

이와 같이 협업 필터링을 사용하면 많은 사람들이 영화를 본 기록이나 좋아요, 싫어요 기록을 바탕으로 내가 좋아할 영화를 추천받을 수 있어서 편리하게 영화를 볼 수 있다는 장점이 있습니다. 그럼, 나와 비슷한 사용자 혹은 특정 영화와 비슷한 영화들을 구체적으로 어떻게 판단하는지 살펴볼까요?

추천 시스템의 핵심은 사용자가 아이템에 부여한 평점 데이터입니다. 예를 들어, 가영, 나영, 다영, 라영, 마영 다섯 명의 사용자가 영화 A, B, C, D에 매긴 평점이 표 6-1과 같다고 해봅시다. 이러한 표를 사용자의 아이템에 대한 '선호 행렬(Utility Matrix)'이라고 합니다. 영화 〈인셉션〉, 〈타이타닉〉, 〈매트릭스〉, 〈스타워즈〉를 각각 A, B, C, D라고 하고, 평점은 임의로 부여했다고 가정합니다.

	A	B	C	D
가영	5	4	1	1
나영	4	-	3	4
다영	2	3	-	1
라영	-	4	5	2
마영	5	-	-	-

A: 인셉션

B: 타이타닉

C: 매트릭스

D: 스타워즈

▲ **표 6-1** 사용자가 항목에 매긴 평점을 나타낸 선호 행렬 예시

여기서 1부터 5까지의 숫자는 영화 평점을 매우 불만족(1점), 다소 불만족(2점), 보통(3점), 만족(4점), 매우 만족(5점)의 척도로 나타낸 것입니다.

가영이는 A, B, C, D에 각각 5, 4, 1, 1점을 매겼지만, 나영이는 A, C, D에 각각 4, 3, 4점을 매기고, B는 아직 보지 않은 모양이네요. 이렇게 구성된 선호 행렬에서 빈 값을 예측하는 것이 바로 추천 시스템의 기본 핵심이라고 할 수 있습니다.

그렇다면 라영이는 A에 몇 점을 매길까요? 이 평점을 예측하기 위해서는 라영이와 비슷한 사용자를 찾는 것부터 시작해야 합니다. 이는 영화 취향이 얼마나 비슷한지 그 정도를 수치로 나타내는 유사도(Similarity) 기준에 따라 달라집니다. 유사도의 종류로는 유클리디안 유사도, 자카드 유사도, 코사인 유사도 등이 있습니다. 아래에서는 유클리디안 유사도를 바탕으로 구해보겠습니다.

가영, 나영, 라영이의 영화 C, D에 대한 평점을 순서쌍으로 나타내면 가영이는 (1,1), 나영이

는 (3,4), 라영이는 (5,2)입니다. 이 세 순서쌍을 좌표평면 위에 나타내면 그림 6-6과 같습니다. 중학교 수학 시간에 배우는 피타고라스 정리를 이용하면 가영과 나영, 나영과 라영, 가영과 라영의 평점 사이의 거리(유클리디안 거리)를 구할 수 있습니다. 유클리디안 유사도는 유클리디안 거리가 클수록 작아지게 설정하여 유사도가 높을수록 두 점은 유사하게 됩니다. 좌표평면에서 보니, 라영이는 가영이보다는 나영이와 취향이 좀 더 비슷한 것을 알 수 있네요. 라영이와 영화 취향이 비슷한 나영이가 영화 A에 어느 정도 만족했으므로, 라영이에게도 A 영화를 추천하는 것이 좋겠습니다.

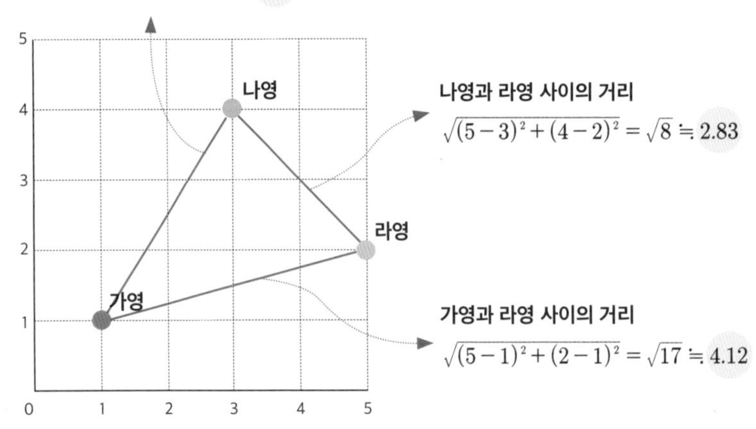

▲ **그림 6-6** 평점의 유클리디안 거리

사실 추천 시스템은 사용자가 아이템에 매긴 평점이나 구매 기록을 사용해 추천하기도 하지만, 페이지 방문 기록, 클릭 위치 등의 데이터를 사용해 추천하기도 합니다. 앞서 20대 유미씨가 된장을 검색하기만 했는데도 된장 제품 추천을 받은 것처럼 말이죠. 협업 필터링 외에도 추천 시스템에는 수많은 알고리즘이 존재합니다. 또한 서비스를 처음 이용하는 사용자의 경우, 평가한 항목이 많지 않으므로 처음에는 콘텐츠 기반 필터링을 사용해 추천하고, 어느 정도 정보가 쌓인 후에는 협업 필터링을 적용해 신규 사용자에게도 적절한 항목을 추천하는 등 여러 방식을 결합한 방식(하이브리드 필터링)도 있습니다. 최근에는 다양한 머신러닝 기법을 활용하기도 하며, 시간에 따라 변화하는 사용자의 취향을 반영한 딥러닝 알고리즘을 사용하기도 하면서 성능을 높이고 있습니다.

좋은 추천 시스템이란?

그렇다면 좋은 추천 시스템이란 무엇일까요? 추천 시스템의 알고리즘도 다양하고, 협업 필터링을 적용해도 유사도 종류나 사용자 기반인지, 아이템 기반인지에 따라 추천 결과가 다를 것입니다. 일반적으로 사용자가 실제로 원한 항목인지를 측정하는 정확도(Accuracy)를 많이 사용합니다. 추천된 항목이 사용자에게 노출되었을 때의 클릭률이나 구매율로 측정될 수 있겠죠. 하지만 정확도만 고려해 추천한다면 비슷한 취향에 갇혀버리는 현상이 나타날 수 있습니다. 사람의 취향은 항상 변하기도 하고, 가끔은 새로운 음악이나 영화가 보고 싶을 때도 있으니까요. 따라서 정확도 외에도 다양성(Diversity), 우연성(Serendipity) 등의 평가 지표를 사용하기도 합니다.

또한, 보다 투명한 추천을 위해 추천된 이유를 제시할 수도 있습니다. 영상이나 영화를 추천받을 때, 아무 이유 없이 아이템이 추천되면 광고는 아닐지 혹은 다른 이유가 있을지 의심할 수 있습니다. 하지만 '이 아이템을 구매한 사용자들이 함께 구매한 아이템', '평단의 찬사를 받은 드라마', '나와 비슷한 연령대가 시청한 영상' 등과 같이 추천된 이유를 같이 제시하면 사용자가 납득하고 조금 더 신뢰할 수 있겠죠. 이렇게 추천 시스템에 대해 간단히 이해하면 추천되는 아이템들이 조금 다르게 보이기 시작하면서 미디어를 더 합리적으로 소비할 수 있을 것입니다.

2 추천 시스템을 현명하게 이용하기

이처럼 추천 시스템은 사용자의 과거 구매 기록, 검색 기록, 평가, 좋아요 등의 데이터를 분석해 유사한 취향의 아이템을 추천합니다. 이렇게 사용자의 선택을 돕도록 항목을 추천하는 편리한 기능에 부작용은 없을까요?

▲ **그림 6-7** 인터넷에서 콘텐츠에 좋아요와 싫어요를 누르는 효과는?

페이스북이나 유튜브, 인스타그램 같은 SNS에서 패션, 캠핑, 자동차 등 어떤 특정 분야에 관심이 많은 사용자는 그 분야와 관련된 게시물을 자주 클릭하고 '좋아요'를 누를 것입니다. 그러면 SNS에서는 추천 시스템에 따라 그 사용자에게 관심있는 분야와 관련된 게시물을 더 많이 추천하게 됩니다. 그리고 사용자는 더 많은 관련 게시물을 보게 되면서 다른 분야에 대한 정보나 다양한 견해를 접하기 어려워집니다. 이러한 현상을 '필터 버블(Filter Bubble)'이라고 합니다. 필터 버블은 자신의 입장과 비슷한 콘텐츠만을 보며 그 세계에 갇혀버리는 현상으로, 특히 인터넷과 SNS에서 많이 발생합니다. 이런 상황에서 사용자가 자신의 선호나 입장과 일치하는 콘텐츠만을 보게 되어 시야가 좁아지거나 이를 바탕으로 한 단순화된 판단을 내리는 경향이 생길 수 있습니다.

▲ **그림 6-8** 자신의 입장과 비슷한 콘텐츠를 보며 거품과 같은 세계에 갇히게 되는 필터 버블 현상

특히 사회적으로 갈등이 많은 분야에서 이러한 필터 버블 현상이 발생하게 되면, 그 갈등 상황이 더 심화될 수 있습니다. 예를 들어, 보수적인 성향을 가진 사람은 보수 성향의 언론사 계정을 팔로우하고, 보수 성향의 기사를 주로 접하게 될 것입니다. 반면 진보적인 성향의 사람은 진보적인 성향의 언론사 계정을 팔로우하고 진보 성향의 기사를 접하게 되겠죠. 이 과정이 지속되면 두 사용자는 서로 다른 시각을 접하지 못하고 자신의 성향과 일치하는 정보만을 얻게 되어, 세상을 제대로 이해하기 어렵고 정치적인 대립이 더 심해질 수 있습니다.

▲ **그림 6-9** 갈등을 심화시키는 확증 편향

이와 같은 현상을 '확증 편향(Confirmation bias)'이라고 합니다. 확증 편향은 개인이 가진 선입견이나 성향에 부합하는 정보만을 선별적으로 수용하는 것을 말합니다. SNS에서 이러한 확증 편향이 발생하면, 사용자들은 다양한 정보를 접할 수 없게 되고 불필요할 정도로 강한 정치 성향을 가지게 될 수 있습니다. 이렇게 불안정한 상태를 비집고 들어가는 것이 바로 가짜 뉴스입니다. '가짜 뉴스(Fake News)'란 사람들의 흥미와 본능을 자극해 자극을 끄는 거짓된 정보를 담은 기사로, SNS나 인터넷 매체를 통해 빠르게 확산되어 사람들의 편견에 영향을 줍니다. 이처럼 가짜 뉴스와 확증 편향은 서로 영향을 주며 악순환을 일으키고, 사람들의 판단력을 흐리게 해 정확한 판단을 방해합니다. 따라서 미디어를 소비할 때는 다양한 정보를 수집함으로써 항상 비판적인 시각과 합리적인 판단력을 갖추는 것이 좋습니다.

3 확증 편향을 줄이기 위한 실천 방안

필터 버블과 확증 편향이 얼핏 듣기엔 나와 거리가 먼 이야기 같지만, 생각보다 우리 일상에 뿌리 깊게 자리잡고 있습니다. SNS나 인터넷을 다 끊고 살 수도 없는 노릇인데, 어떻게 해야 좀 더 합리적인 방식으로 미디어를 소비할 수 있을까요? 물론 추천 시스템 자체적으로 다양성을 중요시해 추천할 수도 있지만, 개인이 미디어를 소비하면서 확증 편향을 줄일 수 있는 몇 가지 간단한 방법을 제안합니다.

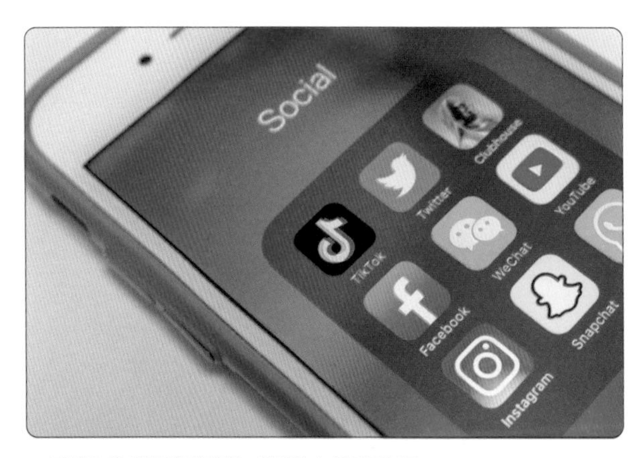

▲ **그림 6-10** 일상에서 접하는 다양한 소셜 미디어들

주기적으로 시청 내역 리셋하기

동영상 스트리밍 서비스의 경우 시청 내역과 그에 대한 좋아요, 싫어요 같은 반응을 바탕으로 추천하므로 주기적으로 이러한 내역을 리셋해 알고리즘을 초기화한다면 한 분야만 추천 받는 일은 드물 것입니다. 또한 이와 비슷하게 모바일의 경우 '앱에 추적 금지 요청' 혹은 '추적 안함'을 설정해서 각 SNS에서 사용자의 다른 앱에서의 검색 기록까지 추적하지 않도록 하는 것도 좋은 방법입니다.

다양한 매체에서 정보 얻기

하나의 검색 엔진이나 SNS에서 정보를 수집하는 것이 아니라 다양한 매체에서 정보를 수집하는 것이 좋습니다. 다양한 매체에서 정보를 수집하면 매체마다 알고리즘이나 필터링하는 방식이 다르기 때문에 더 많은 시각과 의견을 제시할 수 있습니다.

비판적 사고와 질문 던지기

나의 선입견이나 편향된 생각으로 정보를 받아들이는 것이 아니라 비판적인 시각으로 정보를 바라보는 것이 좋습니다. 또한, 제시된 콘텐츠의 출처 등 신뢰성을 검증하는 것도 필요하며 이 장의 앞부분에서 언급한 것처럼 왜 이 상품을 추천했을지를 생각해보는 것도 한 방법입니다.

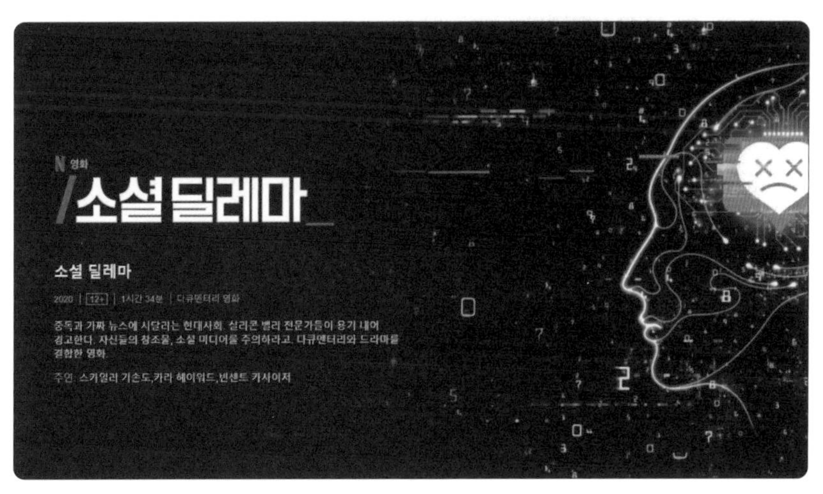

▲ **그림 6-11** 넷플릭스가 제작한 소셜 딜레마(2020)

이러한 확증 편향에 빠지는 위험을 경고하기 위해 넷플릭스에서 <소셜 딜레마>라는 다큐멘터리를 제작하기도 했습니다. 이 다큐멘터리에 따르면 추천 시스템을 만든 개발자도 의도적으로 알고리즘을 쓰지 않는다고 합니다. 이들은 공통적으로 '알고리즘에 의해 추천받지 말고 직접 콘텐츠를 선택하라'고 주장합니다. 추천 시스템의 이점이 얼마나 많은데 추천받지 말라니 당황스러울 수 있겠지만, 너무 알고리즘에만 의존하거나 휘둘리지 않고 내가 스스로 선택함으로써 합리적인 소비를 하자는 뜻을 이해하고 건강하게 미디어를 소비하자는 취지로 이해하면 됩니다.

아는 만큼 보인다! 데이터를 읽는 통계의 힘

취업준비생인 동섭 씨는 어떤 회사를 지원할지 고민입니다. 이왕이면 연봉이 높은 곳에서 일하고 싶어서 취업 플랫폼 사이트에 들어가보니 평균 연봉 랭킹이 잘 정리되어 있네요. 동섭 씨는 '나에게 가장 중요한 것은 연봉이니까, 평균 연봉이 높은 순으로 정렬해서 높은 곳부터 차례대로 지원하면 되겠다'고 생각합니다.

마침내 1지망이였던 회사 취업에 성공한 동섭 씨. 미리 알아본 평균 연봉을 기대하며 본인의 첫 연봉을 확인했는데, 예상보다 너무 낮은 금액에 충격을 받았습니다. 이게 어떻게 된 걸까요?

1 평균의 함정 조심하기

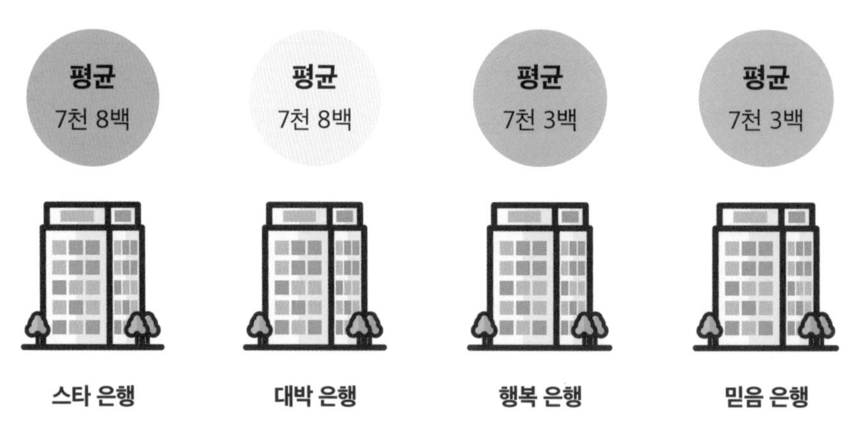

▲ **그림 7-1** 가상의 은행 네 곳의 평균 연봉 비교(단위: 만 원)

가상의 은행 네 곳의 연봉 평균이 그림 7-1과 같다고 합시다. 연봉을 보고 어떤 생각이 드나요? '스타 은행과 대박 은행의 연봉이 비슷하고 행복 은행과 믿음 은행의 연봉이 비슷하겠군'

이라고 생각했을 것입니다. 그러면 연봉이 높은 회사를 가고 싶다면 스타 은행과 대박 은행 중에서 고르면 될까요? 이 질문의 답을 찾기 위해 우선 각 은행의 연봉 데이터를 살펴봅시다.

회사명	연봉 데이터 (단위: 백만 원)
스타 은행	35, 80, 110, 75, 45, 90, 100, 55, 65, 125
대박 은행	40, 60, 50, 90, 200, 50, 70, 55, 80, 85
행복 은행	120, 90, 30, 130, 80, 110, 20, 100, 10, 40
믿음 은행	89, 42, 86, 90, 87, 60, 45, 84, 55, 92

▲ **표 7-1** 은행별 연봉 데이터

데이터는 각 은행별로 10개씩입니다. 평균은 모두 잘 알다시피 전체 자료의 합을 자료의 개수로 나누는 것입니다. 따라서 각 은행의 연봉 평균은 은행별로 모든 연봉을 더한 다음 10으로 나눈, 즉 전체값을 전체 인원이 똑같이 나눈 것입니다.

회사명	회사별 연봉의 합(단위: 백만 원)	자료의 개수	평균
스타 은행	35 + 80 + 110 + 75 + 45 + 90 + 100 + 55 + 65 + 125 = 780	10	78
대박 은행	40 + 60 + 50 + 90 + 200 + 50 + 70 + 55 + 80 + 85 = 780	10	78
행복 은행	120 + 90 + 30 + 130 + 80 + 110 + 20 + 100 + 10 + 40 = 730	10	73
믿음 은행	89 + 42 + 86 + 90 + 87 + 60 + 45 + 84 + 55 + 92 = 730	10	73

▲ **표 7-2** 은행별 평균 계산

스타 은행의 연봉 데이터를 자세히 살펴봅시다. 가로축은 사원 번호(1~10)이고, 세로축은 연봉(단위: 백만 원)입니다. 전체가 균등하게 점수를 나눠 갖는 것이 평균이므로, 평균인 7800만 원을 기준으로 평균 아래에 있는 자료값까지의 총 거리와 평균 위에 있는 자료값까지의 총 거리는 같을 것입니다. 즉, 평균값이 사원 10명 연봉의 균형점이자 중심점인 것이죠. 실제로 스타 은행 사원 10명의 연봉이 평균인 7800만 원 주변에 많이 분포한다는 점에서, 평균이 자료의 중심적인 경향을 보이는 것을 알 수 있습니다.

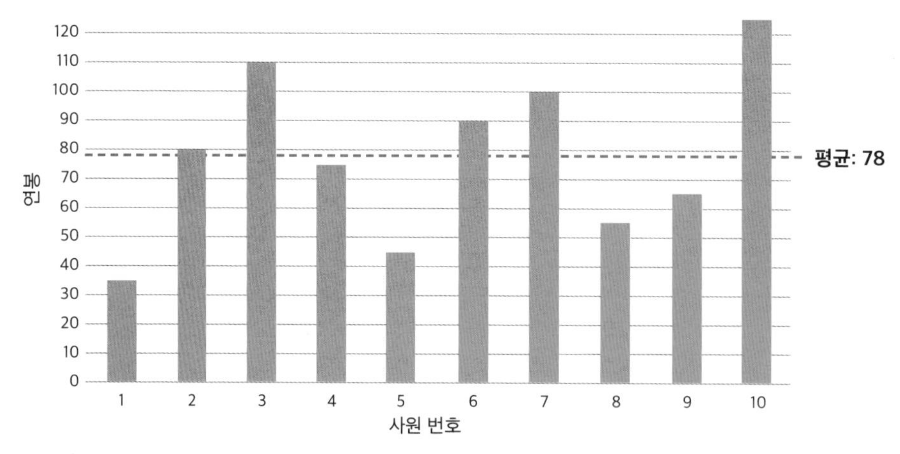

▲ **그림 7-2** 스타 은행의 사원 10명의 연봉을 나타낸 그래프(단위: 백만 원)

이렇게 자료 전체의 중심 경향을 나타내는 값을 수학에서 '대푯값(Representative value)'이라고 합니다. 대푯값이란, 말 그대로 주어진 자료를 대표하는 특정 값입니다. 대푯값을 사용하는 이유는 자료의 중심이 어디에 위치하는지 그 경향을 알면 자료의 특징을 쉽게 파악할 수 있기 때문입니다. 많은 자료를 일일이 살펴보고 비교하는 것은 번거롭고 어려우니, 사용자가 많은 자료들을 일일이 볼 시간을 줄여주기 위해 주어진 자료를 대표하는 특정 값 하나를 구한 것입니다.

다시, 은행 네 곳의 연봉 평균을 봅시다. 우리는 각 회사의 평균을 보고 회사의 연봉 수준을 짐작합니다. 하지만 평균이 항상 해당 회사의 연봉을 대표한다고 할 수 있을까요? 다시 말해 평균이 항상 대푯값을 나타낼까요?

한번 상상해봅시다. 어느 계곡 근처 안내판에 평균 수심이 1m라고 써 있습니다. 만약 키가 180cm이면 안심하고 들어가도 될까요? 그림에서도 알 수 있듯이 절대 안 됩니다. 내 키가 1m가 넘더라도, 혹시 어느 한 군데의 깊이가 2m인 곳이 있다면 큰일이니까요!

▲ **그림 7-3** 평균의 함정

이와 같이 자료의 값 중에서 매우 크거나 매우 작은 값, 즉 한쪽에 극단적으로 치우친 자료가 있는 경우에는 평균이 자료 집단을 대표하기에 적절하지 않습니다. 여기서 우리는 평균 이외에 다른 대푯값이 필요하다는 것을 알 수 있습니다.

자료의 중심 경향을 나타내는 다른 값으로 '중앙값'이 있습니다. 말 그대로 데이터를 작은 값부터 크기 순으로 나열했을 때 중앙에 있는 값을 말합니다.

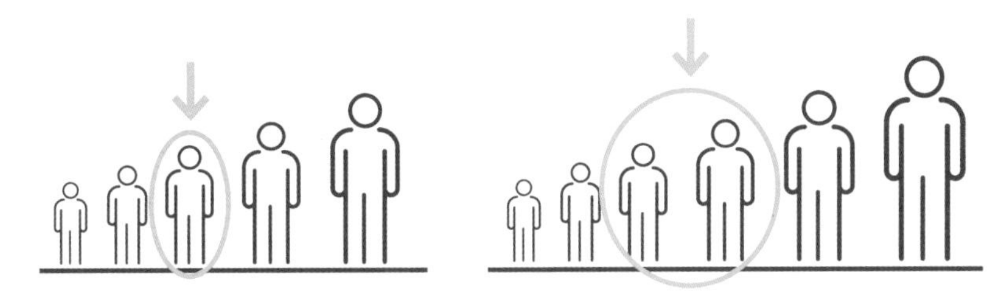

▲ **그림 7-4** 자료의 개수가 홀수/짝수일 때 중앙값

예를 들어 우리 반을 대표하는 키를 찾기 위해, 학생들을 키 순서대로 세우고 중앙에 위치한 학생의 키를 찾는 것입니다. 참고로 왼쪽 그림과 같이 자료의 개수가 홀수인 경우에는 중앙에 위치한 하나의 값을 중앙값으로 하면 되지만, 자료의 개수가 짝수인 경우에는 중앙에 위치한 값인 두 값의 평균, 즉 두 명의 키의 평균을 중앙값으로 사용합니다. 그런데 사실 우리는 중앙값을 직접 구할 필요가 없습니다. 컴퓨터로 쉽게 구할 수 있으니까요! 우리에게 보다 중요한 일은 평균과 중앙값 중에 어떤 것이 한 집단의 대푯값으로서 적절한지 판단하는 것입니다.

	스타 은행	대박 은행	행복 은행	믿음 은행
평균	78	78	73	73
중앙값	77.5	65	85	85

▲ **표 7-3** 은행의 대푯값 비교 1 (단위: 백만 원)

4개의 은행의 연봉 평균과 중앙값을 정리하면 위의 표와 같습니다. 평균이 7800만 원으로 같은 스타 은행과 대박 은행을 집중해서 봅시다. 스타 은행은 평균과 중앙값이 7800만 원과 7750만 원으로 비슷해서 무엇을 대푯값으로 사용해도 별 차이가 없을 것입니다. 반면, 대박 은행은 평균은 7800만 원이지만, 중앙값은 그보다 훨씬 작은 6500만 원입니다. 이 경우 대박 은행의 대푯값으로 평균이 적절할까요, 중앙값이 적절할까요? 대박 은행의 연봉 분포를 자세히 살펴보기 위해 '히스토그램'을 소개합니다.

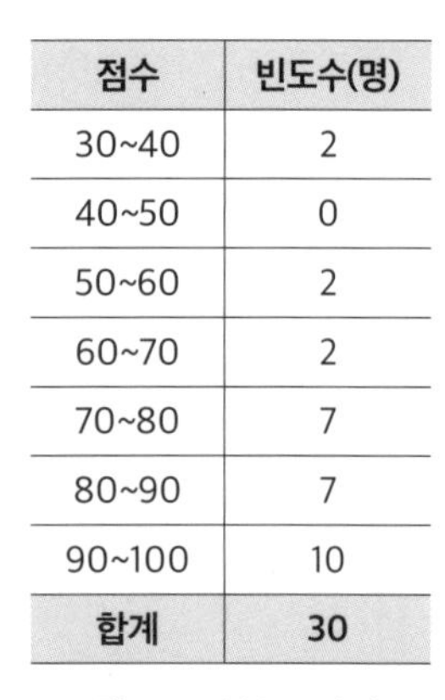

점수	빈도수(명)
30~40	2
40~50	0
50~60	2
60~70	2
70~80	7
80~90	7
90~100	10
합계	**30**

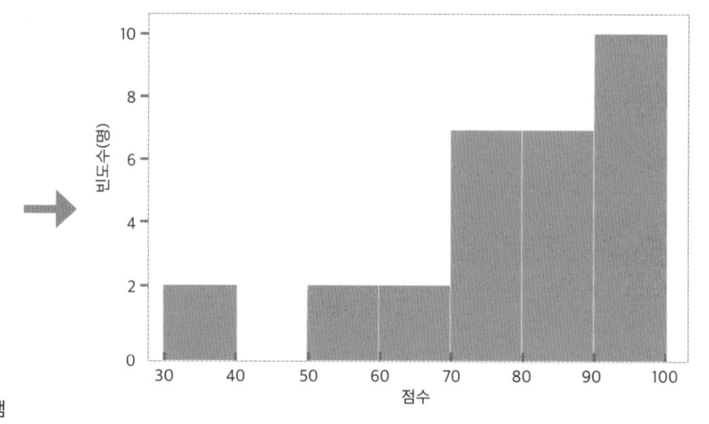

▲ **그림 7-5** 도수분포표와 히스토그램

그림 7-5의 왼쪽에 있는 표는 학생 30명의 시험 점수를 10점 단위로 나눠 구간별 자료의 빈도수를 나타낸 도수분포표입니다. 이렇게 구간을 나누면 데이터의 전체적인 분포를 볼 수 있습니다. 여기서 자료를 일정한 간격으로 나눈 구간을 계급이라고 합니다. 그리고 도수분포표를 막대 모양으로 시각화한 것이 바로 히스토그램입니다. 지금 도수분포표의 계급의 크기가 10이므로 히스토그램에서 막대의 폭이 10이고, 각 막대의 높이는 해당 구간에 포함되는 자료의 개수를 나타냅니다. 그래프를 보니 시험 점수가 높은 친구들이 낮은 친구들보다 더 많다는 점을 시각적으로 확인할 수 있습니다. 이처럼 히스토그램을 사용하면 각 구간에 속하는 자료의 수가 많고 적음을 한눈에 알아보기 쉽다는 장점이 있습니다.

이제 대박 은행의 연봉 분포를 확인해봅시다. 참고로 막대의 폭을 20으로 설정해서 그린 히스토그램입니다. 여기서 대푯값은 어디에 위치할까요?

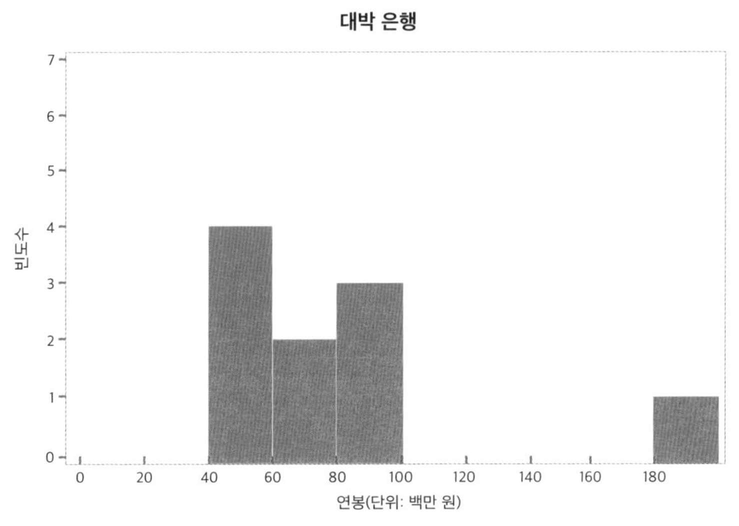

▲ **그림 7-6** 대박 은행의 연봉 분포

아무래도 빈도수가 가장 높은 40~60이겠죠? 그런데 평균은 78이네요. 200이라는 극단적으로 높은 연봉이 있어 평균이 자료의 중심을 잘 나타내지 못한 것입니다. 따라서 대박 은행의 경우 연봉의 대푯값으로 중앙값인 65가 더 적절하다는 것을 알 수 있습니다.

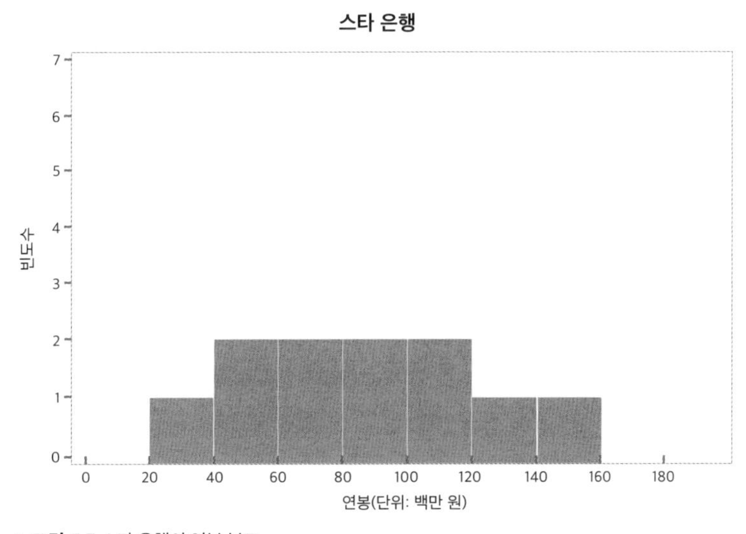

▲ **그림 7-7** 스타 은행의 연봉 분포

한편, 스타 은행의 평균과 중앙값이 비슷했던 이유는 자료의 분포가 평균을 중심으로 좌우 대칭이기 때문입니다. 이처럼 자료의 분포 모양이 봉우리가 하나인 대칭형이라면 평균과 중앙값이 비슷하기 때문에 둘 다 자료의 중심을 잘 나타냅니다.

반면, 대박 은행처럼 자료의 분포 모양이 비대칭형인 경우 평균이 중앙값보다 자료의 중심에서 멀리 위치합니다. 평균은 계산 시 모든 값을 반영하기 때문에 중앙값보다 극단적인 값에 영향을 더 많이 받기 때문이죠. 따라서 자료의 분포가 비대칭형인 경우에는 평균보다 중앙값이 대푯값으로 더 적절합니다.

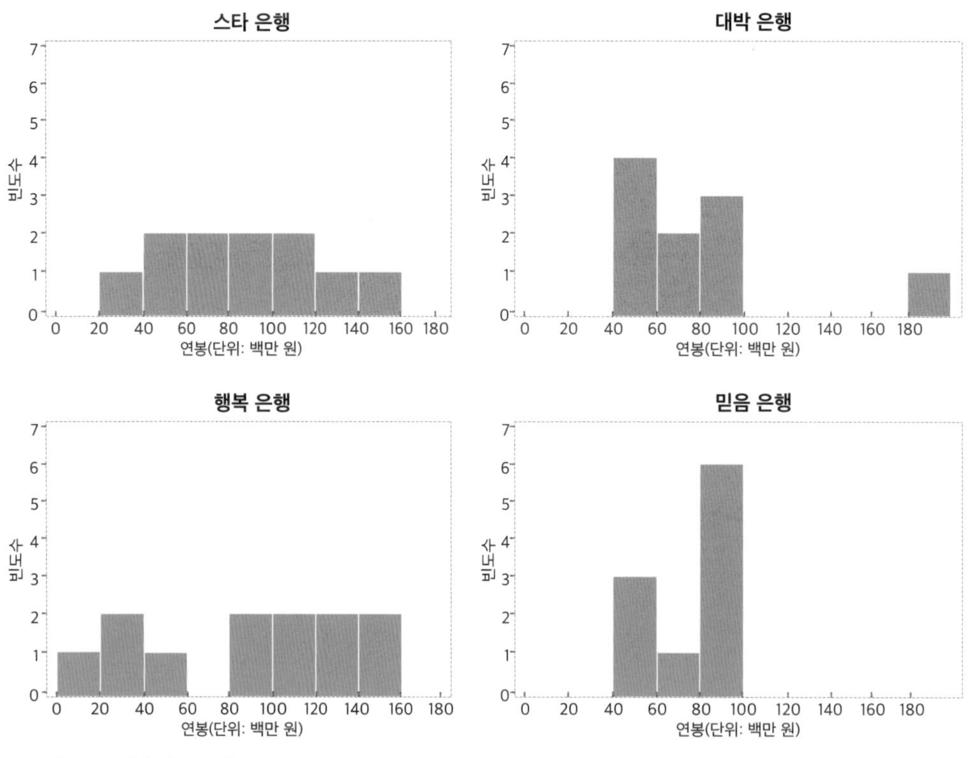

▲ **그림 7-8** 은행별 히스토그램

4개 은행의 연봉을 히스토그램으로 시각화하면 위와 같습니다. 각 은행의 분포 형태를 보니, 스타 은행을 빼고는 자료의 분포가 비대칭이므로 대푯값으로 평균보다는 중앙값이 더 적절해보입니다.

	스타 은행	대박 은행	행복 은행	믿음 은행
평균	78	78	73	73
중앙값	77.5	65	85	85

▲ **표 7-4** 은행의 대푯값 비교 2 (단위: 백만 원)

아까 정리한 평균과 중앙값 표를 다시 살펴봅시다. 평균으로 비교했을 때는 스타 은행과 대박 은행이 비슷하고 상대적으로 행복 은행과 믿음 은행의 연봉이 낮다고 생각했는데, 중앙값을 기준으로 점수를 비교해보니 오히려 행복 은행과 믿음 은행이 높고, 대박 은행이 가장 낮습니다. 이로써 평균만으로 자료를 판단하면 안 된다는 것을 알 수 있습니다.

지금까지 자료의 분포에 따른 적절한 대푯값을 알아보았습니다. 그러나 자료의 중심을 아는 것은 데이터의 극히 일부만을 아는 것이랍니다. 나무를 찾았으니 이제 숲을 볼 차례입니다. 각 자료들이 어떻게 분포되어 있는지 자료를 조망해볼까요?

2 상자그림을 활용한 데이터 시각화

앞에서 행복 은행과 믿음 은행의 중심 경향, 즉 평균과 중앙값이 같다는 것을 알았습니다. 그렇다면 두 회사의 연봉이 비슷하다 생각하고, 둘 중 아무 회사나 선택해도 될까요?

그림 7-9는 막대의 폭을 10으로 해서 그린 히스토그램입니다. 둘 다 오른쪽으로 치우친 비대칭형 분포를 보입니다. 얼핏 봤을 땐 비슷해 보이는데 y축의 최대 빈도수를 보면 2와 6으로 차이가 큽니다. 이처럼 그래프의 축 단위가 통일되어 있지 않으면 비교가 어렵습니다.

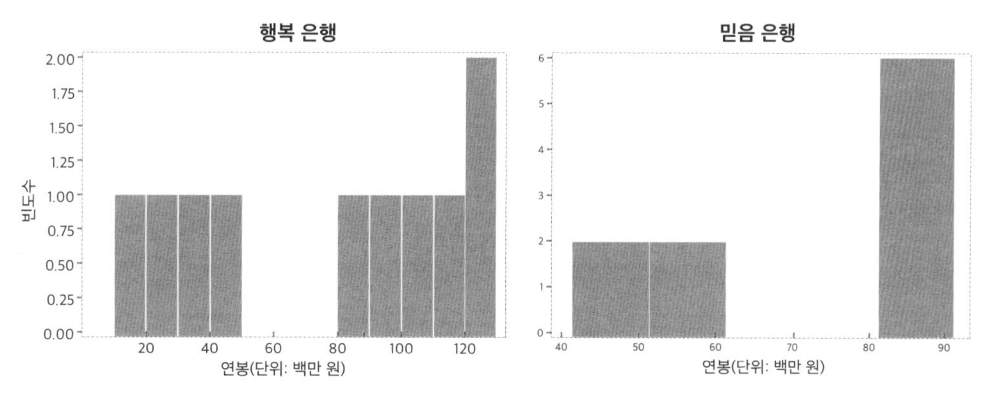

▲ **그림 7-9** 행복 은행과 믿음 은행의 분포 비교

또한 히스토그램에는 치명적인 단점이 있습니다. 바로 막대의 폭, 즉 계급의 크기를 어떻게 설정하는지에 따라 자료에 대한 인상이 달라진다는 것입니다. 예를 들어 그림 7-10처럼 행복 은행과 믿음 은행의 히스토그램에서 각각 계급의 크기가 10일 때와 15일 때 분포의 형상이 달라지는 것을 알 수 있습니다. 계급의 크기가 클수록 자료의 유실이 많아지고, 계급이 너무 작으면 자료의 전체적인 형상을 알 수가 없기 때문에 자료의 분포를 잘 나타내는 적절한 기준을 정하기 어렵습니다.

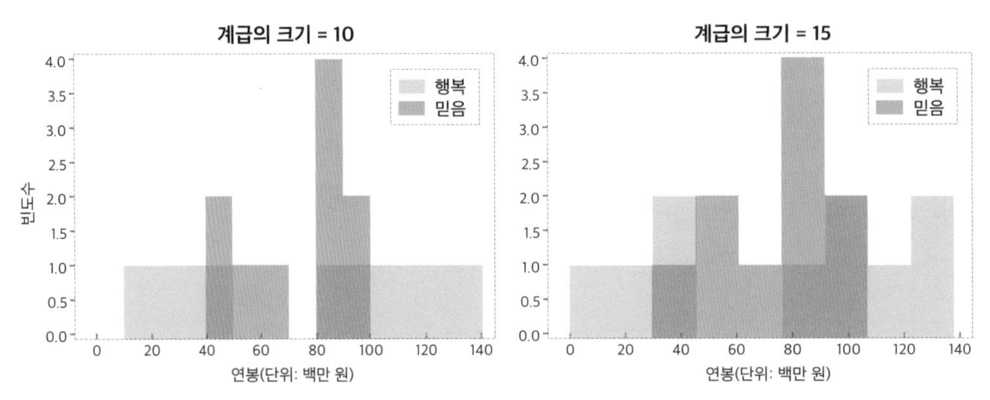

▲ **그림 7-10** 행복 은행과 믿음 은행의 분포 비교

이처럼 히스토그램만으로 자료를 비교하는 데에는 한계가 있습니다. 그리고 누군가 행복 은행의 연봉 분포가 믿음 은행보다 얼마나 더 퍼져 있는지 물어본다면 설명하기 쉽지 않습니다. 따라서 자료의 퍼진 정도를 수치적으로 나타내는 값과 자료의 분포를 객관적으로 나타낼 수 있는 새로운 시각화 방법이 필요합니다.

자료의 퍼짐을 나타내는 값, 산포도

자료의 퍼진 정도를 수치적으로 나타내는 값을 '산포도'라 합니다. 산포도란 한자로 흩어질 산(散), 펼 포(布), 정도 도(度)로, 말 그대로 자료가 흩어지고 퍼져 있는 정도를 의미합니다.

고등학교 성적표를 보면 산포도가 사용되는데, 바로 과목 평균과 함께 적힌 '표준편차'입니다. 여기서 표준편차는 평균으로부터 학생들의 점수가 얼마나 떨어져 있는지를 나타내는 산포도입니다. 참고로 평균과 각 점수의 차이를 구해 이 차이들을 제곱해 모두 양수로 만든 후 평균을 구한 것을 '분산'이라고 합니다. 이때 단위를 원래의 자료와 통일하기 위해 표준편차는 분산의 양의 제곱근으로 계산합니다.

과목	1학기	
	성취도 (수강자 수)	원점수/과목 평균 (표준편차)
국어	A(350)	95/73.2(5.5)
수학	A(350)	95/71.5(11.7)

▲ **표 7-5** 성적 통지표 예시

▲ **그림 7-11** 국어와 수학 점수의 분포

위의 성적 통지표를 보면 국어와 수학의 원점수가 같고, 평균이 비슷하기 때문에 두 과목의 성적이 비슷해 보입니다. 그러나 국어의 표준편차가 5.5, 수학의 표준편차가 11.7이라는 점에서 수학보다 국어가 평균 주변에 더 많은 점수가 있다는 것을 알 수 있습니다. 즉 학생들의 수학 점수가 더 넓게 흩어져 있다는 점에서 수학이 국어보다 학생들의 실력 차이가 크고 변별력 있는 시험이었다는 것을 알 수 있죠. 이처럼 산포도는 자료의 중심으로부터 값들이 얼마나 흩어져 있는지를 수치적으로 보여주기 때문에 대푯값과 함께 사용됩니다.

앞에서 소개한 두 가지 대푯값인 평균과 중앙값을 기억하나요? 방금 살펴본 예시처럼 대푯값이 평균이라면 표준편차를 사용해 자료의 흩어진 정도를 파악할 수 있습니다. 그렇다면 대푯값이 중앙값인 경우 자료의 흩어진 정도를 어떻게 나타낼까요? 이때는 '범위'와 '사분위수 범위'를 이용합니다. 여기서 범위(Range)는 가장 간단한 산포도로, 최댓값과 최솟값의 차이를 나타내는 지표입니다. 그림 7-12에서 네 은행의 연봉의 최댓값과 최솟값을 살펴봅시다.

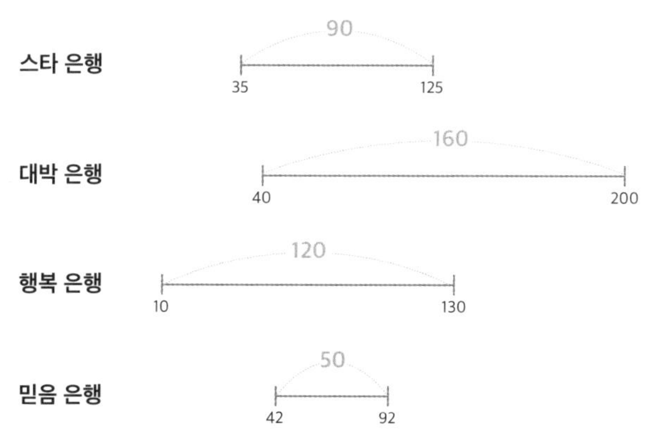

▲ **그림 7-12** 네 은행의 연봉의 범위 (단위: 백만 원)

각 은행의 인원수는 모두 똑같이 10명인데, 믿음 은행은 42 ~92 사이에 모여 있습니다. 즉, 다른 은행과 비교했을 때 자료가 좁은 구간에 모여 있다는 것을 추측할 수 있습니다. 반면, 대박 은행은 최솟값이 40, 최댓값이 200으로 범위가 가장 넓습니다. 범위가 클수록 산포도가 크다고 볼 수 있습니다. 그러나 범위는 자료의 끝과 끝의 틀만 잡아주는 것이기에, 가운데에 자료가 어떻게 흩어져 있는지 나타낼 값이 추가로 필요합니다. 그 역할을 해주는 것이 사분위수 범위(Interquartile Range, IQR)입니다. 데이터의 중앙값을 기준으로 상위 25%와 하위 25%에 해당하는 값들의 차이를 나타내는 지표이죠.

자료를 크기 순서대로 나열했을 때 중간에 있는 값이 중앙값이었죠? 이 중앙값을 기준으로 왼쪽 구간의 중앙값과 오른쪽 구간의 중앙값의 차이를 구하는 것이 바로 사분위수 범위입니다. 점점 복잡해지는 느낌인가요? 지금부터 사분위수가 무엇인지부터 예제를 통해 차근차근 설명하겠습니다.

'사분위수(四分位數)'의 한자를 보면 '4개로 나눈 위치의 수'라는 뜻으로, 자료를 크기 순서로 나열한 후 자료 전체에 대해 4등분을 하는 값입니다. 4등분하려면 칼질을 세 번 해야 하죠? 따라서 우리가 찾을 사분위수도 3개입니다.

다음과 같이 10개의 값이 있다고 합시다. 사분위수를 구하려면 일단 자료를 크기 순서대로 나열해야 합니다.

71　97　82　43　100　56　90　50　88　78

43　50　56　71　78　82　88　90　97　100

▲ **그림 7-13** 사분위수 계산 과정 1: 자료를 크기 순서대로 나열하기

여기서 자료를 절반으로 자르는 수를 찾아봅시다. 앞서 자료를 크기 순서대로 나열했을 때 중간에 위치하는 값을 중앙값이라고 했습니다. 전체 자료의 개수가 짝수이므로 중앙값은 78과 82의 평균인 80이 됩니다.

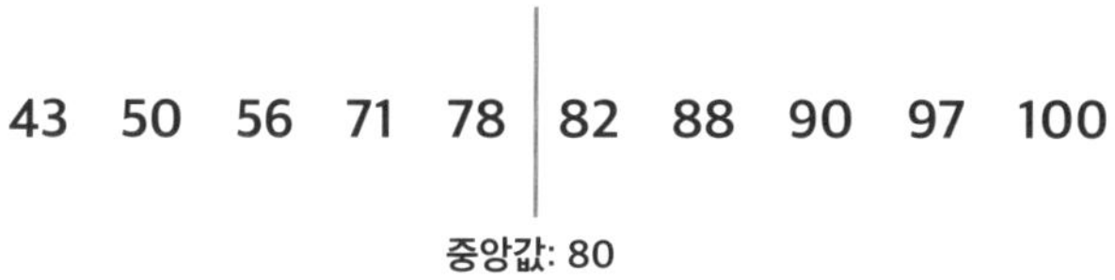

43 50 56 71 78 82 88 90 97 100
중앙값: 80

▲ **그림 7-14** 사분위수 계산 과정 2: 자료 전체를 반으로 나누는 중앙값 찾기

여기서 중앙값 80을 기준으로 왼쪽 수들의 중앙값을 구하면 56이고, 중앙값을 기준으로 오른쪽 수들의 중앙값을 구하면 90입니다.

43 50 56 71 78 82 88 90 97 100
중앙값: 80

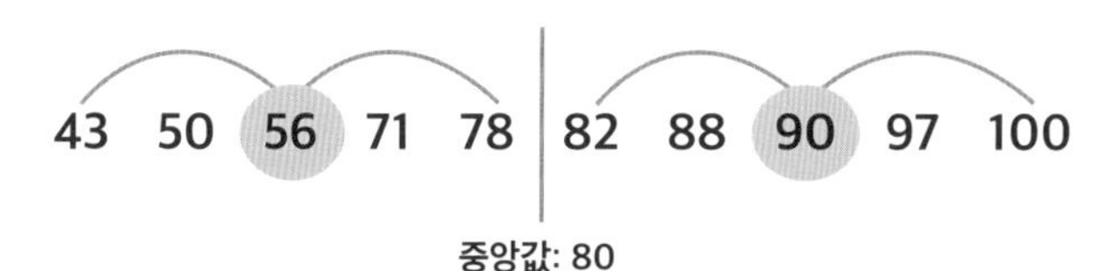

▲ **그림 7-15** 사분위수 계산 과정 3: 중앙값의 왼쪽과 오른쪽을 반으로 나누는 중앙값 찾기

이렇게 구한 세 값 56, 80, 90이 각각 앞에서부터 차례대로 제1사분위수, 2사분위수, 3사분위수이고 각각은 자료의 25%, 50%, 75% 위치를 나타냅니다. 따라서 자료의 중앙 50%의 범위를 나타내는 사분위수 범위는 제3사분위수에서 제1사분위수를 빼면 됩니다. 여기서는 90에서 56을 뺀 값인 34가 사분위수 범위가 되죠. 이 사분위수 범위가 클수록 중심에 있는 자료들이 중앙값으로부터 넓게 퍼져 있고, 작을수록 중앙값 근처에 모여 있다는 것을 알 수 있습니다.

43 50 56 71 78 82 88 90 97 100
제1사분위수
(25%)
제2사분위수
(50%)
제3사분위수
(75%)
(사분위수 범위) = (제3사분위수) - (제1사분위수)

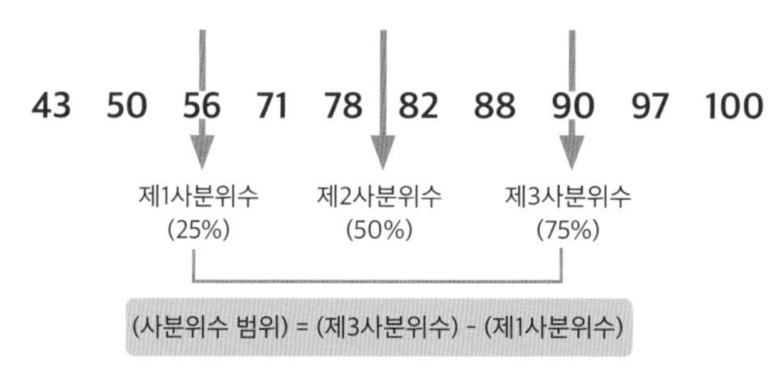

▲ **그림 7-16** 사분위수와 사분위수 범위

상자그림 그리기와 해석

이렇게 구한 범위와 사분위수 범위를 가지고 자료의 흩어진 정도를 나타내는 그래프가 있습니다. 혹시 다음과 같이 생긴 그림을 본 적이 있나요? 평소 우리가 알고 있는 그래프와는 많이

다르네요. 이 단순한 그림으로 데이터의 분포를 어떻게 나타낼까요?

▲ **그림 7-17** 의문의 그래프

이 그래프의 이름은 '상자그림(Box plot)'입니다. 자료의 분포를 직사각형 상자 모양으로 나타낸 그래프로, 정식 명칭은 상자-수염그림(box-and-whisker plot)입니다. 이는 가운데에 상자가 있고 양쪽으로 길게 뻗은 선이 수염과 같다고 해서 붙은 이름입니다.

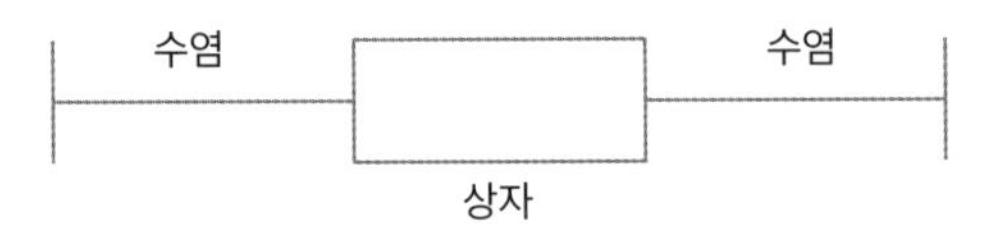

▲ **그림 7-18** 상자그림(Box plot)

그러면 이 수염과 상자가 무엇을 의미할까요? 수염이 범위, 상자가 사분위수 범위를 의미합니다. 수염은 최솟값과 최댓값의 차이로 전체적인 자료의 퍼진 정도를 나타내고, 상자는 중간 50%에 해당되는 자료의 분포 정도를 나타냅니다. 따라서 상자의 길이가 길수록 중위 부분의 자료가 멀리 퍼져 있고, 작을수록 밀집되어 있다는 것을 확인할 수 있습니다.

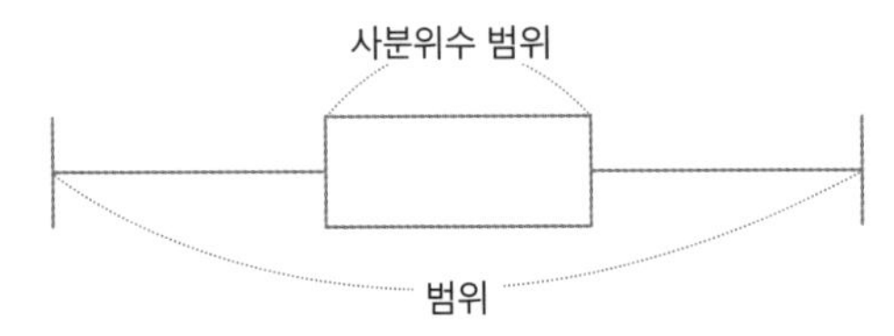

▲ **그림 7-19** 상자와 수염의 의미

이제부터 상자그림을 그리는 과정을 하나씩 살펴보며 그래프가 나타내는 의미를 익혀봅시다. 먼저 최솟값과 최댓값으로 수염의 위치와 길이를 결정합니다.

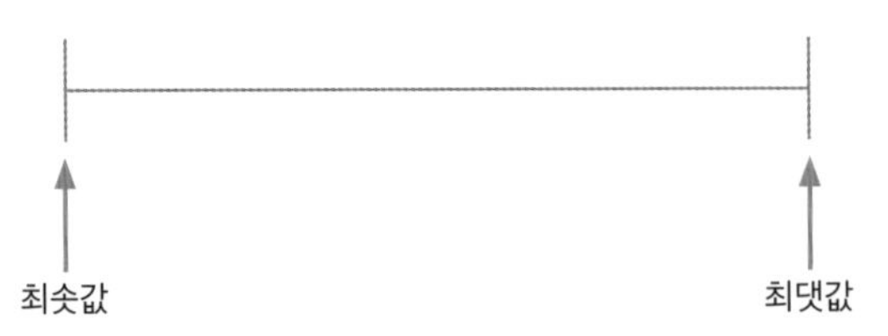

▲ **그림 7-20** 상자그림 그리기 1: 수염 그리기

다음으로 제1사분위수와 제3사분위수로 상자의 위치와 길이를 결정합니다.

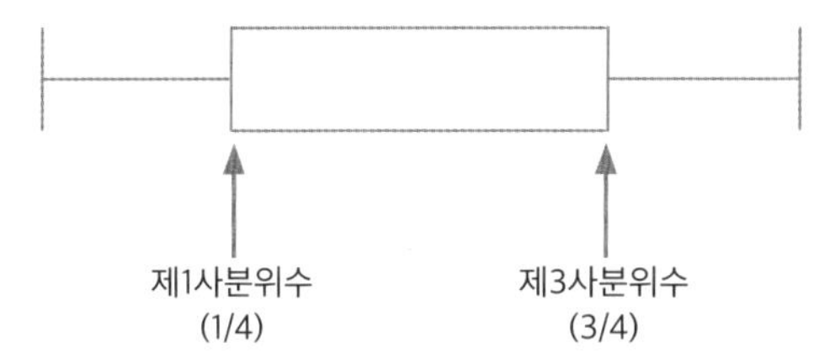

▲ **그림 7-21** 상자그림 그리기 2: 상자 그리기

마지막으로 제2사분위수이자 중앙값을 상자 안에 세로선으로 그리면 됩니다.

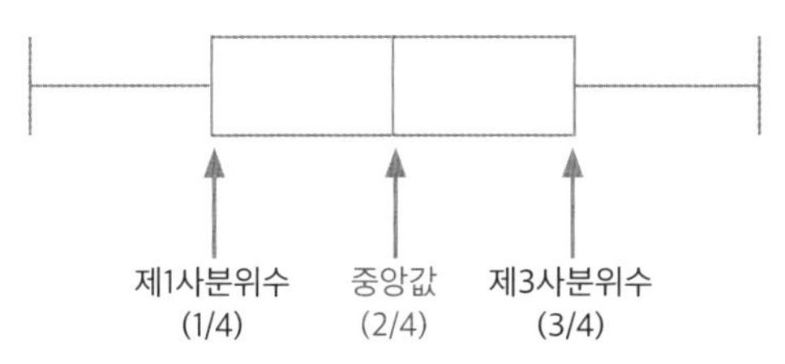

▲ **그림 7-22** 상자그림 그리기 3: 중앙값 표시하기

이를 통해 사분위수로 나눠진 상자그림의 네 구역은 각각 전체 자료의 25%에 해당되는 값이 들어 있으며, 각 구역별로 자료가 퍼진 정도를 추측할 수 있습니다. 상자 왼쪽 수염은 하위 25%에 해당하는 값의 분포를 나타내고, 상자 오른쪽 수염은 상위 25% 내에 해당하는 값의 분포를 나타냅니다. 상자에 해당하는 부분은 중간의 50%에 해당되는 값의 분포를 나타냅니다.

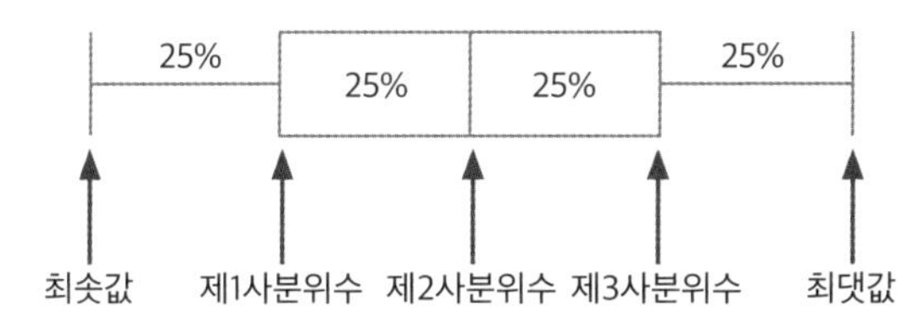

▲ **그림 7-23** 상자그림 해석

이제 상자그림을 보면 자료의 분포를 추측할 수 있습니다. 예를 들어 대칭형 분포와 비대칭형 분포의 상자그림을 비교해볼까요? 상자 안의 중심선이 중앙값을 나타내므로 자료의 절반은 중심선의 위쪽에, 절반은 아래쪽에 있다는 것을 의미합니다. 또한, 자료의 분포가 대칭이면 상자와 중앙값 선이 모두 중앙에 오지만, 비대칭 분포에서는 상자와 중앙값 선이 한쪽으로 치우쳐 있을 것입니다.

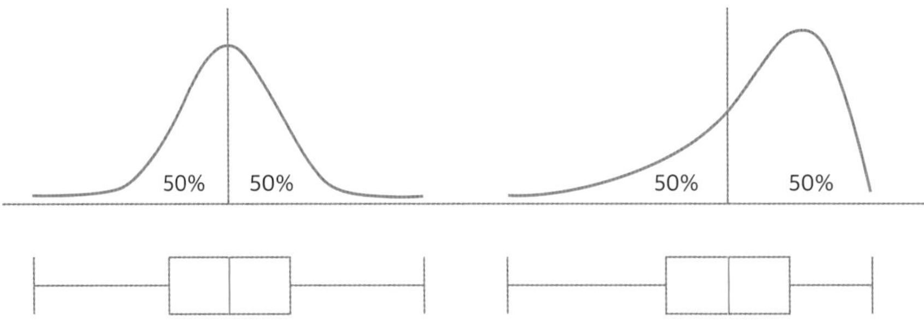

▲ **그림 7-24** 상자그림과 자료의 분포

상자그림을 해석하는 방법까지 살펴보았으니 다시 원래의 질문으로 돌아와서, 상자그림을 이용해 행복 은행과 믿음 은행의 분포를 보다 구체적으로 비교하겠습니다.

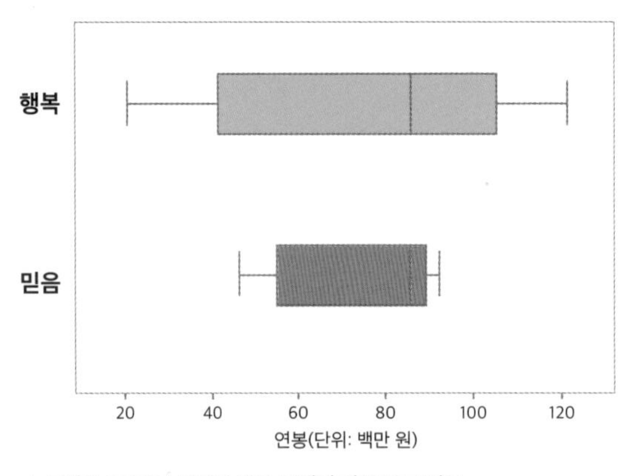

▲ **그림 7-25** 행복 은행과 믿음 은행의 연봉 분포 비교

먼저, 범위를 의미하는 상자의 수염을 보면 행복 은행이 믿음 은행보다 길고, 사분위수 범위인 상자도 행복 은행이 더 길다는 것이 한눈에 보입니다. 즉, 행복 은행 사원들의 연봉 격차가 믿음 은행보다 큽니다. 또 행복 은행과 믿음 은행의 중앙값은 85로 같지만, 1사분위수가 각각 32.5와 56.2로, 임금 하위 25~50%에 해당하는 사원들의 연봉이 믿음 은행이 더 높게 형성되어 있는 것을 알 수 있습니다. 특히 믿음 은행의 3사분위수가 88.5이라는 점에서 85~88.5 사이에 전체 인원의 25%의 연봉이 촘촘하게 분포되어 있음을 알 수 있습니다.

만약 나라면 행복 은행과 믿음 은행 중 어떤 회사를 선택할 건가요? 물론 실제로는 직무, 직급, 연차 등에 따라 달라지겠지만, 더 열심히 해서 높은 연봉을 받고 싶다면 연봉의 폭이 큰 행복 은행을, 큰 차이는 없지만 적절한 수준의 연봉을 받고 싶다면 믿음 은행을 선택할 것 같습니다. 히스토그램을 통해서는 두 집단을 비교하기 어려웠는데, 상자그림을 이용하니 자료의 특성이 잘 보이죠?

마지막으로 전체 회사의 연봉 분포를 상자그림을 활용해 파악해봅시다.

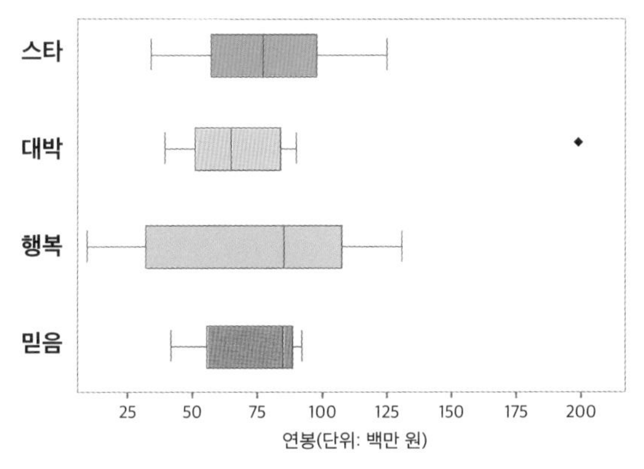

▲ **그림 7-26** 전체 은행의 상자그림

일단 행복 은행의 범위와 사분위수 범위 모두 가장 큽니다. 또한, 대박 은행은 상자 내에서 중앙선의 위치가 아래쪽에 있다는 점에서 연봉이 낮은 쪽으로 치우친 분포이고, 반대로 행복 은행과 믿음 은행은 연봉이 높은 쪽으로 치우친 분포임을 추측할 수 있습니다. 그런데 여기서 한 가지 눈에 띄는 것이 있습니다. 대박 은행의 상자그림에 이상한 점이 하나 찍혀 있는데, 이는 '이상치(Outlier)'입니다.

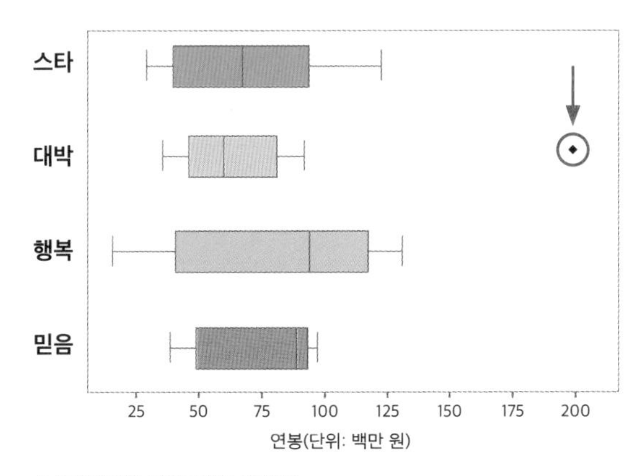

▲ **그림 7-27** 상자그림과 이상치

이상치란, 보통 관측된 데이터의 범위에서 많이 벗어난 아주 작은 값이나 큰 값을 말합니다. 어떤 데이터를 분석할 때, 이상치가 있으면 자료의 해석에 큰 영향을 미칠 수 있기 때문에 상자그림에서는 이상치를 발견하면 아예 따로 그려줍니다. 따라서 이상치가 있는 경우에 상자그림의 수염은 이상치가 아닌 값들 중에서 최솟값과 최댓값을 나타내며, 이를 통해 데이터의 분포를 보다 정확하게 시각화합니다.

처음에 봤던 연봉표와 마지막에 시각화한 상자그림을 다시 한번 볼까요?

회사명	연봉 데이터 (단위: 백만 원)
스타 은행	35, 80, 110, 75, 45, 90, 100, 55, 65, 125
대박 은행	40, 60, 50, 90, 200, 50, 70, 55, 80, 85
행복 은행	120, 90, 30, 130, 80, 110, 20, 100, 10, 40
믿음 은행	89, 42, 86, 90, 87, 60, 45, 84, 55, 92

▲ **표 7-6** 은행별 연봉자료와 상자그림

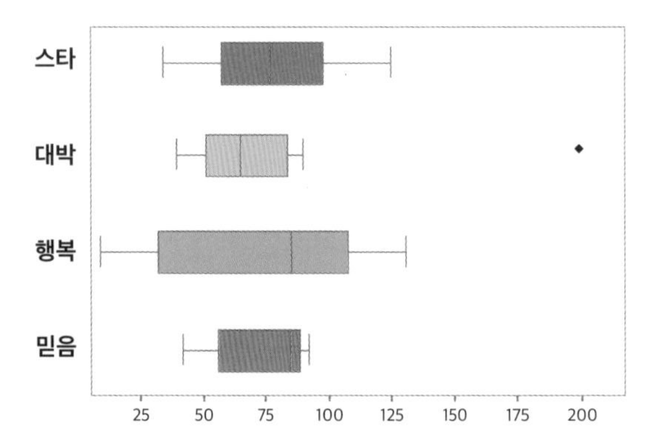

▲ **그림 7-28** 전체 은행의 상자그림

어떤가요? 연봉표에서는 단순한 수들의 나열이지만, 이제는 상자그림을 통해 연봉의 중심 경향과 분포 정도, 이상치의 유무까지 한눈에 파악할 수 있습니다. 처음에는 평균만 보고 스타 은행과 대박 은행 중에 어느 회사를 선택할까 고민했는데, 이제 각 회사의 연봉에 대한 많은 정보를 알게 되었습니다. 대박 은행에 연봉이 2억 원인 이상치가 있음을 아니까 대박 은행은 제외할 것이고 행복 은행은 산포도가 너무 큽니다. 만약 희망 연봉이 8~9천만 원 수준이면 믿음 은행, 그 이상이라면 스타 은행을 선택할 것 같습니다. 이처럼 데이터를 읽는 통계의 힘이 생겼으니 앞으로는 자료를 비교할 때 보다 다면적으로 파악해 현명한 의사결정을 할 수 있겠네요.

배운 내용을 복습하는 차원에서 실제 데이터를 상자그림으로 나타내고 해석해보세요. 예를 들어 좋아하는 스포츠가 있다면, 각 구단의 연봉 데이터를 평균과 중앙값으로 비교해보거나 상자그림을 통해 연봉의 분포를 비교하고 이상치를 찾아보세요. 아마 새로운 사실을 발견할 수 있을 것입니다.

다양한 데이터를 수집할 수 있는 추천 사이트

실제 데이터를 다뤄보고 싶은데 어디서 수집해야 할지 막막하다면 아래 사이트들을 추천합니다.

- **캐글(www.kaggle.com)**

캐글은 데이터 과학 및 머신러닝 경진대회를 주최하는 해외 온라인 커뮤니티입니다. 기업이나 단체에서 등록한 다양한 데이터를 접할 수 있고, 서로의 코드를 공유하고 경쟁하면서 성장할 수 있습니다. 캐글 홈페이지에서 [Datasets] 메뉴를 누르면 최근 인기 있는 데이터셋이나 예술, 생물, 사회, 투자 등 분야별로 다양한 데이터들을 받을 수 있습니다.

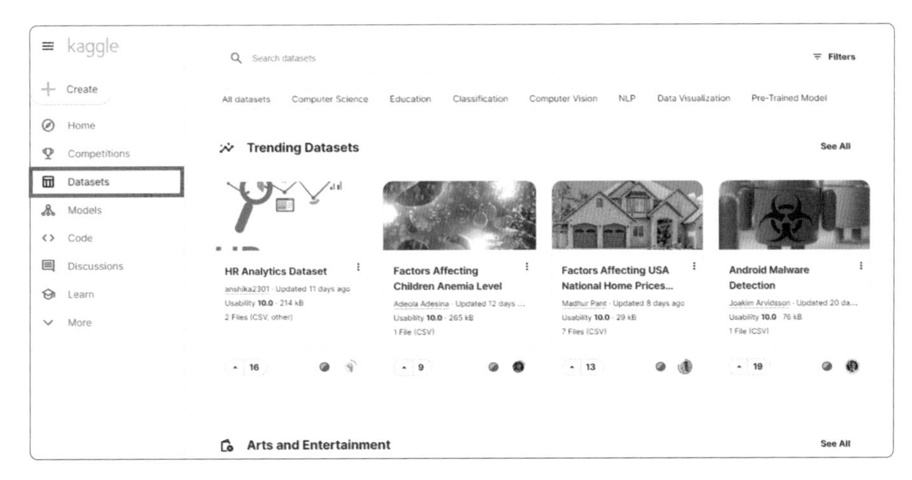

▲ 그림 7-29 캐글 홈페이지 화면

- **공공데이터포털(www.data.go.kr)**

공공데이터포털은 우리나라 공공기관이 생성 또는 취득해 관리하는 공공데이터를 한 곳에서 제공하는 통합 창구입니다. 국민에게 개방하는 공공데이터가 모두 모여 있는 공간으로, 누구나 공공데이터포털을 이용할 수 있습니다. 상단의 검색 창에 직접 키워드를 작성해서 원하는 데이터를 찾을 수도 있으며 카테고리별, 국가중점데이터별, 제공기관유형별로 검색이 가능합니다. 만약 찾는 데이터가 없을 경우에는 데이터 제공을 신청해볼 수도 있으니 많이 활용해보세요!

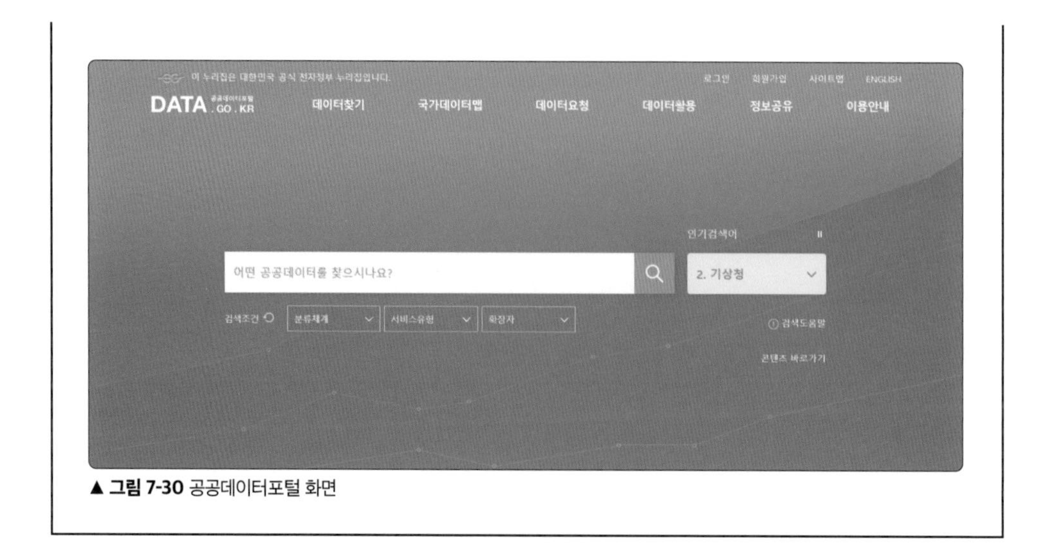

▲ **그림 7-30** 공공데이터포털 화면

DATA LITERACY

8장 데이터 속에 숨어 있는 관계 찾기

중학교 교사인 강호 씨는 쉬는 시간에 뒷자리에 앉은 선생님들이 하는 대화를 우연히 듣게 되었습니다.

"수업 시간이 끝나고 한 학생이 질문을 하러 왔는데, 단어의 뜻을 몰라 설명이 이해가 안 되었다고 말해서 충격을 받았어요."

"영어 지문을 해석하고 답을 찾는 과정에서도 오히려 영어 실력보다는 문해력이 부족해서 이해하지 못하는 경우가 많아요."

이 대화를 들으며 강호 씨는 '국어 실력과 다른 과목의 학습 사이에 관계가 있을까?' 라는 궁금증이 생겼습니다. 여러분은 어떻게 생각하나요? 정말 두 과목 사이에 관계가 있다고 할 수 있는지 이 궁금증을 같이 해결해봅시다.

1 산점도로 두 과목 사이의 관계 파악하기

대표 과목인 국어, 영어, 수학, 사회, 과학을 생각해봅시다. 어느 과목의 점수가 국어 점수와 가장 관련성이 크고, 어느 과목의 점수가 국어 점수와 가장 관련성이 적을까요? 아무래도 언어 과목이니까 국어와 영어 점수 사이의 관련성이 크고, 상대적으로 이공계열 과목인 수학, 과학은 관련성이 낮지 않을까요?

추측이 맞는지 직접 눈으로 확인해봅시다. 우선 과목별 점수가 들어 있는 실제 데이터가 필요합니다. 28명의 국어, 영어, 수학 사회, 과학 점수가 들어 있는 가상의 성적 데이터 파일을 예로 들어보겠습니다.

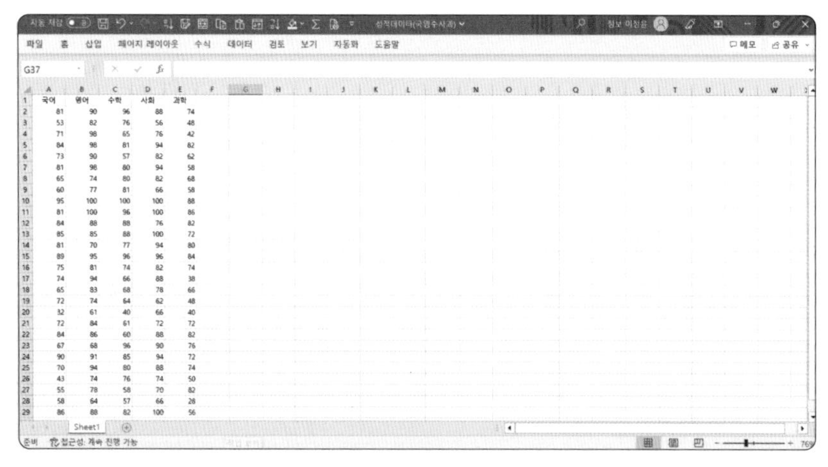

국어	영어	수학	사회	과학
81	90	96	88	74
53	82	76	56	48
71	98	65	76	42
84	98	81	94	82
73	90	57	82	62
81	98	80	94	58
65	74	80	82	68
60	77	81	66	58
95	100	100	100	88
81	100	96	100	86
84	88	88	76	82
85	85	88	100	72
81	70	77	94	80
89	95	96	96	84
75	81	74	82	74
74	94	66	88	38
65	83	68	78	66
72	74	64	62	48
32	61	40	66	40
72	84	61	72	72
84	86	60	88	82
67	68	96	90	76
90	91	85	94	72
70	94	80	88	74
43	74	76	74	50
55	78	58	70	82
58	64	57	66	28
86	88	82	100	56

▲ **그림 8-1** 국어, 영어, 수학, 사회, 과학 과목의 성적 데이터

위 데이터에서 국어와 다른 과목 사이의 관계성이 보이나요? 학생 수가 많아서 관계성을 한눈에 파악하기 어렵습니다. 이럴 때 유용한 그래프가 바로 '산점도(Scatter plot)'입니다. 산점도는 두 변수의 관계를 보여주는 그래프로, 두 변수의 값의 순서쌍을 좌표평면 위에 점으로 나타냅니다. 이름 뜻대로 점들이 흩어져 있는 그림이 만들어지죠. 예를 들어 학생 5명의 수학, 과학 점수의 순서쌍 (60,55), (42,41), (90,88), (72,67), (100,100)을 그래프에 나타내면 다음과 같이 5개의 점이 찍힙니다.

학생	수학(점)	과학(점)
김가영	60	55
이나영	42	41
박다영	90	88
최라영	72	67
서마영	100	100

▲ **표 8-1** 5명의 수학, 과학 점수

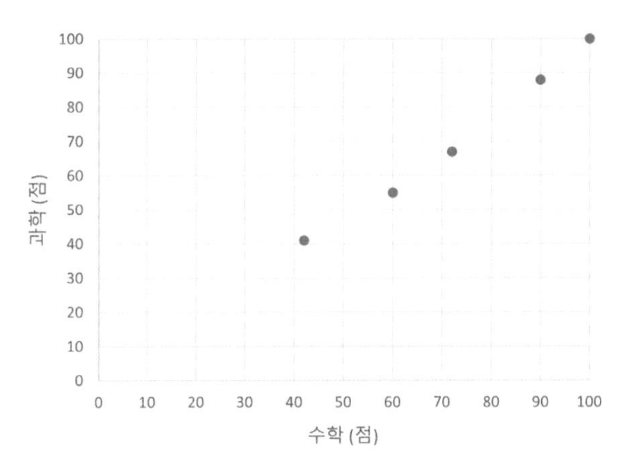

▲ **그림 8-2** 5명의 수학, 과학 점수를 산점도로 나타낸 그림

위의 산점도를 보면 수학 성적이 증가함에 따라 과학 성적도 대체로 증가하는 경향이 있습니다. 이처럼 하나의 값이 변함에 따라 다른 값도 변하는 경향이 있을 때, 두 변수 사이에 '상관관계가 있다'고 합니다.

상관관계 해석하기

상관관계는 크게 양의 상관관계와 음의 상관관계 두 가지로 구분할 수 있습니다.

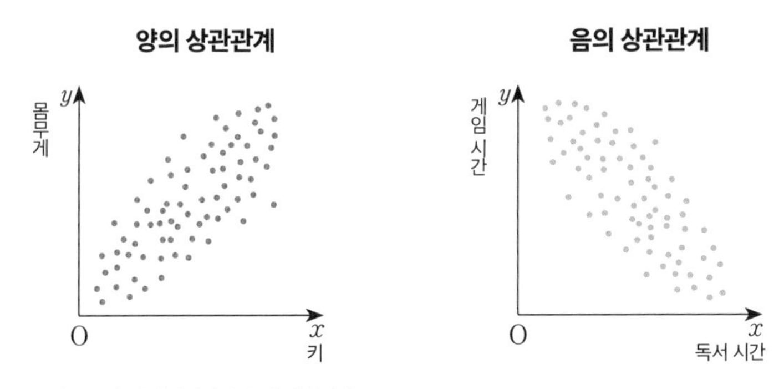

▲ **그림 8-3** 양의 상관관계와 음의 상관관계

산점도로 나타냈을 때 점들이 오른쪽 위로 향하는 경향이 있으면 '양의 상관관계'가 있고, 오른쪽 아래로 향하는 경향이 있으면 '음의 상관관계'가 있다고 합니다. 양의 상관관계 예시로는 '키와 몸무게'를 들 수 있습니다. 보통 키가 클수록 몸무게가 많이 나가는 경향이 있습니다. 물론 키에 비해 몸무게가 적게 나가거나 많이 나가는 경우도 있기에 그래프가 완벽히 일직선은

아니겠죠. 그러나 점들이 대체로 기울기가 양인 직선 주위에 분포되어 있을 것입니다. 음의 상관관계 예시로는 무엇이 있을까요? '독서 시간과 게임 시간'을 생각할 수 있습니다. 시간은 한정적이므로 여가 시간에 독서를 많이 하는 학생들은 상대적으로 게임을 적게 할 수밖에 없을 것입니다. 이 경우 점들이 기울기가 음인 직선 주위에 분포되어 있습니다.

산점도와 상관관계에 대한 개념을 살펴보았으니, 이제 국어와 다른 과목 사이의 상관관계를 파악해볼까요? 오렌지3라는 데이터 분석 도구를 사용해 성적 데이터를 시각화해보겠습니다.

오렌지3로 데이터 시각화하기

오렌지3(Orange3)는 https://orangedatamining.com 사이트에서 누구나 무료로 다운로드할 수 있으며, 코딩 없이 마우스 클릭만으로도 데이터를 분석할 수 있는 편리한 툴입니다. 시작 화면에서 [Download Orange]를 누르면 화면과 같이 다운로드 버튼이 보입니다. 다운로드한 압축 파일을 풀어 설치하면 실행 파일이 보입니다.

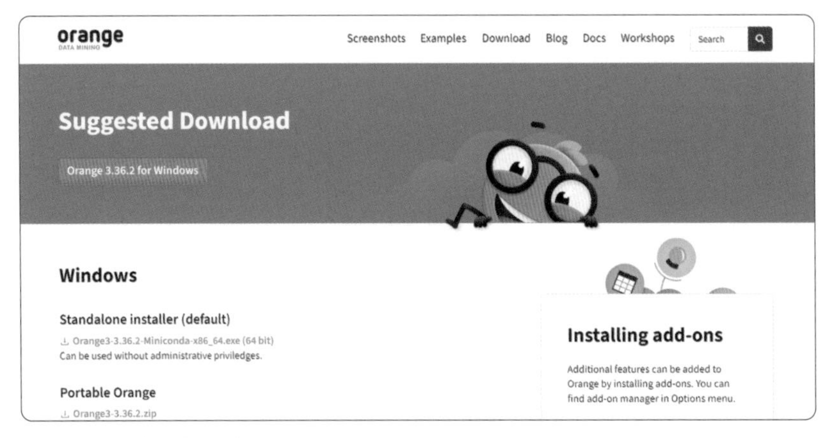

▲ **그림 8-4** 오렌지3 홈페이지

TIP 오렌지3 설치 시 사용하는 컴퓨터의 운영체제(Windows, macOS)를 확인하고 해당되는 파일을 다운로드하세요. Windows의 경우 Standalone installer가 기본 프로그램이지만, 용량이 크고 설치가 오래 걸리기에 Portable Orange 설치를 추천합니다! 참고로 오렌지3 버전이 업데이트 됨에 따라 책의 화면과 다를 수 있습니다.

오렌지3를 처음 실행하면 다음과 같이 'Welcome to Orange'라는 첫 화면이 뜹니다. 가장 앞에 있는 [New] 위젯을 누릅시다.

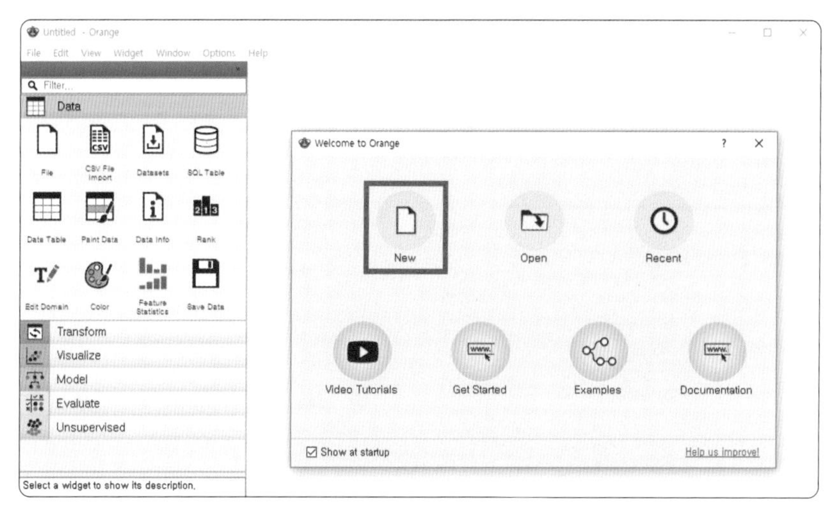

▲ **그림 8-5** 오렌지3 시작 화면에서 [NEW] 클릭

그러면 다음과 같이 빈 화면이 나옵니다. 데이터를 가져오기 위해 왼쪽 위에 있는 [Data] 탭에서 [File]을 누르세요. 그러면 빈 화면에 [File] 위젯이 생깁니다. 새하얀 도화지에 그림을 그리듯 지금부터 분석을 통해 화면을 채워봅시다.

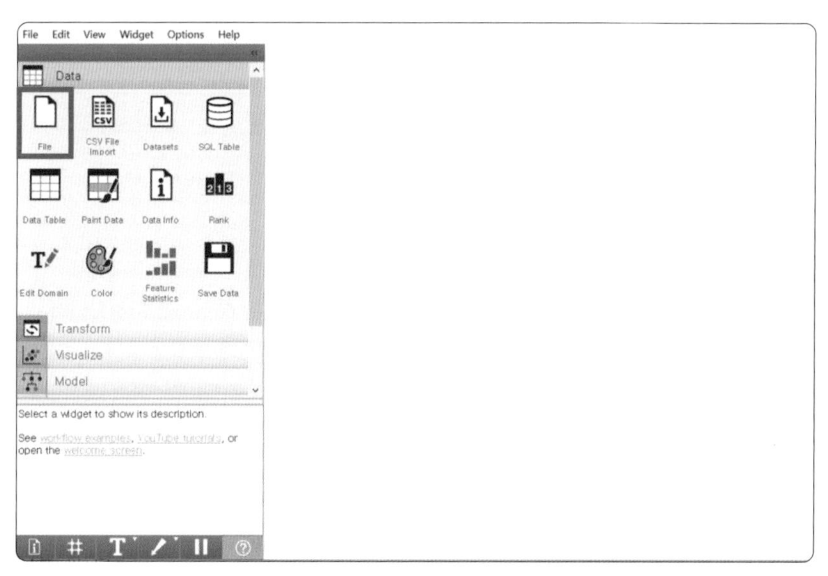

▲ **그림 8-6** 빈 화면에서 [File] 위젯 클릭

이 위젯을 더블 클릭하면 다음과 같은 창이 뜹니다. [ ] 버튼을 눌러 '성적데이터' 엑셀 파일을

업로드하면 파일 안에 있는 데이터들이 Name, Type, Role 열로 정리되어 나옵니다.

TIP '성적데이터' 엑셀 파일은 길벗출판사 홈페이지에서 도서명으로 검색한 후 [자료실]에서 다운로드할 수 있습니다.

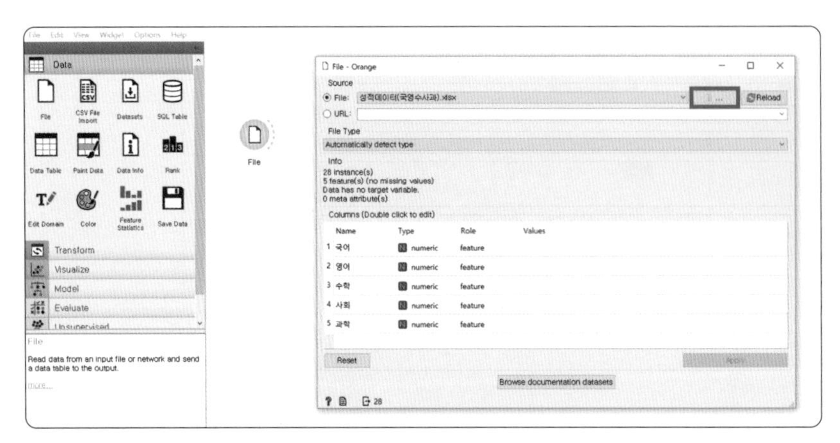

▲ **그림 8-7** [File] 위젯에 엑셀 파일 업로드

Name은 자료의 이름입니다. 지금은 과목별 성적을 넣었으니 각 자료의 이름은 '국어, 영어, 수학, 사회, 과학'이 됩니다. 자료형(Type)은 numeric(수치)으로 자동 입력되는데, 그 이유는 성적 데이터가 숫자이기 때문입니다. 숫자 외에도 text(문자형), categorical(범주형), datetime(날짜)이 있습니다. Role은 각 데이터의 역할을 설정해 주는 것으로, 그대로 feature(속성, 특성)로 두면 됩니다.

용어 정리 피처(feature)와 인스턴스(instance)

피처(feature)는 데이터의 속성 및 특성을 나타내는 것으로, 데이터 표에서 열(column)을 지칭합니다. 실습에 사용하는 성적 데이터 파일에는 한 학생당 국어, 영어, 수학, 사회, 과학 5개의 정보가 존재하므로 피처 수는 5개입니다. 인스턴스(instance)는 데이터 표에서 각 행(row)을 가리킵니다. 여러 속성들을 지닌 하나의 개별 데이터를 의미하며, 여기서는 학생 28명의 성적 데이터이니 인스턴스 수가 28개입니다.

열(column) = 특성(feature)

국어	영어	수학	사회	과학
81	90	96	88	74
53	82	76	56	48
71	98	65	76	42
84	98	81	94	82
73	90	57	82	63

행(row) = 인스턴스(instance)

수학
영어
사회
국어
과학
학생

▲ **표 8-2** 피처와 인스턴스

업로드한 데이터를 파악해보았으니, 이제 시각화를 해보겠습니다. 파일 위젯에 마우스를 클릭하고 드래그하여 선을 뽑아낸 뒤 원하는 위치에 놓으면 위젯 목록이 보입니다. 이번 장에서 배운 '산점도(Scatter Plot)'를 찾아서 선택하세요. 그러면 그림 8-8과 같이 [Scatter Plot]이 [File] 위젯에 연결됩니다. 위젯 목록의 순서는 다를 수 있기에, 잘 보이지 않는다면 목록 상단의 [Search for a widget]에서 'scatter plot'을 검색하면 됩니다.

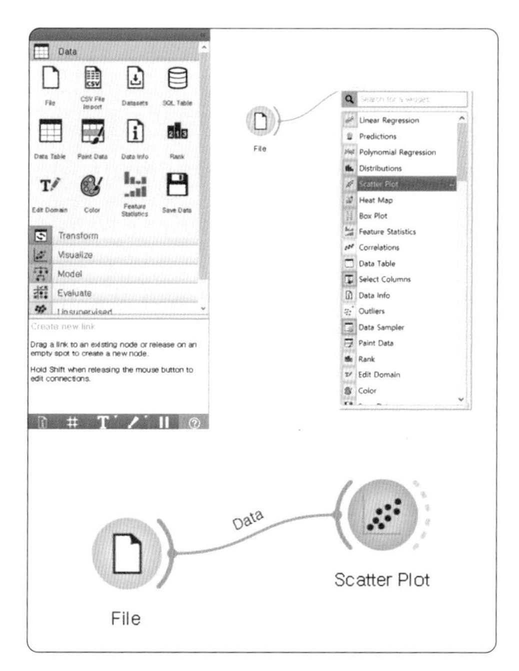

▲ **그림 8-8** [File] 위젯을 [Scatter Plot(산점도)] 위젯에 연결

이제 [Scatter Plot] 위젯을 더블클릭해 x축, y축으로 선택된 성적의 점수쌍을 좌표평면에 점으로 나타냅니다. 왼쪽 상단의 Axis x(x축 속성)에는 '국어'를, Axis y(y축 속성)에는 '영어'를 선택해봅시다. 그림 8-9와 같이 28명의 (국어,영어) 점수의 쌍이 산점도로 그려집니다.

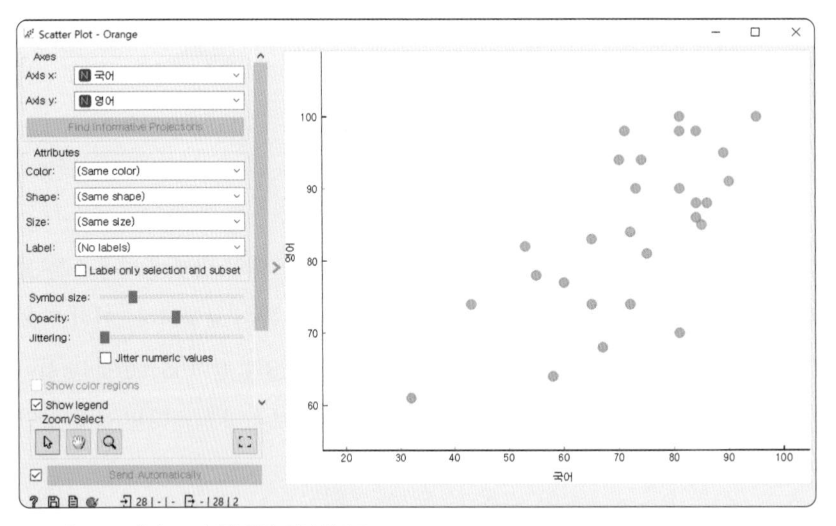

▲ **그림 8-9** 오렌지3로 나타낸 국어-영어 산점도

어떤가요? 산점도의 점들이 우상향하는 모양이므로 국어와 영어는 양의 상관관계를 가지고 있다고 해석할 수 있습니다. 두 과목 모두 언어 계열이니, 국어를 잘하는 학생이 영어도 잘하는 경향이 있네요.

이번에는 산점도를 통해 국어와 다른 과목 간의 상관관계를 파악해볼까요? y축의 값을 '수학'으로 바꾸어봅시다.

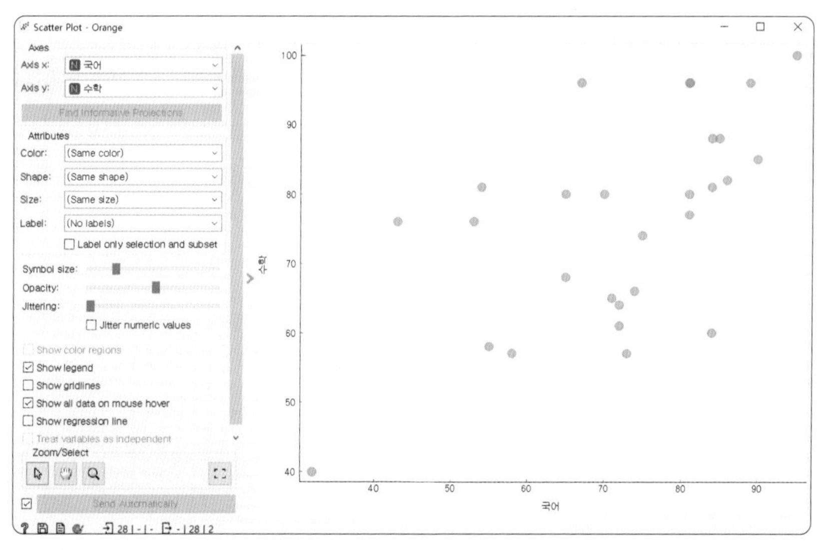

▲ **그림 8-10** 오렌지3로 나타낸 국어-수학 산점도

국어-수학의 산점도 모양도 우상향하고 있으므로 양의 상관관계이긴 한데, 아까 국어-영어보다는 점들이 많이 퍼져 있네요. 그렇다면 영어와 수학 중 국어와 더 밀접한 관계가 있는 과목 즉, 더 강한 상관관계를 갖는 과목을 찾아볼까요?

국어와 가장 강한 상관관계를 갖는 과목은 당연히 국어 자신일 것입니다. 같은 점수를 두 번 x좌표와 y좌표에 찍으니까요. 따라서 모든 점은 그림 8-11처럼 한 직선($y=x$)으로 이어집니다.

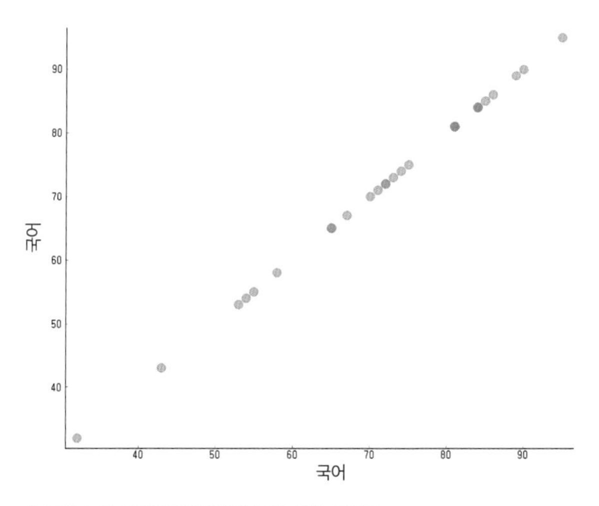

▲ **그림 8-11** 오렌지3로 나타낸 국어-국어 산점도

하지만 서로 다른 두 변수의 관계를 점으로 나타냈을 때 완벽한 직선이 되는 경우는 거의 없습니다. 그 대신 점들의 대략적인 경향이 선형적인 형태로 모여서 나타날 수 있습니다. 따라서 산점도에 자료를 나타냈을 때 점들이 선형적인 형태를 띄며 가깝게 자료들이 모여 있을수록 '상관관계가 강하다'고 하고, 점들끼리 멀리 흩어져 있을수록 '상관관계가 약하다'고 합니다.

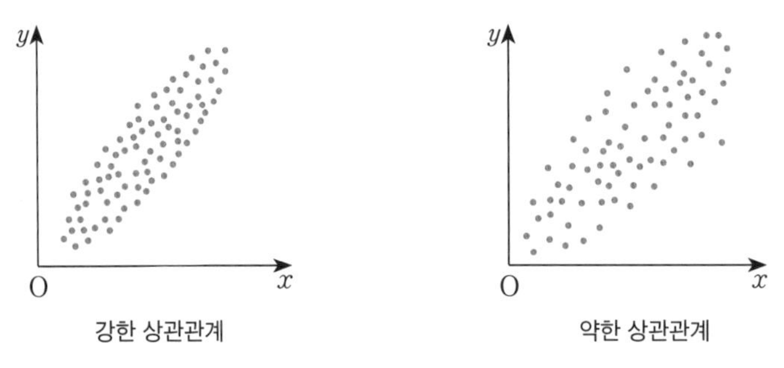

▲ **그림 8-12** 상관관계의 크기: 강한 상관관계, 약한 상관관계

알아두면 좋아요!

상관관계가 없는 경우도 있을까?

네, 있습니다. 흔히 양의 상관관계도 없고 음의 상관관계도 없는 경우에는 '두 변수 사이에 상관관계가 없다'고 합니다. 대표적으로 자료들이 원 모양으로 흩어져 있거나, x축 또는 y축에 평행한 직선이 그려지면 두 변수 사이에 상관관계가 없다고 합니다.

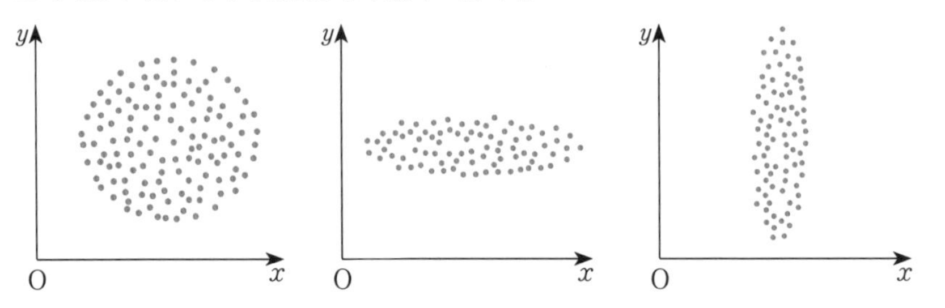

▲ **그림 8-13** 상관관계가 없는 경우 산점도 예시

다시 국어-영어, 국어-수학 산점도를 봅시다.

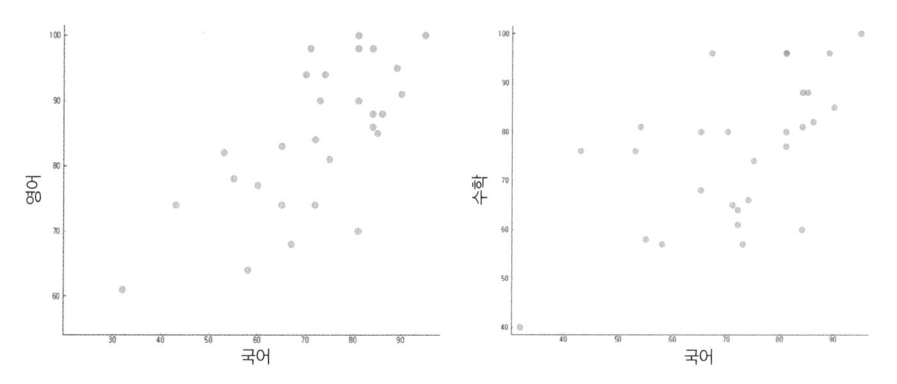

▲ **그림 8-14** 오렌지3로 나타낸 국어-영어 산점도(왼쪽), 국어-수학 산점도(오른쪽)

예외인 점수들이 있긴 하지만, 얼핏 봐도 국어-수학의 성적의 점들이 전반적으로 더 멀리 떨어져 있다는 것을 알 수 있습니다. 따라서 영어와 수학 중 국어와 더 큰 상관관계를 갖는 것은 영어입니다. 이제 두 변수의 관계를 파악하고 싶다면 순서쌍 (x,y)를 좌표평면에 나타내 산점도로 시각화하고, 그 형태를 살펴본다면 어떤 관계의 상관관계가 더 강한지까지 비교할 수 있습니다.

그런데 이 방법에는 한 가지 문제가 있습니다. 바로 산점도 축의 눈금을 다르게 할 경우 점들의 경향이 다르게 보인다는 점입니다. 똑같은 자료인데, 단위를 10으로 했을 때는 점들이 멀리 흩어져 보이고 단위를 20으로 하니 점들이 오밀조밀 모여 있는 것이죠. 오렌지3 산점도에서 마우스 휠을 내리면 축 단위가 커지는 것을 확인할 수 있습니다.

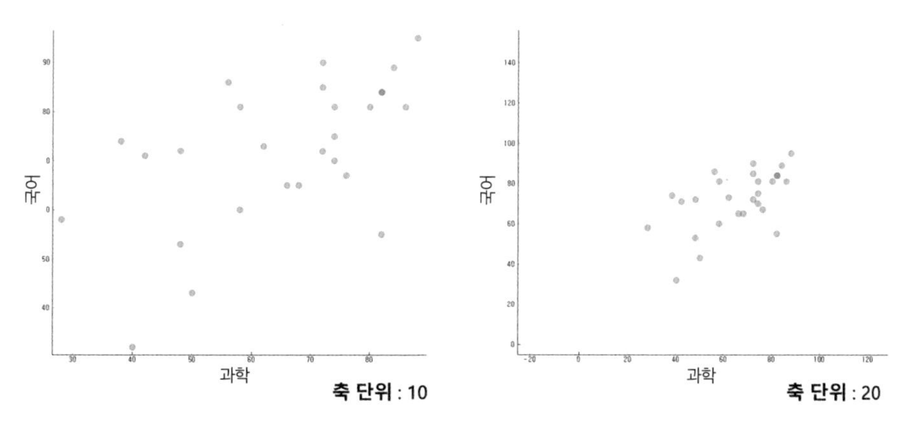

▲ **그림 8-15** 국어-과학 산점도의 축 단위가 10일 때와 20일 때

이처럼 산점도는 축의 눈금이나 단위에 따라 다르게 보일 수 있기 때문에 두 변수 사이에 얼마나 강한 상관관계가 있는지를 판단할 때 산점도만 보면 위험합니다. 이러한 문제를 보완하기 위해 두 변수 사이의 상관관계가 얼마나 강한지를 나타내는 값인 '상관계수(Correlation coefficient)'가 필요합니다. 여러 유형의 상관계수가 존재하지만, 우리는 '피어슨 상관계수(Pearson's correlation coefficient)'를 사용해보겠습니다.

피어슨 상관계수 r 해석하기

가장 많이 쓰이는 피어슨 상관계수 r은 통계학자 칼 피어슨(Karl Pearson)이 둘 사이의 관련성의 정도를 숫자로 쉽게 판단할 수 있도록 만든 것입니다. 상관계수를 구하는 방법은 복잡해서 보통 컴퓨터를 이용해 계산합니다. 상관계수를 구하는 방법에 대한 설명을 생략하는 대신에 상관계수를 보고 그 의미를 해석하는 것에 집중하겠습니다.

먼저 양의 상관관계를 갖는 경우를 봅시다. 양의 상관관계니까 상관계수도 양수로 표현되며, 직선에 가까울수록 1에 가깝고 점들이 퍼져 있을수록 0에 가까워지는 것을 확인할 수 있습니다.

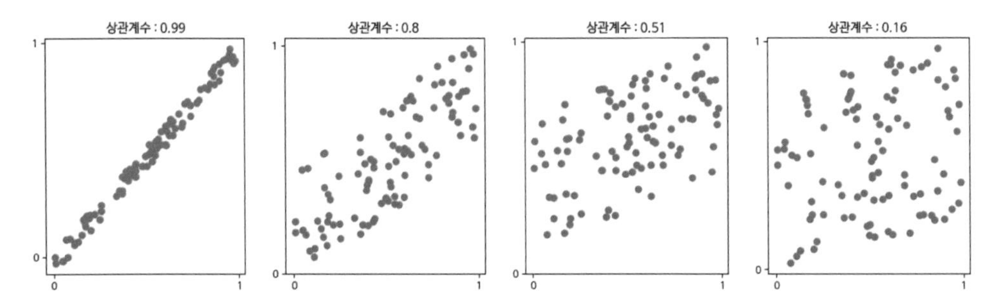

▲ **그림 8-16** 상관계수가 양인 산점도 예시

그럼 음의 상관관계일 때는 어떨까요? 음의 상관관계니까 상관계수도 음수로 표현되며, 직선에 가까울수록 -1에 가깝고 점들이 퍼져 있을수록 0에 가까워집니다. 따라서 양과 음의 케이스를 합치면 상관관계가 높을수록 절댓값이 1에 가깝고, 약할수록 0에 가깝다고 정리할 수 있습니다.

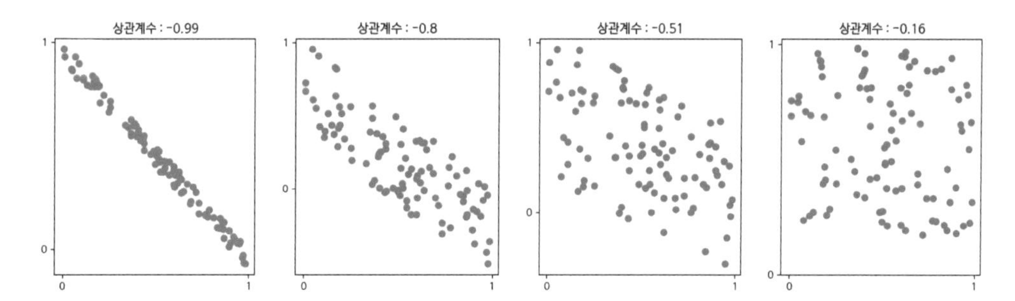

▲ **그림 8-17** 상관계수가 음인 산점도 예시

용어 정리 피어슨 상관계수(Pearson's correlation coefficient)

피어슨 상관계수는 두 변수 간의 선형 관계의 강도와 방향을 측정하는 통계적 지표입니다. 일반적으로 피어슨 상관계수는 r로 표기되며, 두 변수 사이의 관계 강도를 -1 ~ +1 사이의 수로 나타냅니다. r이 1에 가까울수록 양의 상관관계가 강하고, -1에 가까울수록 음의 상관관계가 강하며, 0에 가까울수록 선형 상관관계가 없다고 봅니다. 이렇듯 피어슨 상관계수를 사용하면 두 변수 간의 관계를 수치적으로 평가할 수 있으며, 이를 통해 데이터 분석에서 변수 간의 연관성을 파악하는 데 도움이 됩니다.

상관계수를 해석하는 방법을 정리했으니, 이제 오렌지3를 이용해 과목 간 상관계수를 구하고 어떤 과목이 국어와 상관관계가 가장 큰지 확인해봅시다. [File] 위젯에서 마우스를 드래그해 위젯 목록에서 'Correlations'를 선택하세요.

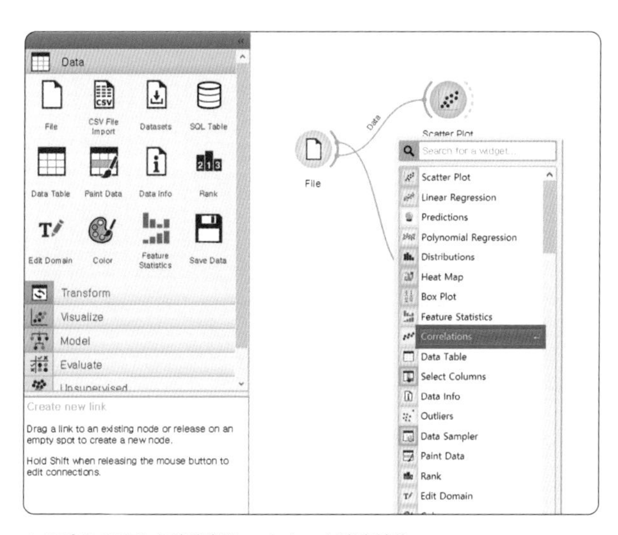

▲ **그림 8-18** [File] 위젯과 [Correlations] 위젯 연결

[Correlations] 위젯을 더블클릭하면 모든 과목 간 조합의 상관계수를 한번에 구해줍니다. 상관관계는 방향이 없기 때문에 각 과목은 한 번씩만 만나고, 상관관계가 높은 순서대로 정렬되어 있습니다.

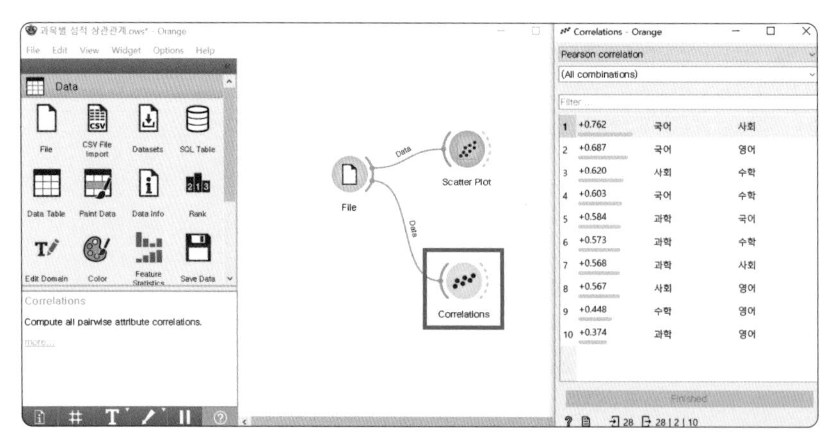

▲ **그림 8-19** 오렌지3로 구한 모든 과목의 피어슨 상관계수

(All combinations)를 눌러 '국어'로 바꾸면, 국어와 나머지 과목 간의 상관계수만 나옵니다. 모두 양의 상관관계를 가지고 있으며, 국어와 사회의 상관관계가 가장 강하고, 국어와 과학 간의 상관관계가 가장 약하다는 것을 한번에 알 수 있네요. 이렇게 상관계수를 이용하면 두 과목 사이의 상관관계의 강도를 쉽게 비교할 수 있습니다.

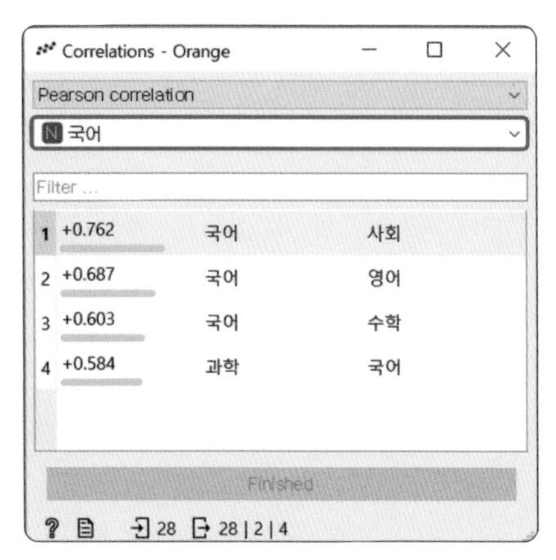

▲ **그림 8-20** 국어 과목과 다른 과목 간의 피어슨 상관계수

흔히 상관계수가 0.7 이상이면 상관관계가 강하다고 하고, 0.4와 0.7 사이이면 상관관계가 있

다고 합니다. 따라서 국어와 다른 과목 간의 상관계수는 0.5와 0.8 사이이니 상관관계가 모두 있다고 할 수 있겠네요. 물론 어떤 데이터를 가지고 계산하는지에 따라 과목 간 상관계수는 다르게 나올 것입니다.

피어슨 상관계수 r	상관관계 정도에 대한 해석
±0.9 이상	매우 강한 상관관계
±0.7 ~ ±0.9 미만	강한 상관관계
±0.4 ~ ±0.7 미만	상관관계가 있음
±0.2 ~ ±0.4 미만	약한 상관관계
±0.2 미만	매우 약한 상관관계

▲ **표 8-3** 상관관계 분석 척도

상관계수 r을 해석할 때 주의사항

전체 과목 간 상관계수를 다시 봅시다. 국어-사회의 r값이 0.762로 가장 크고, 과학-영어가 0.374로 가장 작네요. 우리는 이미 과목 간의 유사성을 알고 있기에, 이 결과를 받아들일 수 있을 것입니다. 그러나 두 변수의 관계를 잘 모르는 경우, 상관계수만 보고 상관관계가 강하거나 약하다고 단정 지으면 위험합니다. 산점도를 그리지 않고 상관계수 값만 보면 큰 실수를 할 수 있기 때문입니다. 대표적인 사례 2가지를 소개하겠습니다.

① 이상치가 존재하는 경우

이상치(Outlier)란 데이터의 전체적인 패턴에서 동떨어져 있는 관측값입니다. 그림 8-21의 산점도를 보면 알 수 있듯이 대부분의 점들이 강한 상관관계를 가지고 있어도, 하나라도 멀리 있는 자료가 존재하면 상관계수가 확연히 달라집니다. 이 경우 이상치를 삭제한 뒤 상관계수를 계산해야 변수 간 상관관계를 더 잘 나타낼 수 있습니다. 이상치를 식별하고 처리하는 것은 데이터 분석에서 중요한 단계 중 하나입니다.

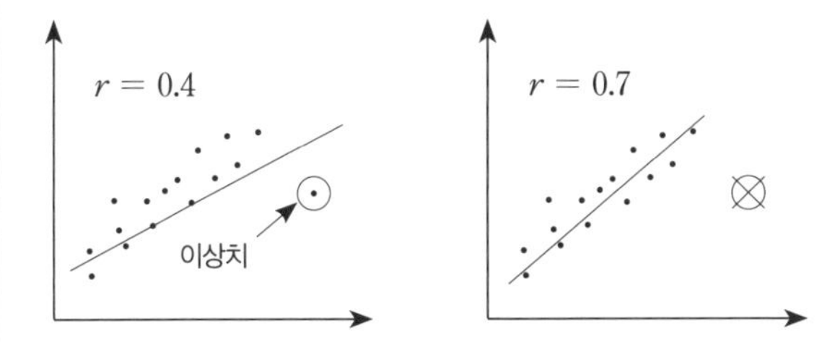

▲ **그림 8-21** 이상치를 제거하기 전과 후의 상관계수

② 변수 간의 관계가 비선형인 경우

그림 8-22의 산점도는 모두 상관계수가 0인 경우입니다. 한눈에 봐도 특별한 형태를 가지고 있습니다. 그러나 상관계수는 직선적인 관계성을 측정하는 지표이므로 두 변수 간 관계가 다르더라도 모두 상관계수 0으로 표현된 것입니다. 이처럼 상관계수만 봐서는 이런 부분을 확인할 수 없으므로 상관관계를 파악할 때는 산점도를 같이 봐야 한다는 것을 꼭 기억해 주세요!

▲ **그림 8-22** 상관계수가 0인 산점도 예시

2 상관관계 올바르게 해석하기

지금까지 자료를 산점도로 나타내고, 상관계수를 사용해 상관관계를 해석하는 방법을 살펴보았습니다. 이제 실생활에 배운 내용을 적용하는 일이 남았습니다. 사실 실제 데이터 속에서 어떤 두 변수의 상관관계를 찾는 일은 매우 중요하고도 어려운 일입니다. 그런데 만약 상관관계를 해석할 때 주의할 점을 미리 알고 있다면, 발생할 수 있는 오류를 피해갈 수 있을 것입니다. 그럼 사례들을 함께 살펴볼까요?

전체 vs 부분

아래 그래프에는 어떤 함정이 숨어 있을까요?

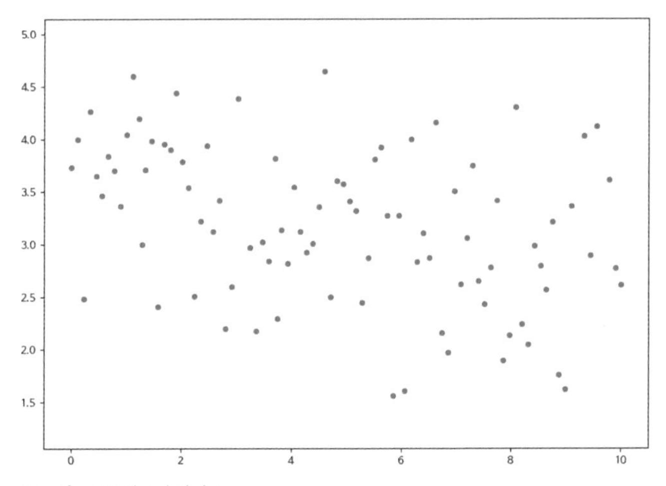

▲ **그림 8-23** 의문의 산점도

산점도의 좌표평면에 찍힌 점들로부터 두 변수의 관계성을 알 수 있는데, 점들이 오른쪽 아래로 향하는 형태를 보입니다. 다시 말해 x 값이 증가함에 따라 y 값이 감소하는 경향을 보이므로 이 점들은 서로 음의 상관관계입니다. 실제로 이 산점도의 상관계수를 구하면 -0.3683 정도로 약한 음의 상관관계라고 해석할 수 있습니다.

이 그래프의 두 축은 무엇일까요? x축은 한 학생의 수능 점수, y축은 대학 입학 후 학점입니다. 수능 점수가 높은데 대학 학점이 더 낮다니 굉장히 당황스러운 결과인데, 혹시 데이터가 잘못된 것이 아닐까요?

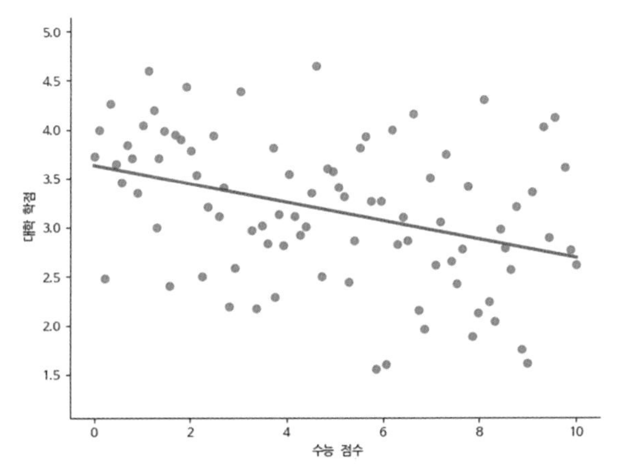

▲ **그림 8-24** 수능 점수와 대학 학점 간의 상관관계를 보여주는 산점도

수능은 '대학수학능력시험'의 줄임말으로, 수능 점수가 높을수록 대학교에서 잘 배울 수 있다고 판단하는 것인데 음의 상관관계라니 결과가 조금 당황스럽습니다. 공부 총량의 법칙으로 고등학교 때 너무 공부를 열심히 한 나머지 대학에 가서는 놀았기 때문일까요? 이 문제를 해결하기 위해 데이터를 '나눠 보기'해 봅시다.

그림 8-25처럼 학과별로 5가지 색깔과 그에 따른 추세선 5개로 나눠서 시각화하니까 데이터의 경향이 확 달라 보이네요. 과별로 수능 점수와 대학 학점 사이의 관계를 나타내는 점들의 분포가 오른쪽 위를 향하는 양의 상관관계를 보이고 있습니다(x축의 수능 점수는 0~10점으로 표준화했습니다).

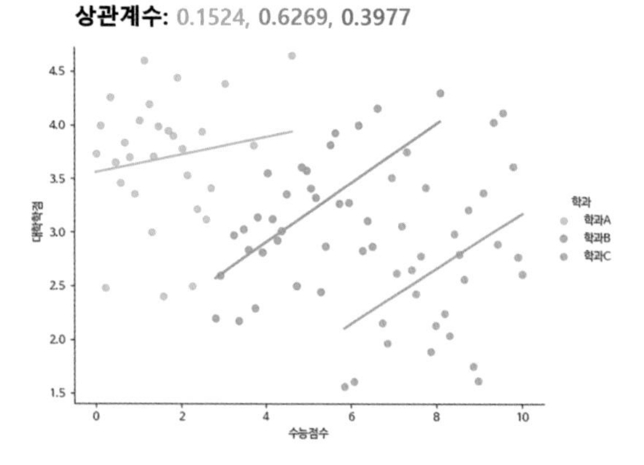

▲ **그림 8-25** 나눠보니 달라 보이는 산점도 예시

실제로 상관계수를 계산하면 학과 A, B, C 순으로 0.1524, 0.6269, 0.3977가 나옵니다. 심지어 학과 B 학생들의 수능 점수와 대학 학점은 꽤 강한 양의 상관관계를 가지고 있습니다.

이렇게 데이터의 세부 그룹별로 일정한 추세나 경향성이 나타나지만, 전체적으로 보면 그 추세가 사라지거나 반대 방향의 경향성을 나타내는 현상을 '심슨의 역설'이라고 합니다. 정말 신기하지 않나요? 한편으로는 같은 데이터를 가지고 이렇게 정반대의 결과가 나오다니 놀랍기도 합니다. '심슨의 역설'과 관련된 다른 사례는 10장에서 더 자세히 살펴보겠습니다.

이처럼 상관관계를 해석할 때 전체를 보고 해석해도 되는지 고민하고, 어떻게 나눠서 봐야 할지 파악하는 것이 필요합니다. 이어서 상관관계를 해석할 때 주의해야 할 점을 하나 더 살펴보겠습니다.

용어 정리 **심슨의 역설(Simpson's Paradox)**

심슨의 역설은 영국의 통계학자 에드워드 심슨이 1951년 설명한 역설로, 심슨의 역설이라는 용어는 콜린 블리스라는 학자가 처음 사용했습니다. 심슨의 역설은 두 변수의 관계가 그룹으로 나누었을 때 전체에서의 관계가 서로 다르게 나타나는 현상으로, 데이터 해석 시에 주의해야 하는 중요한 개념 중 하나입니다.

상관관계 vs 인과관계

혹시 초콜렛과 노벨상 사이에 상관관계가 있다고 하면 믿기나요? 아래 그래프는 국가별 노벨상 수상자와 초콜릿 소비 간의 상관관계를 보여줍니다.

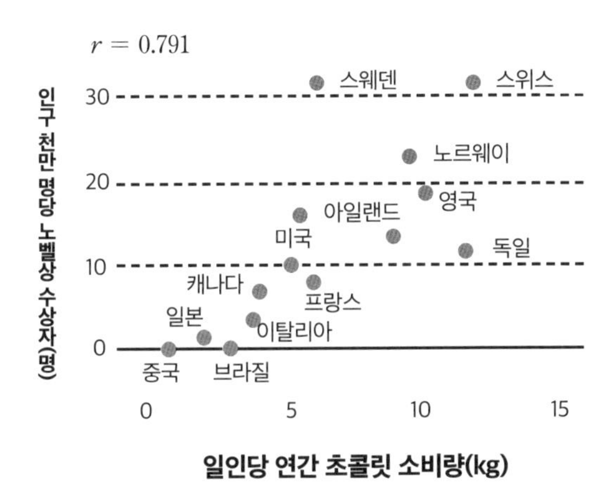

▲ **그림 8-26** 초콜릿 소비량과 노벨상 수상자 수와의 상관관계

그래프를 보면 점들이 우상향하는 양의 상관관계를 가지고 있습니다. 상관계수는 무려 0.791로 상당히 강한 상관관계를 지니고 있네요. 그래프에 따르면 역대 노벨상 수상자가 가장 많은 스위스는 한 사람이 한 해 평균 120개의 초콜릿 바를 먹는다고 합니다. 그러면 우리나라에서도 노벨상 수상자를 많이 배출하려면 전 국민이 초콜릿을 열심히 먹으면 될까요? 당연히 아닙니다.

이는 '상관관계와 인과관계를 혼동'해서 나오는 오류인데요. '인과관계'는 원인이 달라지면 결과가 달라지는 관계로, 어떤 사건이 다른 사건에 영향을 미치고 있을 때 '두 사건 사이에 인과관계가 있다'라고 합니다. 예를 들어 약을 먹으면 병이 치료되고, 운동을 하면 근육이 증가하는 것과 같은 상황이 해당됩니다. 반면 '상관관계'는 데이터에서 보이는 관련성을 말합니다. 우리가 앞에서 배웠듯이 상관관계는 두 변수 간의 변화가 서로 연관되었을 때, 즉 A가 증가할수록 B가 증가하거나, B가 감소하는 경향이 있는 관계입니다.

인과관계: 원인이 달라지면 결과가 달라지는 관계

사건 A 사건 B

원인 결과

상관관계: 두 사건이 관련성이 있다고 보이는 관계

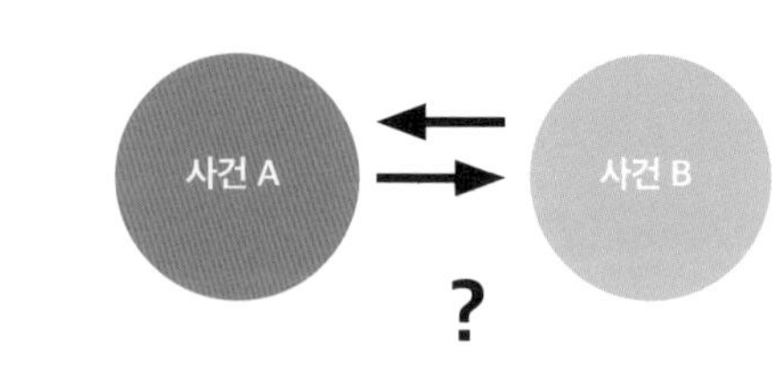

▲ **그림 8-27** 인과관계와 상관관계 비교

흔히 두 사건 사이에 상관관계가 있으면 인과관계도 있다고 착각하기 쉬운데 이는 크나큰 오류입니다. 두 변수 사이에 상관관계가 있어도 서로 인과관계가 없을 때가 훨씬 많기 때문입니다. 예시를 함께 볼까요?

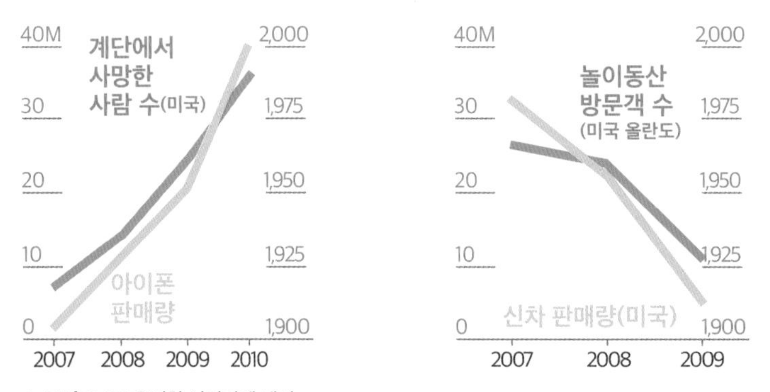

▲ **그림 8-28** 우연한 상관관계 예시

먼저 왼쪽 그래프인 계단에서의 추락으로 인한 사망자 수와 아이폰 판매량과의 상관관계를 보면, 계단에서 떨어져서 사망한 사람의 수와 아이폰의 판매량이 비슷한 추세를 보입니다. 그렇다고 해서 아이폰이 많이 팔릴수록 더 많은 사람들이 계단에서 사망한다고 할 수 있나요? 오른쪽 그래프는 미국 올란도에 있는 놀이동산의 방문객 수와 미국의 신차의 판매량의 추이를 나타내고 있습니다. 그러면 미국 자동차 회사의 판매팀이 자동차 판매량이 하락한 이유를 사람들이 올란도 놀이동산을 방문하지 않았기 때문이라고 말할 수 있을까요? 당연히 아닙니다. 우연히 비슷한 추세가 나온 것이죠.

이처럼 두 개의 변수들이 상관관계를 갖지만 그저 우연의 일치일 뿐 서로 인과관계가 없을 때도 많습니다. 실제로 현실에서 아무렇게나 고른 두 변수를 조사했을 때, 두 변수가 아무 관계가 없는 것보다 작더라도 상관관계를 나타내는 경우가 더 흔합니다. 통계학에서는 이를 허위 상관(Spurious correlation)이라고 합니다. 따라서 두 사건 사이에 상관관계가 있다고 해서 맥락을 보지 않고 인과관계가 있다고 판단하면 안 되겠죠.

방금 사례처럼 우연한 상관관계도 있지만, 원인이 다른 곳에 있는 상관관계도 있습니다. 다음 그래프는 호주의 해변가에서의 아이스크림 판매량과 상어 사고 횟수 사이의 관계를 나타낸 것입니다.

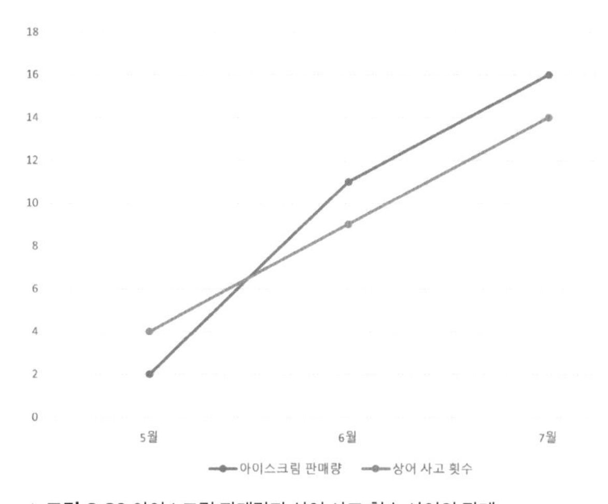

▲ **그림 8-29** 아이스크림 판매량과 상어 사고 횟수 사이의 관계

5월에서 7월로 갈수록 아이스크림의 판매량과 상어 사고 모두 증가하는 추세입니다. 그러면 아이스크림과 상어 사이에는 특별한 상관관계가 있다는 뜻일까요? 전혀 관련 없어 보이는 이 둘 사이에는 사실 '기온'이라는 중간 다리가 있습니다. '더워지면 아이스크림 판매량이 높아진다' 라는 인과관계와 '더워지면 사람들이 바다로 물놀이를 많이 가서 상어 공격 사고가 늘어난다' 라는 인과관계가 있어 아이스크림 판매량과 상어 사고 사이에 상관관계가 생긴 것이죠.

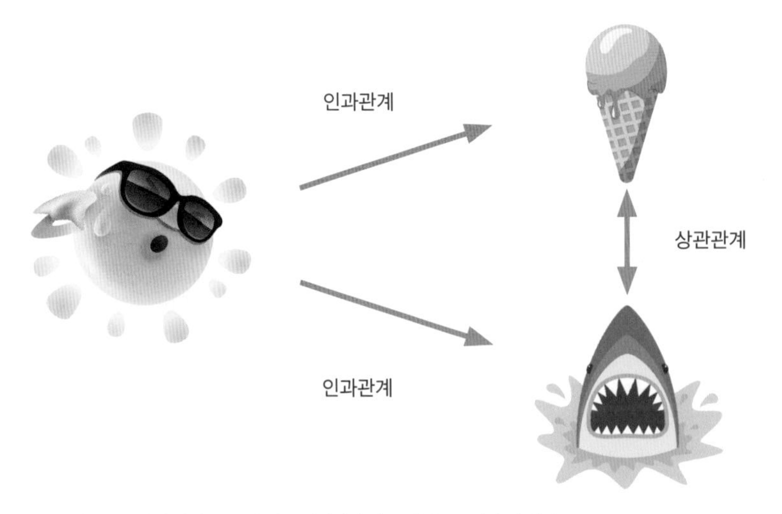

▲ **그림 8-30** 원인이 다른 곳에 있는 상관관계 예 1: 아이스크림과 상어 사고

이처럼 하나의 원인으로 인해 두 개의 결과가 나타난다고 해서, 그 두 결과 사이에 인과관계가 있는 것은 아닙니다. 앞에서 살펴봤던 노벨상과 초콜릿 간의 상관관계 역시 마찬가지입니다. 초콜릿 섭취가 노벨상 수상에 영향을 미쳤다고 해석하기보다는 초콜릿 섭취량은 그 국가가 얼마나 잘 사는지 즉, 경제 수준과 연관이 있으며, 경제 수준이 높은 만큼 R&D나 기초 연구에 투자되는 금액도 많아 노벨상 수상에 영향이 있다는 해석이 더 옳을 것입니다.

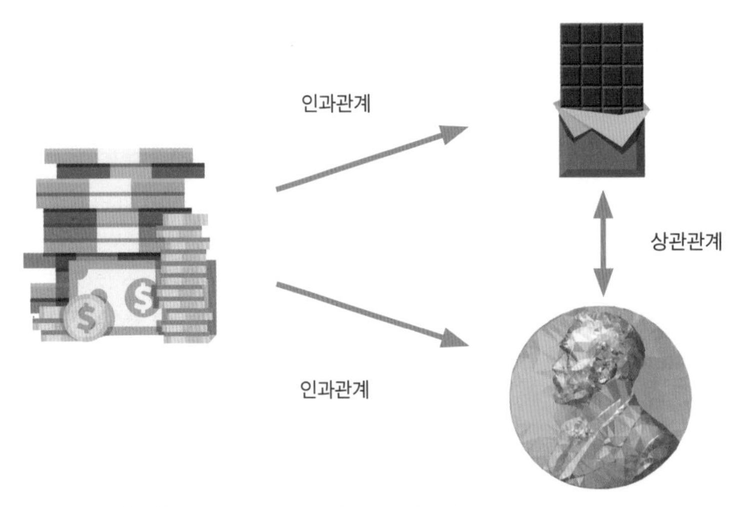

▲ **그림 8-31** 원인이 다른 곳에 있는 상관관계 예 2: 노벨상과 초콜릿

그렇다면 '둘 사이에 인과관계가 있다'고 말하려면 어떤 조건이 있어야 할까요? 영국의 철학자 존 스튜어트 밀은 '인과관계의 성립조건'으로 3가지를 제시했습니다. 첫째, 원인이 결과보다 시간적으로 앞서야 한다는 것이고 둘째, 원인과 결과가 관련이 있어야 한다는 것과 셋째, 결과는 원인이 되는 변수만으로 설명이 돼야 하고 다른 변수에 의한 설명은 제거돼야 한다고 했습니다. 이 조건이 모두 만족되더라도 인과관계의 존재가 입증됐다고는 할 수 없으며, 다른 데이터로부터 축적된 유사한 결과와 연구자의 경험적인 판단이 중요한 역할을 한다고 합니다. 이처럼 인과관계를 보인다는 것은 상관관계를 보이는 것보다 훨씬 복잡하고 어려운 일입니다. 따라서 우리가 데이터를 분석할 때도 상관관계를 인과관계로 해석하지 않도록 조심해야 합니다.

지금까지 상관관계 해석 시 볼 수 있는 대표적인 함정 사례를 살펴보았습니다. 통계적 오류는 다양하기 때문에 모든 것을 다룰 순 없었지만, 이런 예시들을 통해 '눈에 보이는 게 다가 아니구나', '이런 것들을 조심해야겠다'라고 느꼈다면 성공입니다.

그런데 두 변수 사이에 상관관계를 아는 것이 왜 중요할까요? 둘의 관계성을 알면 하나의 값으로 다른 값을 예측할 수 있기 때문입니다. 다음 장에서는 상관관계를 찾는 것에 만족하지 않고 한 걸음 더 들어가보겠습니다.

9장 제작비가 많이 들어간 영화일수록 흥행할까?

1 두 변수 사이의 경향성 나타내기

퇴근 후 집에서 TV를 보던 직장인 정민 씨는 곧 개봉 예정인 블록버스터 영화를 소개하는 프로그램을 보고 문득 다음과 같은 생각이 들었습니다.

'와, 이 영화 제작비가 2억 달러가 넘네! 제작비가 높으니 아무래도 멋진 특수효과나 유명한 배우들이 많이 나오겠네. 그런데 제작비가 높을수록 영화가 흥행할까?'

정민 씨의 궁금증을 해결하기 위해 영화 데이터 속에서 패턴을 찾고, 이를 이용해 개봉 예정작의 관객 수를 예측해봅시다.

▲ **그림 9-1** 제작비가 많이 들어간 영화일수록 흥행할까?

제작비와 영화 관객 수 사이의 관계 파악하기

표 9-1은 50개의 영화에 대한 영화 제작비와 관객 수입니다. 익히 알고 있는 유명한 영화들이 보이죠?

영화 제목	제작비(만 달러)	관객 수(백만 명)
아바타	2370	279
어벤져스: 엔드게임	3560	279
스타워즈: 깨어난 포스	2450	110
어벤져스: 인피니티 워	3250	204
아이언맨 3	2000	121
존 윅 3: 파라벨룸	750	20
주토피아	1500	107
인사이드 아웃	1750	80
블랙 팬서	2000	135
해리포터와 죽음의 성물 - 파트2	1250	120
트랜스포머	1500	140
쥬라기월드	1500	167
라이온 킹	2600	119
포레스트 검프	550	125
타이타닉	2000	201
헝거 게임	780	69
레고 무비	600	44
매드 맥스: 분노의 도로	1500	37
해리포터와 죽음의 성물 - 파트1	1250	123
토이스토리 3	2000	106
어바웃타임	120	11
아기발	500	10
반지의 제왕: 왕의 귀환	940	114
레디플레이어 원	580	53
다크나이트	1850	100
레디플레이어 투	1500	58
캡틴아메리카: 시빌 워	2500	153
이퀼리브리엄	250	22
존 윅: 리로드	400	10
트랜스포머: 최후의 기사	2170	102
스파이더맨: 파 프롬 홈	1600	130
라라랜드	300	15
알라딘	1830	113
빅 히어로	1650	113
조커	1000	107

라이온 킹	2600	119
말할 수 없는 비밀	120	11
캡틴 마블	1750	128
아이언맨	1400	186
쇼생크 탈출	250	10
노인을 위한 나라는 없다	150	12
스타워즈: 깨어난 포스	2450	113
인터스텔라	1650	108
미션임파서블: 폴아웃	1780	158
블랙 팬서	2000	134
인셉션	1600	82
해리포터와 마법사의 돌	1250	97
애니멀 팩토리	280	14
라스트 레터	35	3
디워	120	7

▲ **표 9-1** 영화 50개의 제작비와 관객 수(출처: Box Office Mojo)

그런데 표만 봐서는 제작비와 관객 수 사이에 어떤 관계가 있는지 파악하기 어렵습니다. 앞 장에서 배운 산점도를 이용해서 나타내보겠습니다. 표 9-1의 데이터에서 영화 제목을 제외한 '영화 정보' 엑셀 파일을 오렌지3 - [File] 위젯에 업로드하겠습니다.

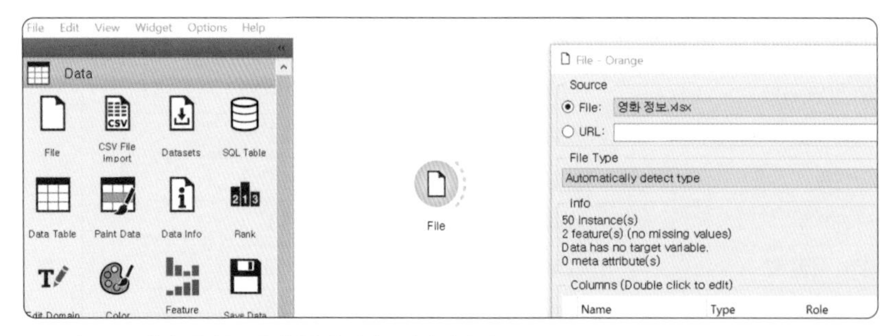

▲ **그림 9-2** 오렌지3에서 [File] 위젯을 추가하고 엑셀 파일 업로드

TIP '영화 정보.xlsx' 파일은 길벗출판사 홈페이지의 자료실에서 다운로드할 수 있습니다.

엑셀 파일에는 영화 50개의 정보가 들어 있고, 각 정보는 '제작비, 관객 수' 이렇게 2개로 이루어졌습니다. 제작비와 관객 수 모두 숫자로 이루어진 값이므로, 데이터 타입(Type)은 수치형

(Numeric)입니다. Role은 그대로 둡니다.

[File] 위젯에서 마우스로 드래그하여 놓아 선을 만들고, 위젯 목록에서 [Scatter Plot] 위젯을 찾아서 클릭합니다. 왼쪽의 [Visualize] 탭에서 [Scatter Plot] 위젯을 클릭한 다음 [File] 위젯과 선으로 연결해도 됩니다.

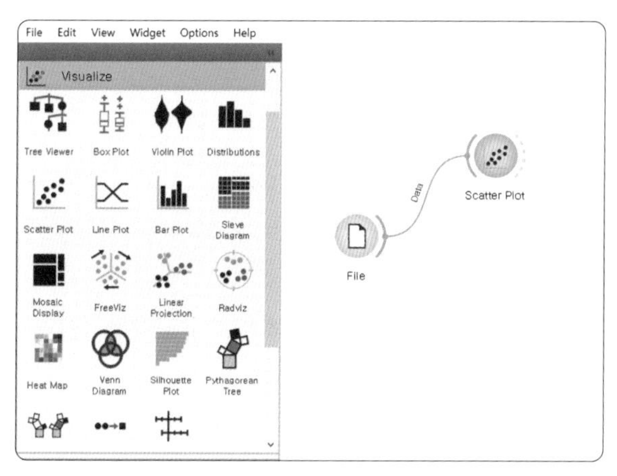

▲ **그림 9-3** [File] 위젯과 [Scatter Plot] 위젯 연결

[Scatter Plot] 위젯을 누르면 다음과 같이 '제작비'를 x축, '관객 수'를 y축으로 한 산점도가 그려집니다. 일단 오른쪽 위로 향하는 분포이니 양의 상관관계이고, 점들의 분포가 직선에 가까워서 꽤 강한 상관관계인 것으로 보입니다.

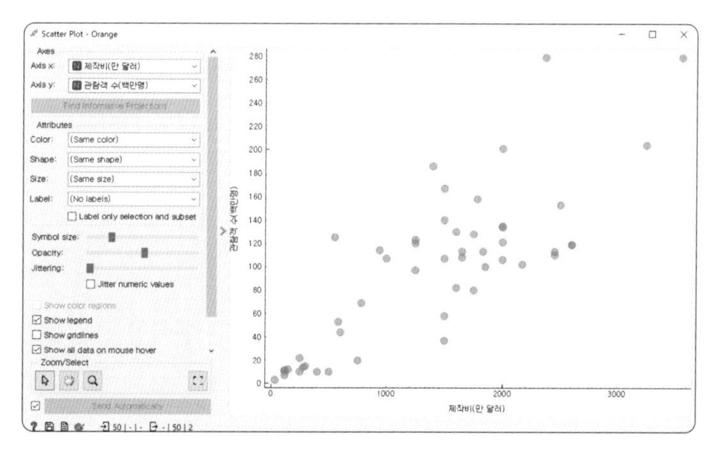

▲ **그림 9-4** 오렌지3로 나타낸 제작비와 관객 수의 산점도

상관계수를 확인해볼까요? 앞에서 사용한 [Correlation] 위젯 말고 더 빠르게 상관계수를 확인할 수 있는 방법이 있습니다. 화면에서 'Show regression line' 항목에 체크 표시를 합니다. 하나의 직선이 그려지고 그 위에 조그맣게 상관계수 r값이 보입니다. 0.81이면 1에 가까운 값이니 꽤 강한 양의 상관관계입니다.

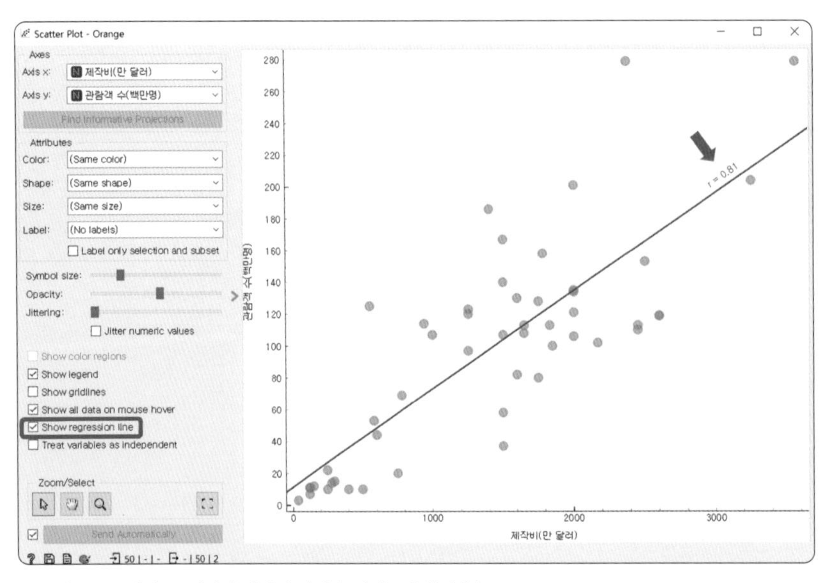

▲ **그림 9-5** 오렌지3로 나타낸 제작비-관객 수 산점도와 상관계수 r

그런데 여기서 regression line이 무엇을 의미할까요? 일단 line은 선이고 regression을 우리말로 '회귀(回歸)'라고 합니다. 한자의 의미를 해석하면 돌아온다는 뜻입니다. 회귀라는 단어가 어려워 보이지만 익숙하기도 합니다. 생각해보니 소설이나 만화에서 소설 속 주인공이 과거로 돌아가 새로운 삶을 사는 '회귀물' 장르가 있죠? 그렇다면 여기서는 무엇이 돌아오는 건지 조금 더 자세히 살펴보겠습니다.

회귀 용어 알아보기

회귀는 영국의 유전학자 프랜시스 골턴(Francis Galton)의 연구에서 유래된 용어입니다. 골턴은 아버지와 아들의 키 관계를 조사했고, 그 결과 아버지의 키가 아무리 크다고 할지라도 아들의 키는 아들 세대의 평균으로 접근하는 경향이 있다는 것을 발견했다고 합니다. 골턴은 이러한 현상을 '평균으로의 회귀'라고 하고, 아버지와 아들의 키 사이의 관계를 수식으로 표현했습니다.

▲ **그림 9-6** 아버지와 아들의 키 관계를 조사한 프랜시스 골턴

이후 골턴의 영향으로 두 변수 x,y 간의 관계를 표현하는 식을 '회귀식(regression equation)', 두 변수 사이의 관계를 분석하는 방법을 '회귀 분석(regression analysis)'이라고 부릅니다. 이처럼 회귀는 변수들 간의 관계를 찾기 위해 사용되는 통계적 기법으로, 이를 통해 한 변수가 다른 변수에 어떠한 영향을 미치는지를 파악할 수 있습니다. 그렇다면 회귀선(regression line)은 무엇일까요? 바로 두 변수 간의 관계, 즉 자료의 경향성을 나타내는 직선입니다.

그림 9-7의 그래프를 보면 공부하는 시간이 늘어날수록 성적이 잘 나오고, 스마트폰 사용 시간이 늘어날수록 성적이 떨어지는 경향을 하나의 선으로 나타냈습니다. 이처럼 산점도로 나타낸 자료의 전반적인 추세가 선형인 경우 우리는 그 경향성을 나타내는 직선을 그릴 수 있습니다. 그리고 회귀선은 두 변수 사이의 관계를 나타내는 선이므로, 이 직선을 이용하면 정확하진 않지만 토대로 하나의 값으로 다른 값을 예측할 수 있습니다. 그림 9-7의 왼쪽 그래프에 따르면 공부 시간이 8시간이면 75점 정도의 성적을 받을 수 있음을 예측할 수 있는 것처럼요.

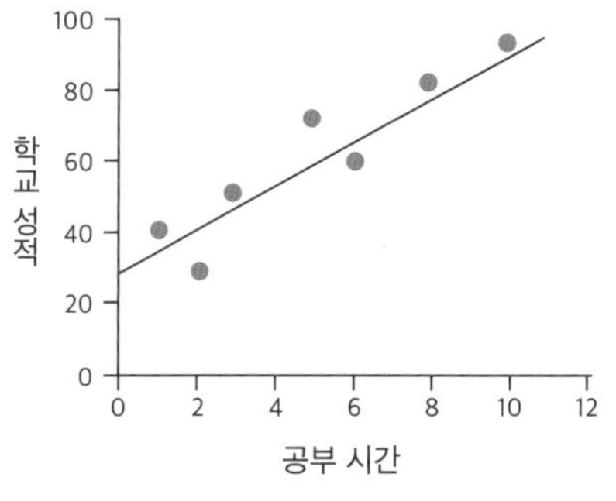

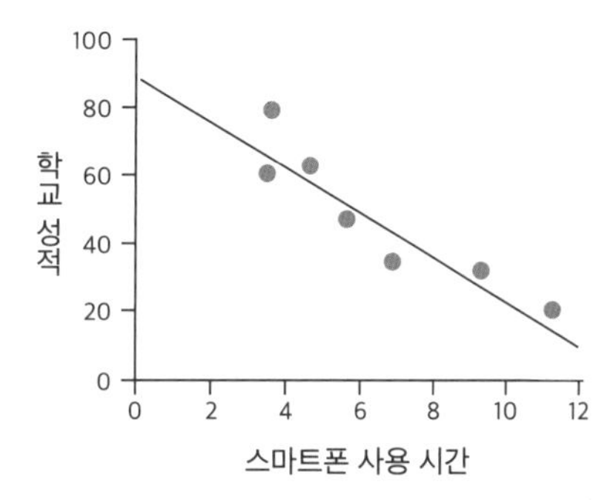

▲ **그림 9-7** 회귀선 예시 그래프

그렇다면 우리도 회귀선을 이용한다면 제작비에 따른 관객 수를 예측할 수 있겠죠? 하지만 그 전에 한 가지 짚고 넘어가야 할 것이 있습니다. 오렌지3가 그린 회귀선이 과연 자료의 경향성을 잘 나타낸다고 믿을 수 있을까요? 잠깐 의심의 눈을 가지고, 회귀선에 대해 탐구하는 시간을 가져봅시다.

회귀선 탐구하기

오렌지3에서 [Show regression line] 버튼을 클릭하면 두 점수의 관계성을 보여주는 회귀선이 그려집니다. 그런데 오렌지3는 어떻게 이 직선이 두 점수의 관계성을 가장 잘 나타냈다고 판단했을까요? 다른 직선이 둘의 관계를 더 잘 나타낼 수도 있지 않을까요? 왜 많고 많은 직선 중에서 이 직선을 회귀선으로 선택했는지 그 기준을 알아봅시다.

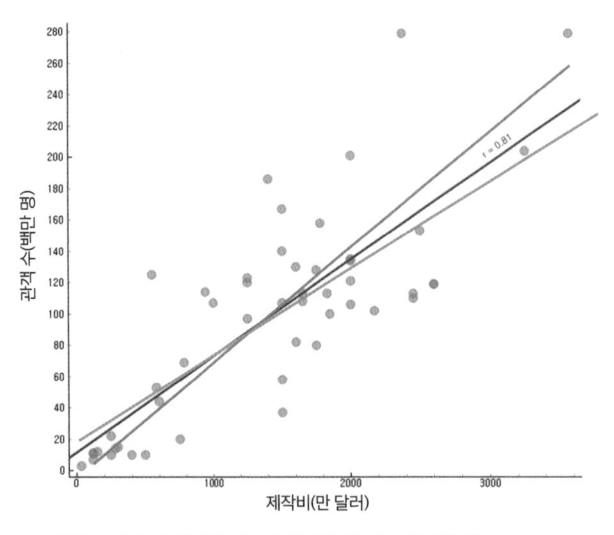

▲ **그림 9-8** 다음 중 데이터들의 경향을 가장 잘 나타내는 직선은?

이 문제를 탐구하려면 기본 오렌지3에 추가적인 기능을 설치해야 합니다. 상단 메뉴 [Options]에서 'Add-ons...'을 눌러 'Educational'을 찾은 다음 체크하고 [OK] 버튼을 눌러 설치하세요. 'Educational'에 있는 위젯들을 이용하면 알고리즘 등 데이터 분석의 주요 개념을 시각적으로 쉽게 이해할 수 있어 유용합니다.

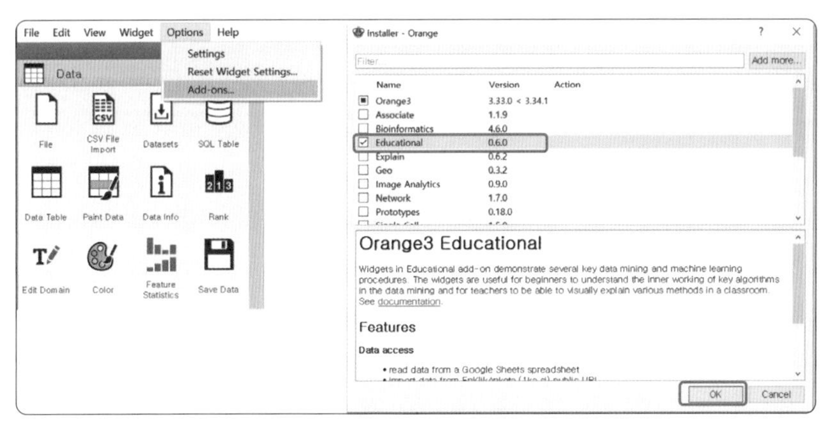

▲ **그림 9-9** 오렌지3에 추가 기능 설치하기

설치가 완료되면, 위젯 탭에 다음과 같이 [Educational] 탭이 생깁니다. [Educational]에서 'Polynomial regression'을 클릭하면 다음과 같이 [File] 위젯에 연결하세요. Polynomial regression는 번역하면 '다항 회귀'인데, 이 용어를 모르더라도 뒤의 실습을 진행하는 데에는 전혀 문제가 없으며, 회귀 분석의 한 종류로 생각하면 됩니다.

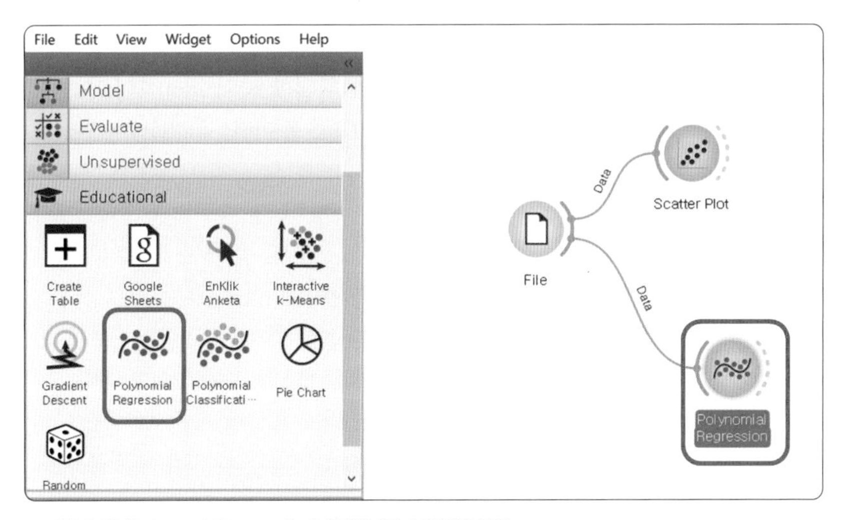

▲ **그림 9-10** [Polynomial Regression] 위젯을 [File] 위젯에 연결

[Polynomial regression] 위젯을 더블클릭하니 회귀선 주변으로 많은 선들이 보이네요. 이 선들은 어떤 제작비에 해당하는 실제 관객 수와 회귀선으로 예측할 수 있는 관객 수의 차이를 나타냅니다.

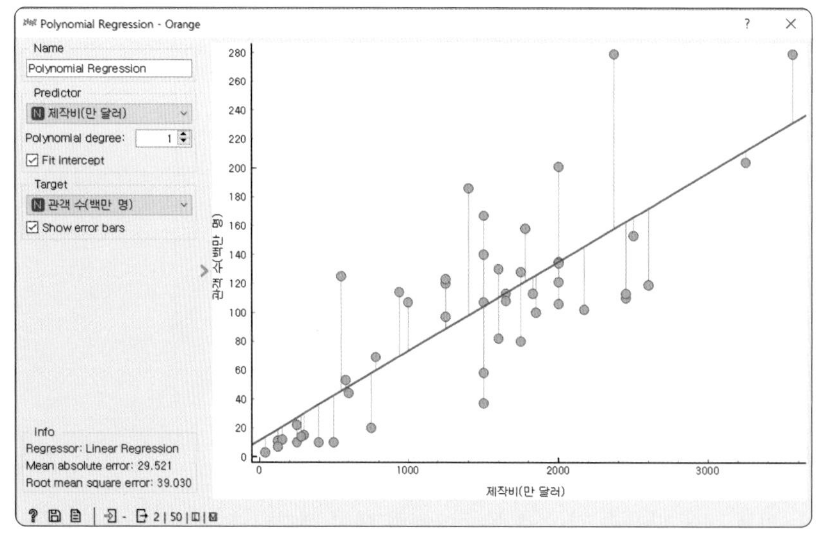

▲ **그림 9-11** [Polynomial Regression] 위젯으로 확인한 회귀선

이 추세선 대로라면 제작비가 2,170만 달러(한화로 약 290억 원)일 때 기대되는 관객 수 140백만 명 정도이지만, 실제로는 관객 수가 100백만 명 정도였습니다. 데이터가 많을수록 모든 점이 하나의 직선 위에 있기 어려우므로 결국 실제값과 예측값 사이에 차이가 생길 수밖에 없습니다. 이를 오차(error=실제값-예측값)라고 합니다. 이 오차를 최대한 줄여주는 선이 두 변수의 관계를 가장 잘 나타낸 선, 즉 우리가 찾는 회귀선이 됩니다.

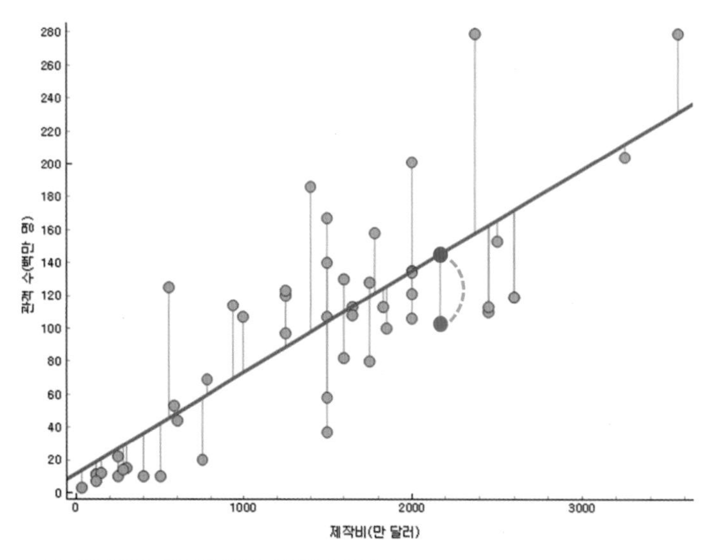

▲ **그림 9-12** 실제값과 회귀선으로 예측한 값의 차이

그럼 전체 오차의 정도를 나타내는 방법을 고민해봅시다. 일단 구한 값이 전체 오차의 정도를 나타내야 하므로 '오차들의 평균'을 구해야 합니다. 그런데 오차들을 그냥 더하면 양수도 있고 음수도 있기 때문에 오차의 정도를 나타내는 값으로 적절하지 않습니다. 그래서 각 값들을 제곱해 양수로 만든 다음 평균을 구합니다. 이처럼 회귀선과 실제 데이터 간의 차이를 계산하고 이 차이가 가장 작은 선을 찾는 과정을 '최소 제곱법(Least Squares Method)'이라고 합니다.

이런 원리가 숨어 있다니 놀랍지 않나요? 이제 오렌지3가 그린 회귀선을 믿을 수 있으니, 개봉 예정작의 관객 수를 예측해봅시다. 그러려면 먼저 제작비와 관객 수 사이의 관계를 나타내는 회귀선을 식으로 표현해야 합니다. 어떻게 할 수 있을까요? 중학교 때 배운 함수 $y=f(x)$를 떠올려봅시다. 함수는 흔히 다음과 같은 상자에 비유하는데, x값을 넣고 둘 사이에 어떤 관계식을 가지고 있는지에 따라 대응되는 y값이 나옵니다. 예를 들어 두 변수 x, y가 $y=2x$이라는 관계를 가지고 있다면 x가 1일 때 y는 2, x가 2일 때 y는 4가 되죠.

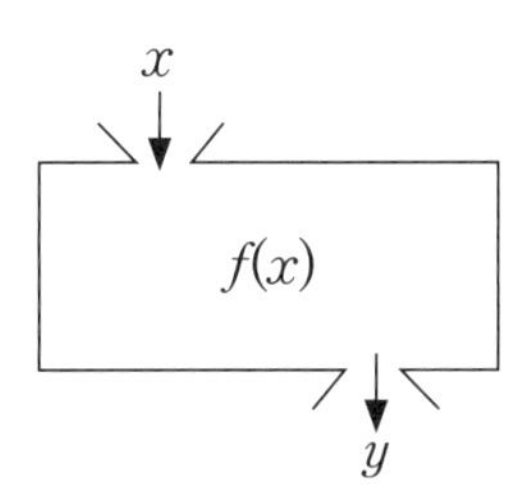

▲ **그림 9-13** 함수를 상자에 비유한 그림

그리고 지금 우리는 x, y의 관계를 직선의 형태로 나타내고자 합니다. 마찬가지로 중학교 때 배운 일차함수식인 $y=ax+b$ (a는 0이 아닌 상수) 꼴을 떠올려봅시다. 여기서 상수 a, b는 각각 기울기와 y절편이었죠. 기울기는 직선의 기울어진 정도를 나타내는 값으로 x값이 변함에 따라 y값이 어떻게 변하는지를 의미하고, y절편은 함수에서 x값이 0일 때 해당되는 y값입니다. 아래 그래프에서는 빨간색 화살표로 표시된 부분이죠. 따라서 이 직선을 x와 y의 관계식으로 나타내기 위해서는 기울기와 y절편, 2개의 값만 알면 됩니다.

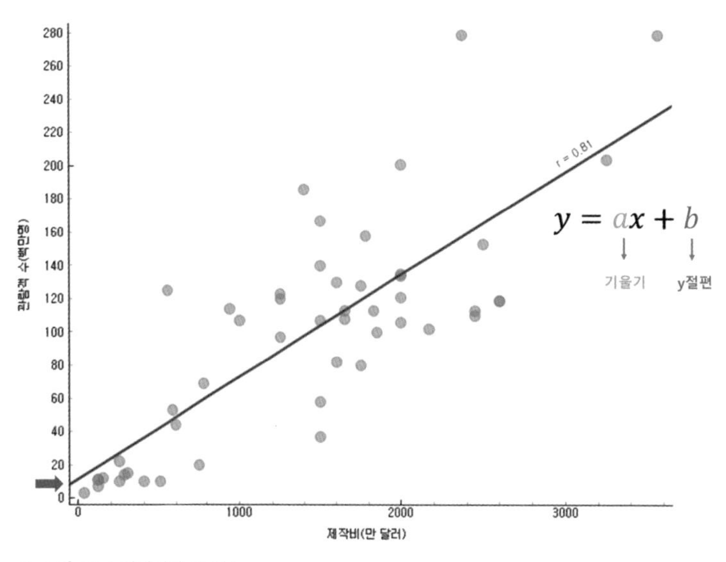

▲ **그림 9-14** 회귀선과 회귀식

갑자기 기울기와 y절편을 구해야 한다니, 머리가 아프죠? 다행히 우리는 회귀선의 기울기와 y절편을 직접 구할 필요가 없습니다. 오렌지3를 이용하면 간단하게 구할 수 있기 때문입니다. [Polynomial Regression] 위젯에서 [Data table] 위젯을 연결한 다음 'Coefficients'를 선택하면 됩니다. 참고로 Coefficients은 계수라는 뜻으로, 변수에 일정하게 곱해진 상수입니다.

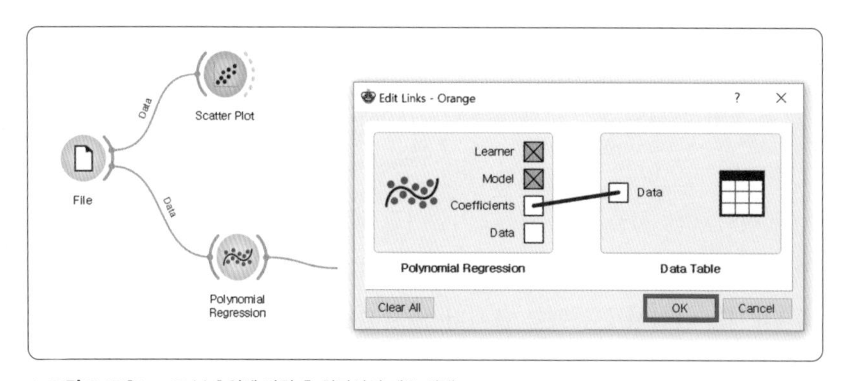

▲ **그림 9-15** [Data Table] 위젯 연결 후 회귀식의 계수 선택

[OK] 버튼을 누른 후 생긴 [Data Table]을 누르면 다음과 같은 화면이 나타납니다. 첫 번째 값인 11.4817이 직선의 y절편을 의미하고, 두 번째 값인 0.0616883이 기울기를 의미해서 $y=ax+b$에 각각 대입하면 다음과 같은 일차함수가 만들어집니다. 이제 x에 제작비를 넣으면 그에 대응되는 y값, 즉 관객 수를 바로 예측할 수 있습니다.

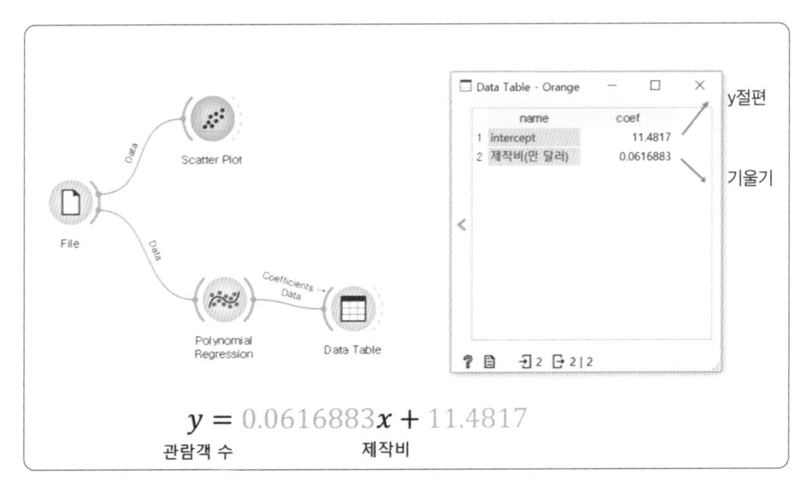

▲ **그림 9-16** 제작비와 관객 수 사이의 회귀식

지금까지 영화 제작비와 관객 수의 관계를 산점도로 표현하고 그 경향성을 회귀선으로 나타냈습니다. 이처럼 두 변수 사이의 관계를 가장 잘 나타내는 선(line)을 찾는 과정을 '선형 회귀(Linear Regression)'라 합니다. 위와 같이 선형 회귀식을 직접 구해서 관객 수를 예측해도 되지만, 모든 것을 컴퓨터에 한번 맡겨 보면 어떨까요?

용어 정리 선형 회귀(Linear Regression)

선형 회귀는 입력 변수와 출력 변수 사이의 선형적인 관계를 모델링하는 머신러닝 알고리즘입니다. 학습 데이터를 이용해 입력 변수와 출력 변수 사이의 선형 관계를 나타내는 회귀식을 찾아내고, 이를 이용해 새로운 데이터에 대한 출력 값을 예측합니다.

2 머신러닝으로 관객 수 예측하기

지금부터 머신러닝(Machine Learning)을 사용해서 컴퓨터에 영화 데이터를 주고, 컴퓨터가 알아서 제작비와 관객 수 사이의 관계를 찾도록 해보겠습니다. 머신러닝은 컴퓨터가 데이터를 이용해 스스로 학습하고 경험을 쌓아 문제를 해결하는 인공지능 분야입니다. 갑자기 인공지능이라니 어렵게 느껴질 수도 있지만, '두 변수 사이의 관계 찾기'라는 포인트는 다르지 않습니다. 입력 데이터와 출력 데이터를 컴퓨터에게 주고, 스스로 그 둘 사이의 관계와 규칙을 찾는 것입니다.

오렌지3의 [Model] 탭을 클릭하면 다양한 알고리즘이 나옵니다. 알고리즘은 입력값을 출력값으로 변환하기 위해 필요한 일련의 절차나 규칙을 의미합니다. 선형 회귀(Linear Regression)는 비교적 간단하고 성능이 좋아 많이 사용되는 회귀 알고리즘입니다. 세상에는 많은 데이터와 다양한 관계들이 있기에 당연히 선형적인 패턴만으로는 잘 설명할 수 없습니다. 그래서 보통은 여러 알고리즘을 적용해 모델을 생성하고 평가를 통해 최적의 알고리즘을 찾습니다. 하지만 우리는 이미 제작비와 관객 수 사이에 강한 선형 관계가 있음을 확인했으니 모델 생성에 선형 회귀만 사용하겠습니다.

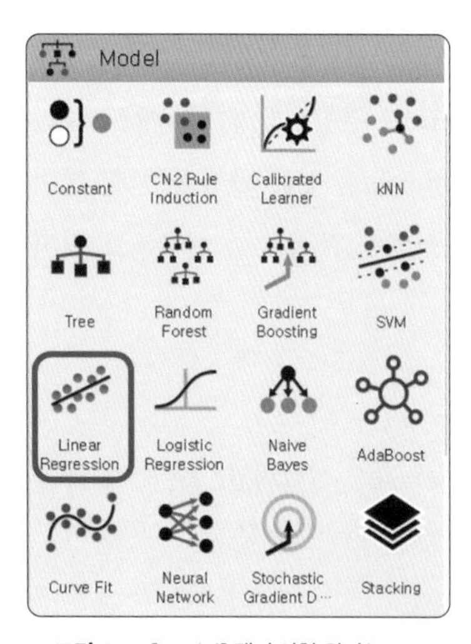

▲ **그림 9-17** [Model] 탭의 선형 회귀(Linear Regression) 알고리즘

용어 정리 모델(Model)

머신러닝에서 모델이란, 데이터의 특정 패턴이나 구조를 수학적으로 표현한 것을 의미합니다. 모델은 데이터로부터 규칙이나 관계성을 찾아서, 새로운 데이터에 대한 예측이나 분류를 할 수 있게 해 줍니다. 예를 들어, 집의 크기에 따른 가격을 예측하는 모델은 과거의 집 크기와 가격 데이터를 학습해 새로운 집의 크기가 주어졌을 때 그 가격을 예측할 수 있게 됩니다.

118쪽의 '1. 두 변수 사이의 경향성 나타내기' 실습에 이어서 진행하겠습니다. [File] 위젯에는 50명의 제작비와 관객 수 데이터가 들어 있습니다. 그런데 오렌지3에서 머신러닝 모델을 사용하고 싶으면 [File]에서 데이터의 역할(Role)을 변경해야 합니다. 컴퓨터에게 어떤 변수로 어떤 변수를 예측하고 싶은지 알려줘야 하기 때문이죠. 여기서 우리가 알고 싶은 목표가 '종속 변수'이고, 해당 종속 변수에 영향을 미치는 원인이 '독립 변수'입니다. 현재 영화의 관객 수를 알고 싶기에 관객 수의 Role 항목을 target으로 변경합니다. 그리고 이 관객 수와 밀접한 관계를 가지고 있는 값인 제작비는 그대로 feature로 둡니다. 정리하자면 예측하려고 하는 대상, 즉 종속 변수가 target이고, 이를 맞추는 데 사용되는 독립 변수가 feature이죠. Role을 수정한 뒤에는 하단의 [Apply] 버튼을 누르세요.

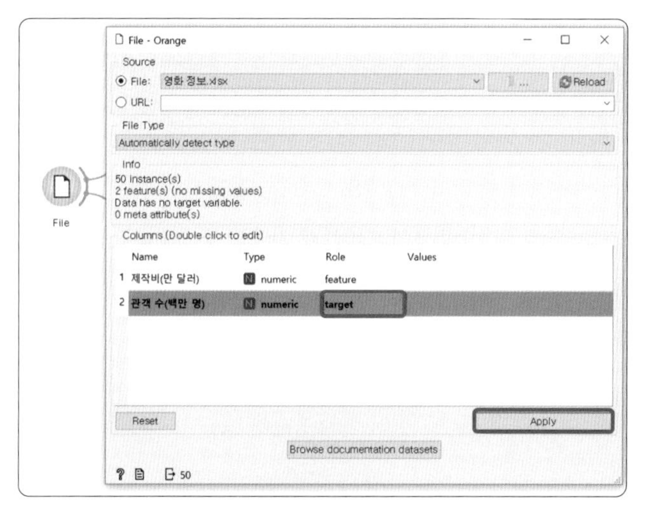

▲ **그림 9-18** [File] 위젯에서 데이터 역할 변경

용어 정리 **데이터의 역할(Role)**

- Target: 목푯값, 어떤 현상의 결과를 의미하는 변수(= 종속/목표 변수)
- Feature: 목표에 영향을 주는 값, 어떤 현상의 원인을 의미하는 변수(= 독립/원인 변수)
- Skip: 무시해도 되는 값, 학습 모델에 영향을 주지 않는 변수
- Meta: 목표에 영향을 주진 않지만 참고할 만한 값

이제 좌측 [Model] 메뉴에서 'Linear Regression'를 선택해 [File] 위젯과 연결합니다. 그 다음 [Linear Regression] 위젯을 클릭하면 다음과 같은 화면이 뜹니다. 하단을 보면 [Linear

Regression]으로 들어오는 입력값이 50개이고 출력값이 2개라는 것인데, 선형 회귀 알고리즘을 통해 어떤 모델을 만들었을까요?

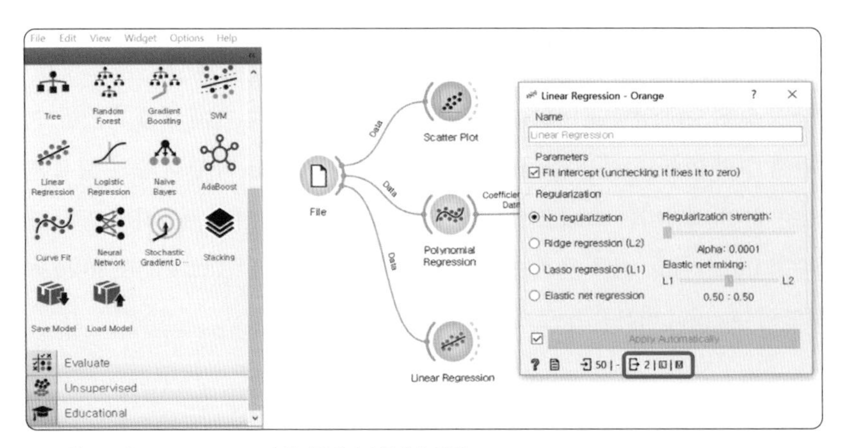

▲ **그림 9-19** [Linear Regression] 위젯을 [File] 위젯에 연결

(→2) 부분을 클릭하면 다음과 같은 화면이 뜹니다. '11.4817, 0.0616883' 어디서 많이 본 숫자네요. 129쪽에서 직접 회귀식을 찾을 때 일차 함수의 y절편과 기울기를 의미하는 수였습니다. 선형 회귀 알고리즘을 사용해 데이터를 학습시켰더니, 산점도에서 추세선을 그리는 과정을 거치지 않고도 동일한 결과(함수식)를 얻었습니다.

Coefficients: coefficients: 2 instances, 2 variables
Features: numeric (no missing values)
Metas: string

	name	coef
1	intercept	11.4817
2	제작비(만 달러)	0.0616883

Learner: Linear Regression

Model: Linear Regression

▲ **그림 9-20** [Linear Regression]의 출력 화면

이처럼 선형 회귀 모델은 학습 데이터를 바탕으로 feature와 target 간에 선형의 관계가 있다는 가정 하에 최적의 선형 함수를 찾아내 목푯값을 예측합니다.

선형 회귀 모델에 대한 궁금증이 해결되었으니 이제 예측을 위한 단계로 넘어갑시다. 컴퓨터가 주어진 데이터를 학습해 모델을 만들면 새로운 값을 입력했을 때 규칙에 따라 대응되는 값을 출력하는 것이 바로 머신러닝을 활용한 '예측'입니다. 이번에는 [Evaluate] 탭에서 'Predictions'를 클릭하고 [Linear Regression] 위젯과 연결합니다.

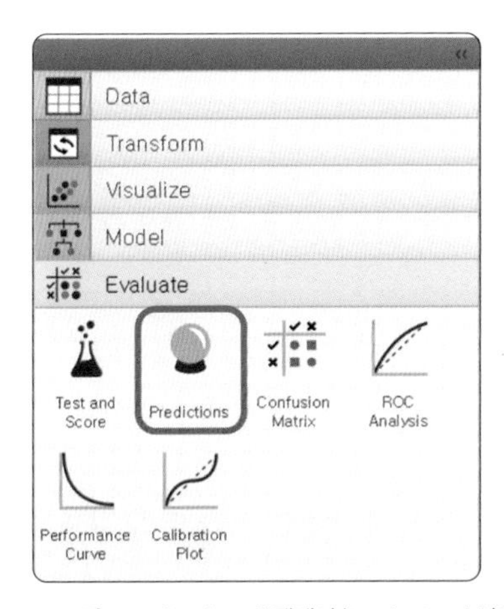

▲ **그림 9-21** [Evaluate] 탭에서 'Predictions' 선택

[Predictions] 위젯에는 우리가 만든 모델과 학습에 사용하지 않은 새로운 데이터가 입력으로 들어가야 합니다. 즉, 선형 회귀 알고리즘을 적용해서 만든 모델에 새로운 데이터를 넣으면 어떤 결과가 나오는지 확인하는 것입니다.

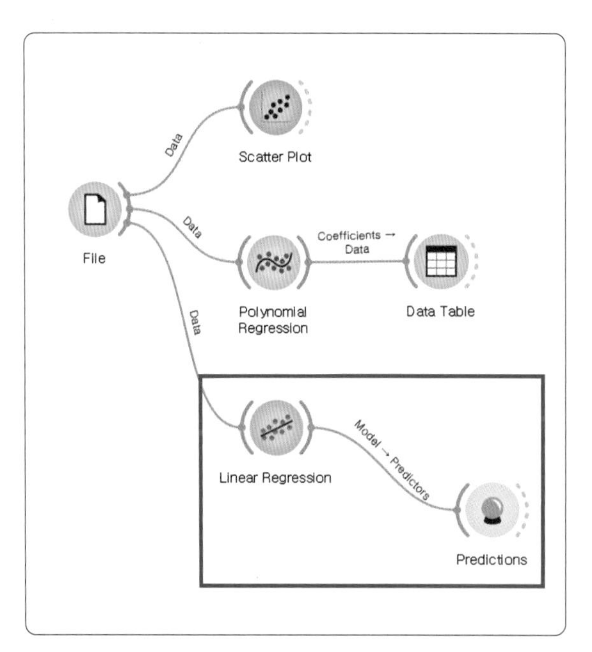

▲ **그림 9-22** [Linear Regression] 위젯과 [Predictions] 위젯을 연결한 모습

예측을 하려면 관객 수를 모르는 새로운 데이터를 넣어야 합니다. 제작비만 있는 영화 정보를 모델에 넣기 위해 새로운 [File] 위젯을 추가하고 '개봉 예정작' 엑셀 파일을 업로드합니다. '개봉 예정작' 엑셀 파일에는 곧 개봉 예정인 영화 5개의 제작비(20,340,1900,160,850가 만 달러 단위로)가 들어 있습니다. 우리는 선형 회귀 모델을 통해 제작비를 바탕으로 관객 수를 예측할 것입니다. 이처럼 제작비는 독립/원인 변수이기에 Role은 feature입니다.

TIP 실습용 엑셀 파일은 길벗출판사 홈페이지의 자료실에서 다운로드할 수 있습니다.

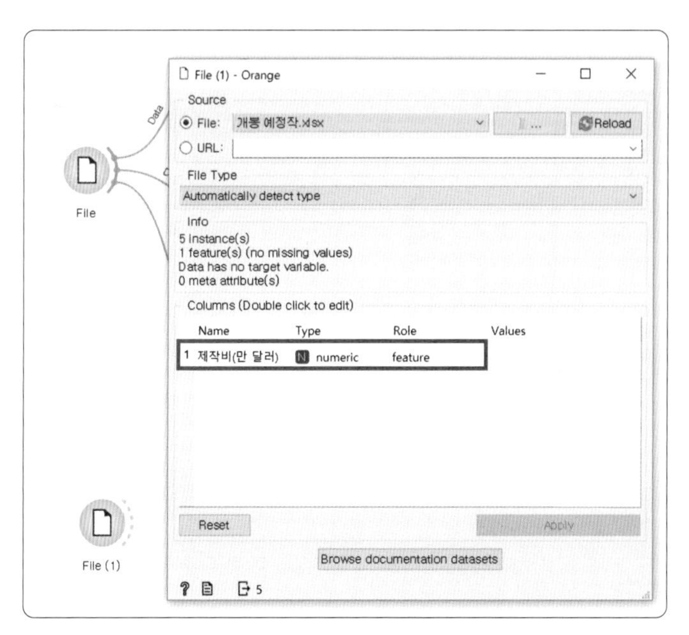

▲ **그림 9-23** 새 [File] 위젯을 추가하고 '개봉 예정작' 엑셀 파일 업로드

TIP [File] 위젯을 클릭하고 단축키 [F2]를 누르면 이름을 바꿀 수 있습니다. File과 File(1)을 헷갈리지 않도록 수정하세요. 여기서는 File(1)을 New File로 수정했습니다.

거의 다 왔습니다. 마지막으로 새 [File] 위젯과 앞에서 만든 [Predictions] 위젯을 연결하고, [Predictions] 위젯을 클릭하면 다음과 같이 선형 회귀 모델을 이용한 관객 수를 출력합니다. 제작비가 20만 달러일 땐 1300만 명, 340만 달러일 땐 3200만 명, 1900만 달러일 땐 12900만 명 등 개봉 예정작 5개의 예상 관객 수를 한번에 구해 줍니다!

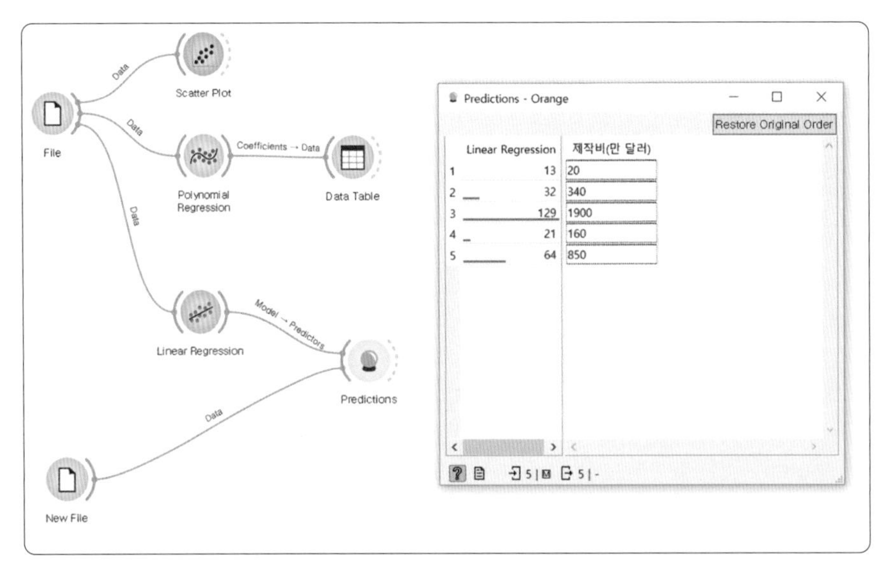

▲ **그림 9-24** [Predictions] 위젯을 활용하여 예상 관객 수 출력

데이터 속에서 경향을 찾고 이를 활용해 예측해 보니 어땠나요? 신기하다는 느낌과 함께 직접 활용해보고 싶다는 생각이 들었다면 좋겠습니다. 데이터의 세계는 무궁무진하기에 이처럼 일상생활 데이터를 이용해서 어떤 값을 예측할 수 있는 사례 역시 아주 다양합니다. 예를 들어 기온에 따른 아이스크림 판매량을 예측해보거나, 공부 시간으로 시험 성적을 예측해보는 등 관심 있는 데이터를 직접 산점도로 나타낸 다음 선형 회귀를 통해 간단한 예측까지 해보기 바랍니다.

보다 좋은 예측을 하고 싶다면

지금까지 개봉한 영화 50개의 제작비, 관객 수 데이터로 모델을 생성한 뒤 새로운 데이터(개봉 예정작 5개의 제작비)를 넣어 관객 수를 예측해보았습니다. 만약 좀 더 예측력이 좋은 모델을 만들고 싶다면 다음 세 가지를 고려해보세요.

① 더 많은 데이터 수집하기

학생들의 중간고사 성적으로 기말고사 성적을 예측한다고 가정했을 때, 한 반의 데이터만 모델을 만드는 것보다는 전체 학년의 데이터로 만드는 것이 전체 데이터의 경향을 더 잘 파악할 수 있습니다. 마찬가지로 영화 50개로 모델을 만드는 것보다는 200개로 만드는 것이 더 올바른 예측을 할 수 있겠죠. 물론 편향된 데이터가 존재하면 오히려 모델의 예측력이 떨어질 수 있으니 주의해야 합니다.

② **다양한 알고리즘 적용하기**

여기서는 머신러닝 알고리즘 중 하나인 선형 회귀만을 이용해서 모델을 만들었습니다. 하지만 데이터의 분포에 따라서 두 변수의 관계를 1차식으로 표현하는 선형 회귀만으로는 한계가 있을 수 있습니다. 이런 경우에는 2차원, 3차원 등의 함수를 사용하는 '다항 회귀'를 고려할 수 있습니다.

또한, 트리 구조를 기반으로 하는 결정 트리(Decision Tree)나 랜덤 포레스트(Random Forest) 같은 다양한 모델 알고리즘도 있습니다. 오렌지3에 있는 다양한 알고리즘으로 데이터를 학습시키고 어떤 알고리즘을 사용했을 때 예측력이 더 좋은지 그 결과를 비교해보세요.

③ **다양한 독립 변수 고려하기**

실제로는 당연히 제작비만으로 관객 수가 결정되지 않습니다. 감독의 유명세나 주연 배우의 입지, 마케팅 비용, 상영관 수, 관람 등급 등 다양한 변수들이 있기 때문이지요. 이처럼 두 개 이상의 독립 변수가 종속 변수에 영향을 미치는 경우를 모델링하는 것을 '다중 선형 회귀(Multiple Linear Regression)'라고 합니다. 이 장에서 실습한 선형 회귀는 하나의 독립 변수와 하나의 종속 변수 간의 관계를 나타내는 '단순 선형 회귀(Simple Linear Regression)'입니다. 보다 여러 요인들을 함께 고려해 예측을 하고 싶다면 다중 선형 회귀에 도전해보세요.

데이터를 깊게 보고 오해에서 벗어나기

20대 정남 씨는 최근 유행하는 유행병에 걸릴 확률을 줄이기 위해 백신을 맞을지 고민입니다. 그 와중에 친구가 메시지로 어떤 글을 보내 주었습니다.

> *이 유행병의 사망자 120명 중 95명은 백신을 맞았다고 합니다! 사망자 중 75% 이상이 백신을 맞았으므로 이 백신은 맞으면 안 됩니다. 다른 말은 모두 거짓입니다. 절대 백신을 맞지 마세요!*

정남 씨는 혼란스럽습니다. 주변 사람들은 백신을 맞기 시작했고 뉴스에서도 백신을 맞는 것을 권장하는데, 그래도 맞지 않는 게 좋을까요? 주변 사람들에게도 맞지 말라고 해야 할까요?

1 잘못된 오해, 모자이크 플롯과 조건부확률로 풀기

여러분은 차에 탈 때 안전벨트를 꼭 착용하나요? 전 좌석 안전벨트 착용 의무화는 도로교통법에 포함된 사항으로, 위반 시 과태료를 물기도 합니다. 안전벨트는 사고가 났을 때 충격으로 몸이 차 밖으로 튕겨져 나가는 것과 2차 충격을 방지하는 '생명 벨트'이기도 합니다. 그런데 누군가 어떤 통계 자료를 들고 이렇게 주장합니다.

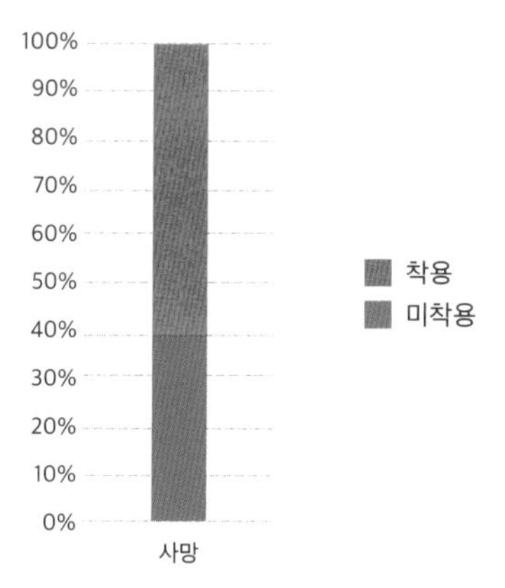

"이 데이터에 의하면 교통사고로 사망한 사람 중 60%나 안전벨트를 착용하고 있었습니다. 안전벨트는 효과가 없으므로 전 좌석 안전벨트 의무화를 폐지합시다!"

▲ **그림 10-1** 안전벨트 관련 통계 자료와 주장

이 통계 자료에 의하면 교통사고로 사망한 사람들 중 40%는 안전벨트를 착용하지 않았고 60%는 벨트를 착용하고 있었습니다. 즉, 사망한 사람의 절반 이상이 안전벨트를 하고도 사망했네요. 안전벨트를 착용하는 것이 더 위험하다는 뜻일까요? 데이터는 조작된 것이 아니라는 가정 하에, 아무리 눈을 씻고 봐도 뭔가 이상합니다. 어떤 점이 문제인지 생각해봅시다.

핵심은 바로 교통사고가 난 후 생존한 사람 수, 즉 전체 조사대상 수에 있습니다. 자세히 보면 이 사람의 주장에는 교통사고로 사망한 사람이라는 조건이 있습니다. 중요한 것은 생존한 사람들의 데이터도 함께 고려해야 한다는 것입니다. 다시 말해, 정확하게 이 데이터를 보기 위해서는 전체에 대한 모든 빈도를 고려해야 합니다.

조건부확률로 살펴보기

교통사고가 났을 때 사망하거나 생존한 경우, 그리고 안전벨트를 착용하거나 착용하지 않은 경우 각각 둘로만 단순하게 나누어 보면 총 4가지 경우를 생각할 수 있습니다. 이전에는 드러나지 않았던 모든 데이터를 나타낸 결과는 표 10-1과 같습니다.

	생존	사망
미착용	121	16
착용	443	24

▲ **표 10-1** 안전벨트 착용 여부와 생존 여부에 따른 사람 수(단위: 명)

표를 자세히 살펴보면 사망한 사람 중에서 안전벨트를 미착용한 사람과 착용한 사람의 비율이 각각 40%, 60%로 수치적인 오류도, 데이터 자체의 오류도 아니었죠. 그보다 중요한 것은 바로 안전벨트 착용과 미착용한 사람의 수입니다. 최근에는 안전벨트에 대한 인식이 높아져서 안전벨트를 착용한 사람들의 비율이 훨씬 더 높습니다. 바로 이 점이 중요합니다.

이 비율을 확률의 관점에서 살펴볼까요? 확률이란 어떤 일이 일어날 가능성을 측정하는 단위입니다. 분모, 즉 전체 사건을 무엇으로 보는지에 따라서 확률이 달라집니다. 그렇다면 안전벨트를 착용하지 않고 생존한 사람의 수인 121명은 세 가지 확률로 나타낼 수 있습니다.

첫 번째로 전체 조사 대상에 대해 안전벨트를 착용했으며 생존한 사람의 비율입니다. 604에 대한 121, 약 0.2입니다.

	생존(명)	사망(명)	합계
미착용	121	16	137
착용	443	24	467
합계	564	40	604

안전벨트를 착용하지 않고
생존한 사람의 비율

$$\frac{121}{604} = 0.20$$

▲ **표 10-2** 전체에 대한 안전벨트를 착용하지 않고 생존한 사람들의 비율

두 번째로 안전벨트를 착용하지 않았을 때 그 사람이 생존할 확률입니다. 안전벨트를 착용하지 않은 사람들은 총 137명이었고, 그중 생존한 사람이 121명이었습니다. 137에 대한 121을 비율로 나타내면 0.88입니다.

	생존(명)	사망(명)	합계
미착용	121	16	137
착용	443	24	467
합계	564	40	604

안전벨트를 착용하지 않고
생존한 사람의 비율

$$\frac{121}{137} = 0.88$$

▲ **표 10-3** 안전벨트를 착용하지 않은 사람들 중에서 생존한 사람들의 비율

마지막으로 교통사고 후 생존했을 때 그 사람이 안전벨트를 착용하지 않았을 확률은 121/564이므로 0.21 정도가 되겠죠.

	생존	사망	합계
미착용	121	16	137
착용	443	24	467
합계	564	40	604

안전벨트를 착용하지 않고 생존한 사람의 비율

$$\frac{121}{564} = 0.21$$

▲ **표 10-4** 생존한 사람들 중에서 안전벨트를 착용하지 않은 사람들의 비율

두 번째와 세 번째 경우와 같이 특정 사건이 일어났을 때의 확률을 조건부확률이라고 합니다. 사건 A가 일어났을 때 사건 B가 일어날 확률은 기호로 P(B|A)로 표현하는데, 위의 예시를 각각 P(생존|안전벨트 미착용)=0.88, P(안전벨트 착용|생존)=0.21로 표현할 수 있습니다. 참고로 조건부확률은 인공지능, 특히 머신러닝에서 아주 중요한 부분인 베이즈 법칙을 이루고 있는 핵심 개념이기도 합니다. 베이즈 법칙에 대해서는 이후에 163쪽에서 좀 더 자세히 다루겠습니다.

하지만 이렇게 숫자로 가득한 표는 이해하기가 좀 더 어려우므로 이를 막대그래프로 시각화해볼까요? 위의 표를 전체에 대한 비율로 나타낸 누적 막대그래프를 확인하면 전체 막대 영역에 대한 각 사각형의 넓이 비율을 시각화해서 나타낼 수 있지만, 생존과 사망 비율을 비교하기에는 조금 어려워 보입니다.

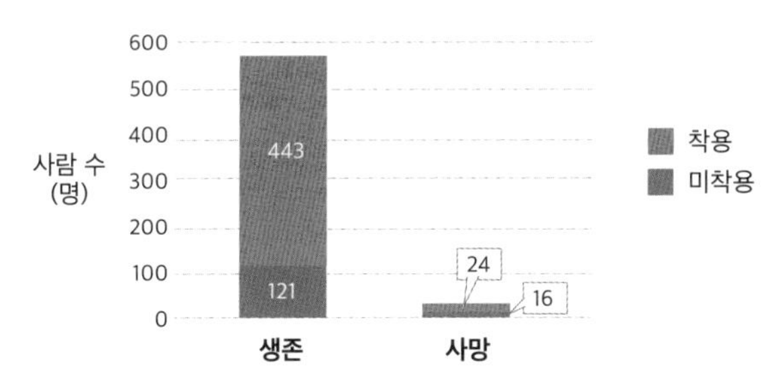

▲ **그림 10-2** 생존 여부에 따른 안전벨트 착용자 수 비교

이를 해결하기 위해서 누적 막대그래프를 백분율로 나타내기도 합니다. 이 경우는 하나의 막대에서 각 영역이 차지하는 비율을 나타내고 있습니다. 비율을 비교하기에 좋지만, 미착용과 착용의 비율은 알기 힘듭니다. 반대로 사망 여부에 따라 안전벨트 착용 여부로 나누어서 비율을 나타낸 것인데, 이 경우는 사망과 생존 비율을 알기가 힘듭니다. 다시 말해 세 가지 비율(전체에 대한 비율, 안전벨트 미착용자에 대한 비율, 생존자에 대한 비율)을 나타낸 자료 모두

표보다는 막대그래프로 시각화한 것이 비교하기에는 편하지만, 어쩔 수 없이 놓치는 정보가 생길 수 있습니다.

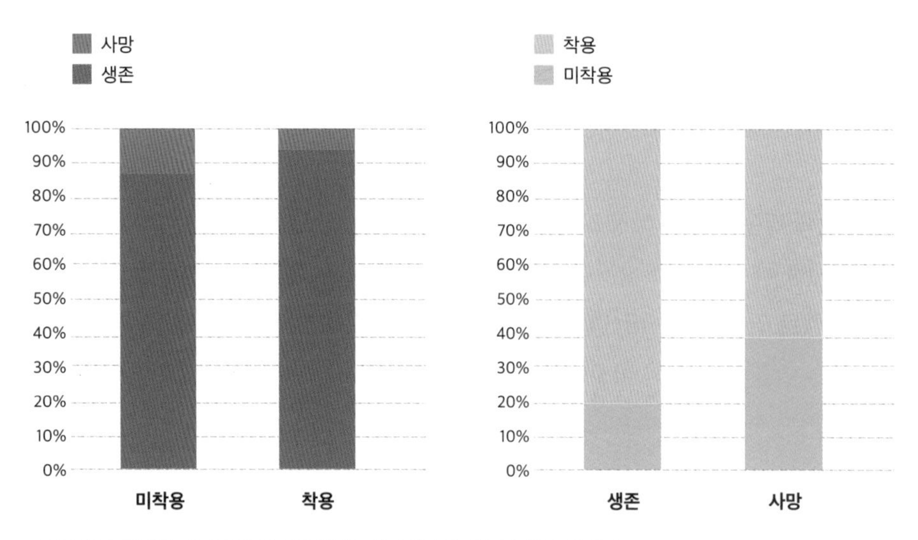

▲ **그림 10-3** 안전벨트 착용 여부에 따른 생존율, 생존 여부에 따른 안전벨트 착용률

그러면 방금 나타낸 세 확률 중에 어떤 것에 관심을 가져야 할까요? 어떤 확률이 안전벨트 착용에 따른 사망률을 볼 수 있는 자료일지 생각해봅시다. 바로 두 변수 사이에 어떤 인과관계가 있는지를 살펴봐야 합니다. 이 경우에는 안전벨트의 효과성을 확인하는 것이 목표이므로, 생존 여부에 따른 안전벨트 착용률이 아니라, 안전벨트 착용 여부에 따른 생존율을 확인하는 것이 적절합니다. 처음에 제시되었던 통계 자료에서는 생존 여부에 따른 안전벨트 착용 여부의 일부만을 보았기 때문에 오해를 일으켰던 것입니다.

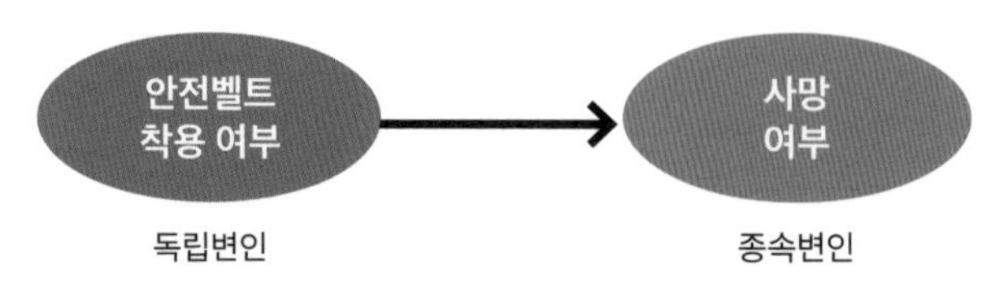

▲ **그림 10-4** 데이터에서 원인과 결과 구분하기

모자이크 플롯으로 오해를 풀기

이제 안전벨트의 효과성을 살펴볼까요? 안전벨트를 착용했을 때 생존율과 안전벨트를 착용하지 않았을 때 생존율을 비교해야 합니다. 하지만 표는 숫자가 너무 많기 때문에 직관적으로

이해하기가 어려울 수 있습니다. 그래서 '모자이크 플롯(Mosaic plot)'이라는 그림을 소개하고자 합니다. 아까 살펴본 누적 막대그래프와 상당히 비슷합니다.

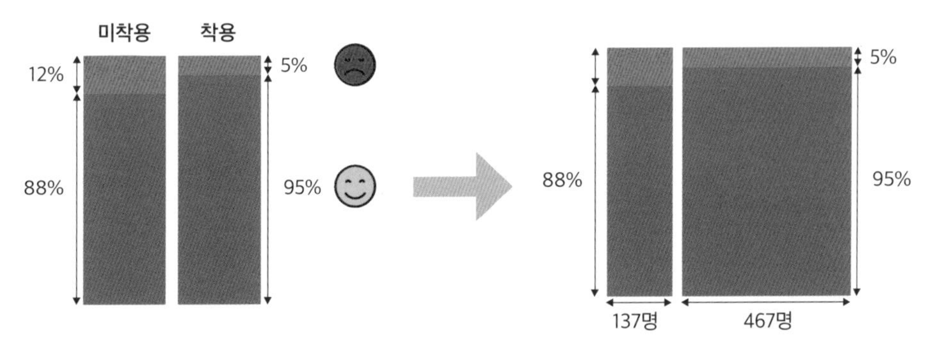

▲ **그림 10-5** 누적 막대그래프와 모자이크 플롯

그림 10-3 그래프를 다시 보면 안전벨트 착용 여부에 따른 생존율은 비교할 수 있지만, 막대의 폭이 같으므로 착용자와 미착용자의 수는 알 수 없습니다. 이 점에 착안해 가로의 길이 비를 사람 수에 정비례하도록 조정한 오른쪽의 그림이 바로 모자이크 플롯입니다. 각 직사각형의 넓이는 그 대상의 수에 정비례하기 때문에 분할표를 한눈에 알아볼 수 있습니다. 모자이크 플롯은 누적 막대그래프처럼 항목에 따른 비율 차이를 볼 수 있을 뿐 아니라 항목별 비율을 모두 비교할 수 있어 유용합니다. 또한, 8장에서 설명한 오렌지3를 사용하면 데이터를 바탕으로 모자이크 플롯을 간단하게 그릴 수 있습니다.

오렌지3를 실행한 뒤 [File] 위젯에서 안전벨트 착용 여부와 생존 결과 엑셀 파일을 불러오고 [Mosaic Display] 위젯을 클릭한 후 둘을 연결합니다. 이때 파일의 형태는 위의 표처럼 분할표 상태가 아니라 사람 수만큼의 행이 있는 원자료 형태여야 합니다. [Mosaic Display] 위젯을 클릭한 뒤 첫 번째 필터에서 원인에 해당하는 '안전벨트'를, 두 번째 필터에서 결과에 해당하는 '결과'를 클릭하면 모자이크 플롯이 나타납니다. 여기에 색을 더하기 위해 [Interior Coloring] 탭에서 '결과'를 선택하면 모자이크 플롯이 나타납니다. 1~3번의 순서가 중요합니다. 여기서 1번과 2번 순서를 바꾸면 전혀 다른 것을 의미하게 되므로 어떤 변수가 1, 2에 들어가야 할지 잘 고민해야 합니다. 우리가 궁금한 것은 생존 여부에 따른 안전벨트 착용 여부가 아니니까요!

TIP 실습에 필요한 엑셀 파일은 길벗출판사 홈페이지의 자료실에서 다운로드할 수 있습니다.

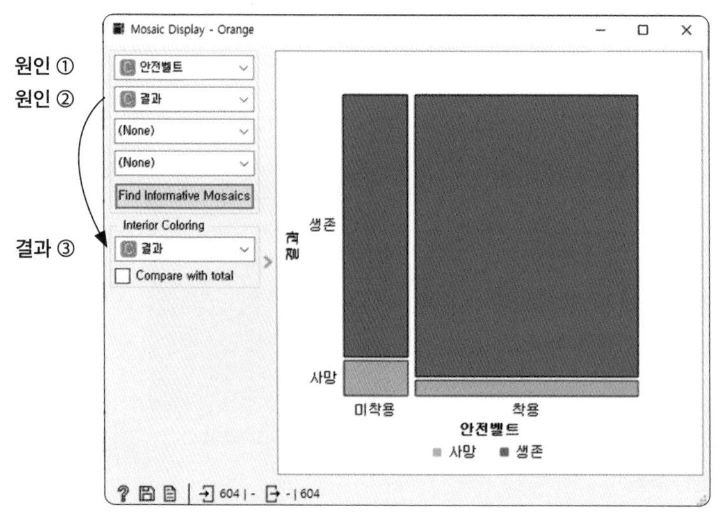

▲ **그림 10-6** 안전벨트 착용 여부에 따른 사망률을 모자이크 플롯으로 나타낸 결과

용어 정리 **원자료와 분할표**

원자료(raw data)는 아직 처리되지 않은 데이터를 의미합니다. 예를 들어 조사한 대상의 수만큼의 행으로 이뤄진 데이터입니다. 대부분 앱에서 데이터를 시각화하고자 이러한 원자료 형태로 자료를 입력받는 경우가 많습니다. 하지만 원자료를 표 상태로 보기에는 파악이 힘들기 때문에 표를 정리할 때에는 분할표를 사용해서 나타냅니다. 스프레드시트에서 '피벗테이블' 기능을 활용해 쉽게 변환할 수도 있습니다.

원자료

사람	안전벨트	생존 여부
1	착용	생존
2	미착용	생존
3	착용	사망
⋮	⋮	⋮
604	착용	사망

분할표

	착용	미착용
생존	443	121
사망	24	16

▲ **표 10-5** 원자료와 분할표

모자이크 플롯을 바탕으로 먼저 가로의 길이를 비교하면, 안전벨트 착용한 사람들이 착용하지 않은 사람들보다 훨씬 많다는 것을 알 수 있습니다. 그 다음으로 안전벨트 착용 여부에 따른 생존율에 초점을 맞추면, 조사 대상 중 안전벨트를 착용한 사람들의 생존율은 95%로, 안전벨트를 착용하지 않은 사람들의 생존율인 88%보다 더 높은 것을 알 수 있습니다. 이 조건부확률을 기호로 나타내면, P(생존|안전벨트 착용)>P(생존|안전벨트 미착용)입니다.

"이 데이터에 의하면 교통사고로 사망한 사람 중 60%나 안전벨트를 착용하고 있었습니다. 따라서 안전벨트는 효과가 없으므로 전 좌석 안전벨트 의무화를 폐지합시다!"라고 주장을 했던 사람은, 데이터를 조작하지는 않았지만 데이터를 잘못 해석했거나 다른 목적을 가지고 이러한 주장을 했을 수 있겠네요.

풀리지 않은 두 가지 문제

하지만 풀리지 않은 두 가지 문제가 있습니다. 첫째, 이 사례의 경우 우리 모두가 안전벨트를 착용하면 사고가 났을 때 상식적으로 그리고 과학적으로 생존 확률이 더 높다는 것을 알고 있는 상태입니다. 따라서 우리는 처음의 주장을 보고 바로 의심을 품을 수 있었죠. 그런데 우리가 흔히 아는 이런 상식이 아니라면 통계 자료가 이상하거나 추가 자료가 필요하다는 사실을 바로 알아차릴 수 있었을까요? 예를 들어 시작 부분에서 언급한 백신 문제와 관련된 가짜 뉴스를 보면, '사망자 수가 아닌 생존자 수는 각각 몇명이었던 것이지?'라는 의문을 바로 제기할 수 있어야 한다는 것입니다. 백신 문제도 마찬가지로 생존자 수와 사망자 수를 모두 고려해야 합니다.

둘째, 604명이라는 수입니다. 조사 대상자 수가 적다는 점입니다. 심지어 사망자 수가 40명으로 너무 적어서 나는 오차라고 누군가 반박할 수도 있을 것 같습니다. 이때 조사한 604명은 교통사고가 났던 모든 사람들을 조사한 것이 아니라, 교통사고가 났던 사람들 중 무작위로 조사한 결과라는 것을 잊으면 안 됩니다. 통계에서는 조사 대상 전체를 모집단이라고 하고, 그 중 일부에 해당하는 모집단의 성질을 추측할 수 있는 집단을 표본이라고 합니다. 이와 같이 응답을 수집할 때 표본을 어떻게 추출하는지도 중요한 문제입니다. 즉 다른 표본, 다른 사람들을 뽑아 조사를 해보면 또 전혀 다른 결과가 나올 수 있다는 것에 유념해야 합니다. 따라서 처음 응답을 수집할 때 편향되지 않은 그리고 충분히 많은 표본을 추출해야 합니다.

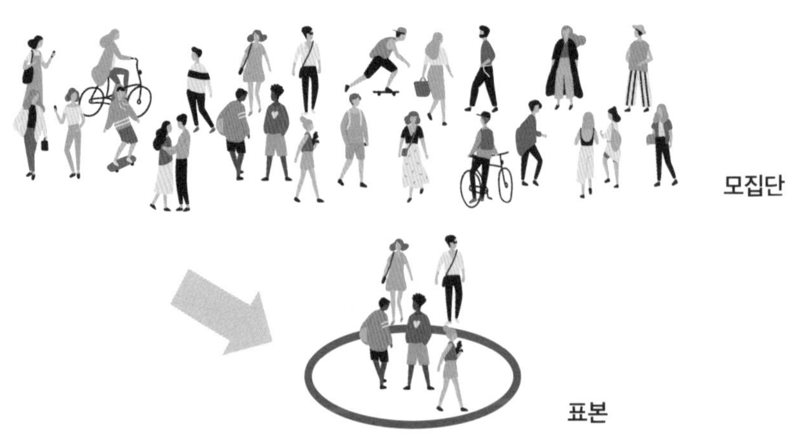

▲ **그림 10-7** 모집단과 표본

2 두 집단으로 나누니 정반대 결과가 나오는 역설

대학교 입학에 차별이?

앞에서 다룬 데이터는 '안전벨트 착용 여부'와 '생존 여부' 두 변량을 다룬 데이터였습니다. 이번에는 세 개의 변량에 대한 데이터를 어떻게 모자이크 플롯으로 나타내고 인사이트를 얻을 수 있는지 다뤄보겠습니다. 다음의 자료는 어떤 대학교의 세 학과에 지원한 학생들의 성별에 따른 합격률 데이터입니다.

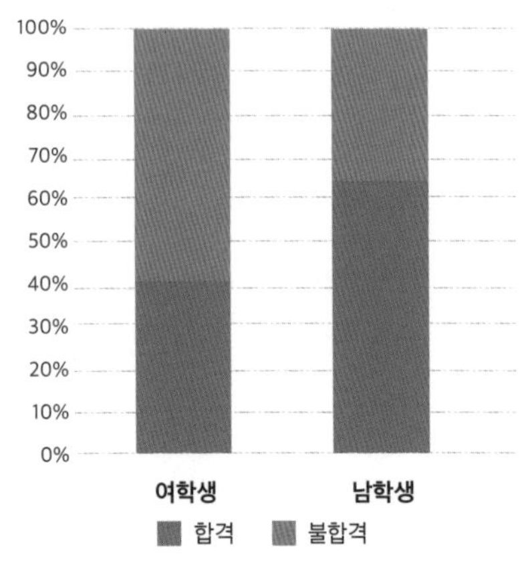

▲ **그림 10-8** 성별에 따른 합격률 그래프

그래프를 보면 여학생들의 합격률이 남학생의 합격률보다 낮네요. 여학생은 42% 남학생은 64%입니다. 이 통계자료를 바탕으로 누군가가 대학에 "여학생의 합격률이 22%p나 더 낮은데 뭔가 입학 과정에서 차별이 있지 않았나요?"라고 이의 제기를 했고, 대학교는 전혀 그런 일은 없다고 주장합니다. 그러면 차별이 있지 않다는 것을 주장하려면 어떤 자료를 제시해야 할까요?

대학교 측에서 '전체 지원자의 분포를 한번 봐야 할 것 같다'고 합니다. 그래서 전체 지원자 수와 합격자 수를 모자이크 플롯으로 비교해봤습니다.

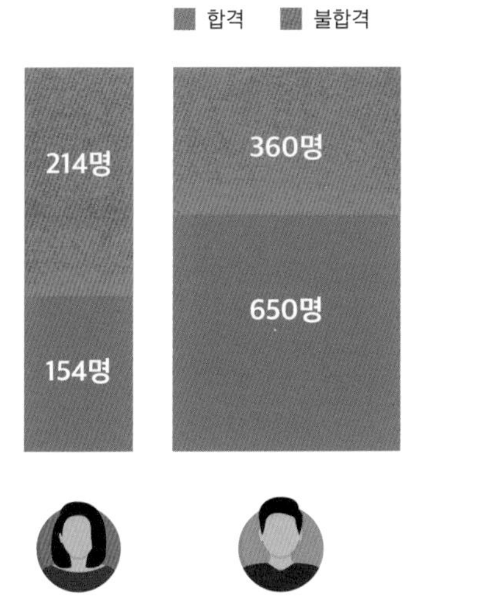

▲ **그림 10-9** 성별에 따른 합격률을 모자이크 플롯으로 나타낸 결과

그림 10-9를 보면 일단 여학생 지원자 수가 남학생 지원자보다 현저히 적다는 것을 알 수가 있습니다. 여학생 지원자는 300명 정도이고 남학생 지원자는 1000명이 넘지만, 일단 비율의 차이가 있는 것은 사실입니다. 대학교에서는 차별은 없었다고 하는데 대체 어떻게 된 일일까요?

A 학과: "우리 학과와 B 학과에서는 정반대로 여학생의 합격률이 더 높습니다."

어떻게 세 개 중 두 학과에서는 합격률이 여학생이 더 높은데, 합쳤을 때는 반대의 결과가 될까요? 대체 이 세 학과는 각각 어떤 학과일까요? 경쟁률에 차이가 있거나 지원하는 학생들의 특성이 달랐을까요? 이제 학과별로 나누어서 데이터를 살펴봐야 할 필요성을 느꼈다면 좋겠습니다.

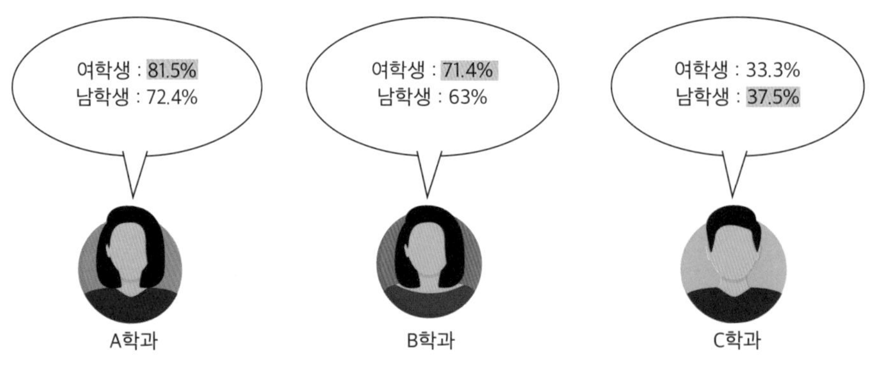

▲ **그림 10-10** 학과별 성별 합격률

A, B, C 학과에서 각각 합격률 데이터를 구했더니 위와 같이 실제로 비율에 차이가 있었습니다. A, B 학과에서는 여학생이 각각 9%p, 8%p 더 높았고, C 학과에선 남학생이 4%p 정도 더 높았습니다. 두 학과 모두 여학생의 합격률이 더 높고 비율의 차이도 꽤 커 보이는데, 혹시 각 학과의 성별에 따른 지원자 수가 많이 다르지 않았을까요? 세 학과의 성별에 따른 합격률을 한눈에 알아보기 위해 모자이크 플롯으로도 나타내봅시다.

모자이크 플롯으로 오해 풀기

전체 데이터를 조사해본 결과 다음과 같았습니다.

	여학생 합격률			**남학생 합격률**		
	합격자 수	지원자 수	합격률	합격자 수	지원자 수	합격률
A 학과	44	54	81.5%	420	580	72.4%
B 학과	10	14	71.4%	170	270	63%
C 학과	100	300	33.3%	60	160	37.5%
총	154	368	41.8%	650	1010	**64.4%**

▲ **표 10-6** 입학 통계를 정리한 결과

그리고 전체 합격률에 대한 모자이크 플롯을 학과별로 나누면 다음과 같습니다.

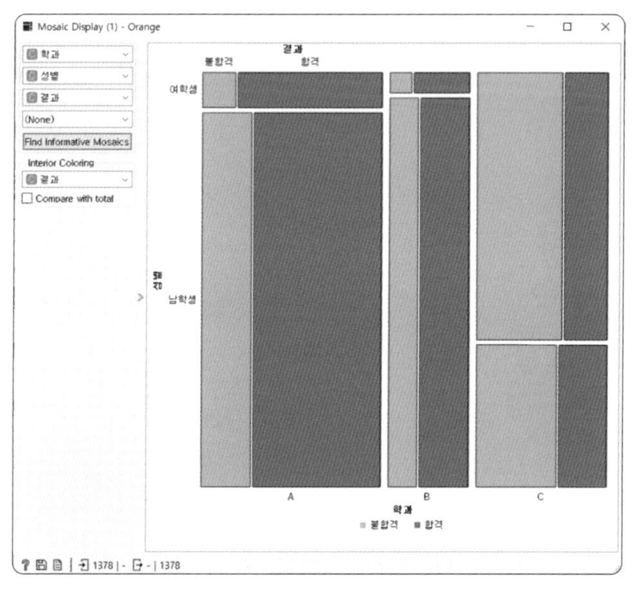

▲ **그림 10-11** 입학 통계를 모자이크 플롯으로 나타낸 결과

통계에 반전이 있었던 이유를 혹시 발견했나요? A, B 학과에서는 여학생의 지원자 수 자체가 남학생 지원자 수보다 훨씬 적습니다. 그리고 반대로 C 학과에서는 여학생의 지원자 수가 남학생의 지원자 수보다 훨씬 많습니다. A, B 학과는 아무래도 남학생이 여학생보다 좀 더 선호하는 학과이고, C 학과는 여학생이 조금 더 선호하는 편인 것 같습니다.

또한, 학과별 지원자 수에도 차이가 있습니다. A 학과는 600명 대이고, B 학과는 약 300명, C 학과는 460명 정도입니다. C 학과에 지원한 여학생 수는 A, B 학과에 지원한 여학생 수보다 4~5배 정도 되는 것 같습니다. 결국 A, B 학과보다 여학생들이 훨씬 많이 지원한 C 학과에서 여학생의 합격률이 조금 더 낮았고, 그 낮은 합격률에 가중치가 부여돼서 전체 학과의 여학생 합격률이 낮았던 것입니다. 예상대로 C 학과의 통계 자료에 반전이 숨어 있었네요.

전체 데이터를 놓고 보면 남학생의 합격 비율이 더 높았지만, 학과로 나누었을 때는 오히려 여학생의 합격 비율이 높았습니다. 이처럼 부분에서 성립한 대소 관계가 그 부분들을 종합한 전체에서는 성립하지 않는 역설적인 경우를 '심슨의 역설'이라고 했습니다. 이 예시 데이터는 심슨의 역설의 대표적인 사례인 실제 버클리 대학의 합격률 데이터를 간단히 한 것으로, 실제로 성차별이 있지 않냐는 이의 제기가 있기도 했던 사건입니다. 그렇게 보였던 이유는 여학생들이 많이 지원한 C 학과는 합격률이 비교적 낮았던 인문학 계열이었고, 남학생들이 많이 지원한 A 학과와 B 학과는 비교적 합격률이 높았던 공학 계열이었기 때문입니다. 이처럼 데이터가 가지고 있는 여러 속성이나 크기를 고려하지 않고, 변수를 생략해서 일부 자료만 보게 된다면, 이렇게 전혀 다른 결과와 해석을 할 수 있으니 데이터의 분포를 잘 살펴봐야 합니다.

▲ **그림 10-12** 성별에 따른 합격률 데이터의 비밀

그렇다면 누군가는 이렇게 질문을 할 수 있을 것 같습니다.

> *"여학생과 남학생 합격률 사이에 차이가 있다는 것인가요? 반대로 남학생이 더 불리하다고 볼 수 있는 거 아닌가요?"*

핵심을 찌르는 질문입니다. 여기서 중요한 것은 '어느 정도여야 비율에 차이가 있다고 할 수 있는가'에 대한 문제입니다. 데이터마다 정확히 같은 비율로 나오기는 어렵기 때문에, 입학 과정에서 차별이 없다고 해도 약간의 오차는 있을 수밖에 없습니다. 하지만 51%, 49%인 경우와 60%, 40%인 경우, 그리고 10%, 90%인 경우는 분명히 차이가 있습니다. 즉, 이 차이가 우연인지 아닌지를 판단할 수 있는 통계적인 도구가 바로 '가설 검정'입니다. 결론만 얘기하면, 각 학과에서 여학생과 남학생 입학률 사이에 '유의미한 차이가 없다'는 결론이 나옵니다. 사실 직관적으로도 그렇게 큰 차이가 없다고 느껴지지 않나요? 가설 검정에 대해서는 159쪽에서 자세히 설명하겠습니다.

이번 장에서 살펴본 안전벨트 통계자료, 대학 입학률 통계자료와 같이 우리 주변에서 흔히 볼 수 있는 통계자료에서 한 변수에 대한 통계자료만 가지고 주장을 한다면 충분히 오해를 살 수 있습니다. 따라서 통계자료를 바라볼 때, 숨은 변수는 없는지, 조사한 표본의 크기는 적당했는지, 누가 조사한 자료인지를 먼저 찾아보고 질문을 던지는 습관을 들여야 오해가 생기지 않습니다. 얕은 통계의 거짓말에 속지 않아야 일상생활에서 합리적인 의사결정을 할 수 있겠죠?

데이터로 더 깊은 세상을 바라보려면 데이터를 다차원적으로 바라보는 것이 중요합니다. 누군가 통계자료로 어떤 주장을 한다면 중요한 변수를 제외하고 주장한 것은 아닌지, 데이터가 편향된 것은 아닌지 등의 의문을 제기할 수 있는 힘이 필요합니다. 이때 모자이크 플롯은 이렇게 몇 가지 항목으로 분류되는 데이터를 효과적으로 시각화하고 분석할 수 있도록 도와줍니다. 여러 그룹에 따라 모자이크 플롯을 그려보며 데이터를 다각도로 이해하고 인사이트를 얻어보세요!

11장 코로나19 검사 결과, 믿어도 될까?

얼마 전부터 잔기침이 나오고 목이 아팠던 직장인 현우 씨는 코로나19인가 걱정되어 약국에 가서 코로나 자가진단 키트를 구입했습니다. 검사 결과 음성이 나왔지만, 계속 증상이 있어서 출근을 해도 되는지, 본인이 정말 음성이 맞는지 고민이 되었습니다. 간혹 자가진단 키트 검사 결과가 음성이더라도 실제로 양성일 수도 있다고 하던데, 현우 씨는 지금의 결과를 믿어도 될까요?

▲ **그림 11-1** 코로나19 검사 자가 키트

1 검사의 정확성을 높이는 열쇠: 민감도와 특이도

2019년 말 처음 코로나가 시작된 후 우리의 일상에 많은 혼란과 변화들이 있었죠? 코로나와의 전쟁이 장기화되자 2022년 의료인들의 부담을 줄이기 위해 기존에 PCR 검사로만 코로나 양성 여부를 판정하다 추가로 '신속항원검사'를 도입했습니다. 처음 신속항원검사가 도입될 때 정확도에 대한 논란이 많았던 것을 기억할 것입니다. 실제로 2022년 1월 26~31일 동안 41개 선별진료소의 신속항원검사를 분석한 결과, 양성 판정 중 76.1%가 진짜 양성이고 23.9%

가 거짓 양성이었다고 합니다. 하지만 음성을 옳게 음성으로 진단한 확률은 99.2%로 높게 나타났습니다.

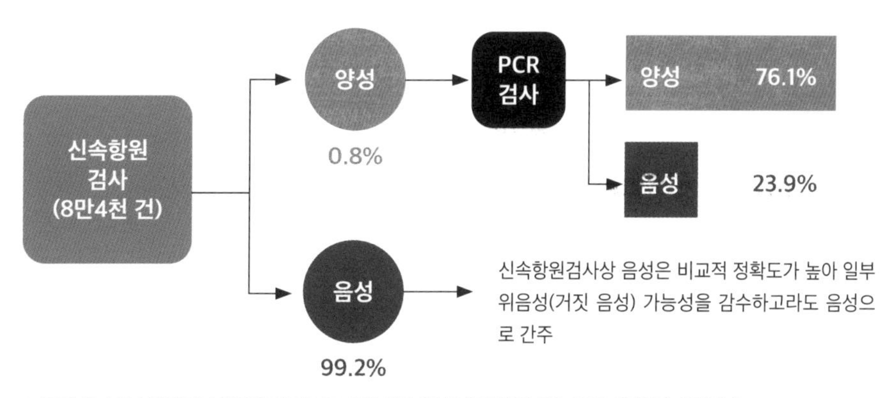

▲ **그림 11-2** 신속항원검사 결과에 따른 PCR 검사 최종 확진 판정 비율(출처: 중앙재난안전대책본부)

여기서 양성을 옳게 양성으로 진단할 확률을 '민감도(Sensitivity)', 음성을 옳게 음성으로 진단할 확률을 '특이도(Specificity)'라고 합니다. 민감도와 특이도는 검사키트 성능을 평가하는 기준으로, 실제로 식약처는 민감도 90%, 특이도 99% 이상으로 성능이 입증된 검사키트만을 진단기기로 허가했습니다. 그렇다면 검사키트의 민감도와 특이도는 어떻게 구하는 걸까요? 지금부터 함께 알아봅시다.

일단 코로나 검사를 했을 때 나올 수 있는 경우는 4가지입니다. 질병이 없는데 음성으로 판단한 경우와 양성이라고 판단한 경우, 질병이 있는데 음성으로 판단한 경우와 양성으로 판단한 경우입니다.

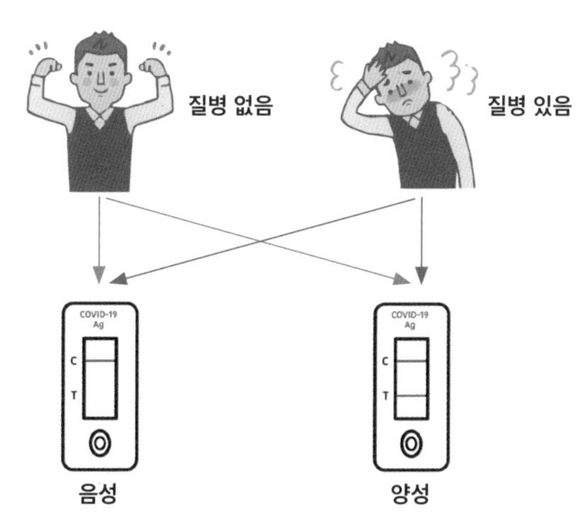

▲ **그림 11-3** 코로나 진단 키트 검사 결과

표로 나타내면 다음과 같이 정리할 수 있습니다.

	검사 결과 음성	검사 결과 양성
질병 없음	진짜 음성(True Negative)	거짓 양성(False Positive)
질병 있음	거짓 음성(False Negative)	진짜 양성(True Positive)

▲ **표 11-1** 코로나 진단 키트 검사 결과로 나올 수 있는 4가지 경우

음성을 음성으로 판단한 것은 참이니 진짜 음성(True Negative), 음성을 양성으로 판단한 것은 거짓이니 거짓 양성(False Positive)이라고 하겠습니다. 마찬가지로 양성을 음성으로 판단한 것은 거짓이니 거짓 음성(False Negative), 양성을 양성으로 판단한 것은 참이니 진짜 양성(True Positive)이라고 하겠습니다.

먼저 민감도는 양성을 옳게 양성으로 진단할 확률이니, 검사 결과가 양성인 사람 수를 실제 질병이 있는 사람 수로 나누면 됩니다.

$$\text{민감도} = \frac{\text{진짜 양성(TP)}}{\text{진짜 양성(TP)} + \text{거짓 음성(FN)}} \times 100$$

	검사 결과 음성	검사 결과 양성
질병 없음	진짜 음성(True Negative)	거짓 양성(False Positive)
질병 있음	거짓 음성(False Negative)	진짜 양성(True Positive)

▲ **표 11-2** 코로나 진단 키트 검사 결과: 민감도

반대로 '특이도'는 음성을 옳게 음성으로 진단할 확률입니다. 즉, 검사 결과가 음성인 사람 수를 실제 질병이 없는 사람의 수로 나누면 됩니다.

$$\text{특이도} = \frac{\text{진짜 음성(TN)}}{\text{진짜 음성(TN)} + \text{거짓 양성(FP)}} \times 100$$

	검사 결과 음성	검사 결과 양성
질병 없음	진짜 음성(True Negative)	거짓 양성(False Positive)
질병 있음	거짓 음성(False Negative)	진짜 양성(True Positive)

▲ **표 11-3** 코로나 진단 키트 검사 결과: 특이도

실제로 국내에 승인되었던 코로나 진단 키트의 민감도와 특이도를 보면 다음과 같습니다.

	K 제약	S 제약	H 제약	R 제약
민감도	93.15%	94.94%	92.9%	93.1%
특이도	100%	100%	98.9%	100%

▲ **표 11-4** 코로나 진단 키트 민감도와 특이도

표 11-4에 따르면 민감도는 모두 90% 이상이고 특이도는 100%에 가깝습니다. 이렇게 민감도와 특이도가 대체로 높은 검사 키트로 검사를 했는데, 왜 실제로는 양성으로 진단된 사람 중 76.1%만 진짜 감염자로 판정되었을까요? 검사 방법을 제대로 숙지하지 않아서 또는 검사 도구 자체의 오류일 수도 있지만, 그것만으로 설명하기엔 차이가 꽤 큽니다. 이 의문을 해결하기 위해 가상의 시나리오를 생각해봅시다.

2 코로나19 검사 정확도 99%의 맹점

가상의 제약 회사인 '길벗 제약'에서 오랜 연구를 거쳐 민감도 99%, 특이도 99%의 코로나 진단 키트를 개발했다고 가정합시다. 완벽하지는 않지만 상당히 좋은 검사 도구인 것 같죠? 그렇다면 길벗 제약 키트로 양성 판정이 나온 결과는 거의 오류가 없다고 생각해도 될까요? 다시 말해, 검사 결과가 양성일 때 해당 질병이 실제로 있을 확률이 높을까요?

답은 '유병률에 따라 다르다'입니다. '유병률(Prevalence rate, 有病率)'이란, 어떤 지역에서 어떤 시점에 조사한 병에 걸린 사람의 수를 그 지역 인구수에 대해 나타내는 비율입니다. 만약 어떤 지역의 인구 총 1만 명 중 건강한 사람이 9990명, 병에 걸린 사람이 10명이면 유병률은 0.1%인 것입니다.

$$\text{유병률} = \frac{\text{진짜 양성(TP)} + \text{거짓 음성(FN)}}{\text{전체 인구}} \times 100$$

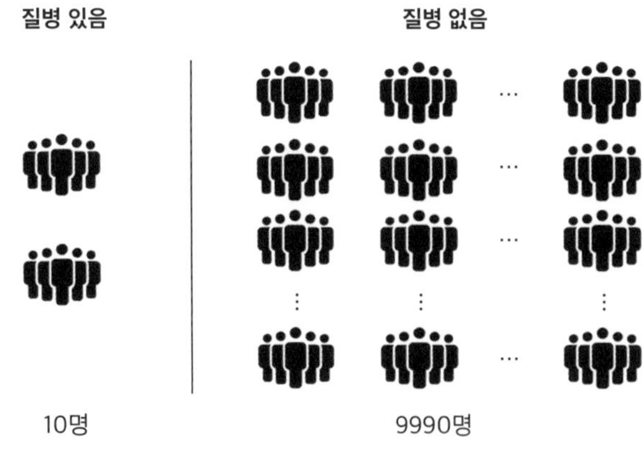

▲ **그림 11-4** 1만 명에서 유병률이 0.1%인 경우

유병률이 0.1%인 상황에서 길벗 제약의 진단 키트를 가지고 양성 또는 음성인지 판단을 해 봅시다. 민감도와 특이도가 모두 99%이므로 병에 걸렸든 걸리지 않았든 길벗 제약에서 개발한 검사의 정확성은 99%입니다. 따라서 병이 있는 10명 중 99%인 9.9명(10명×99/100)은 정확하게 판별될 것이니 10명 모두 양성 판정을 받았다고 할 수 있으며, 병이 없는 9990명 중 99%가 정확히 진단되니 음성 판정을 받은 사람은 9890명이고 양성 판정을 받은 사람은 100명이 됩니다. 즉, 길벗 제약의 진단 키트로 양성 판정을 받는 사람의 수는 실제로 병이 있는 10명과 실제로 병이 없는 100명입니다. 이렇게 양성 판정을 받은 110명 중 병이 있는 사람의 수는 단 10명뿐인데, 이를 비율로 변환하면 10/110 = 1/11입니다. 이럴 수가! 열심히 연구해 정확도를 높인 키트로 검사를 했는데, 양성 판정을 받은 사람들 중 실제로 병이 있는 사람의 비율은 채 10%가 안되는 놀라운 현상이 벌어집니다.

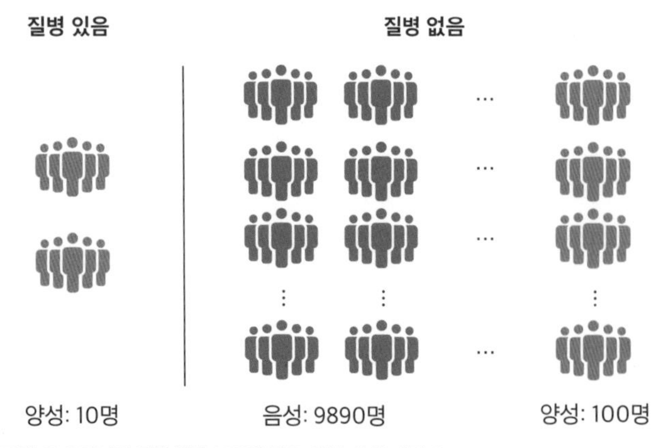

▲ **그림 11-5** 검사의 정확성이 99%인 경우 양성, 음성 판정 수

검사의 정확성이 99%면 오차가 별로 없을 줄 알았는데, 실제로 병에 걸린 사람 자체가 적으니 오차가 많이 발생합니다. 왜 이런 현상이 발생하는 걸까요? 민감도와 특이도는 감염자와 비감염자가 각각 확인된 상태에서 양성 혹은 음성으로 진단되는지 그 비율을 확인한 것이기 때문에 검사 자체의 정확도는 알 수 있지만 양성 예측의 비율은 장담할 수 없기 때문입니다.

참고로 대한진단검사의학회와 질병관리청이 2020년 12월 3일에 발표한 '코로나바이러스감염증-19 검사실 진단 지침'을 보면 '항원 검사의 낮은 민감도, 특이도와 국내 코로나19 유병률(2020년 11월 30일 기준 0.06%)을 고려하면, 현재 코로나19 항원 검사를 국내에서 급성기 진단 또는 선별 목적으로 사용하기는 어렵다'고 작성되어 있습니다. 암호처럼 복잡해 보였던 이 설명이 이제 이해가 되죠?

아울러 신속항원검사가 도입이 논의되었을 때 일부 국내 전문가들은 코로나19 양성률이 10% 이상일 경우에만 항원 검사를 도입해야 한다고 주장했습니다. 이 10%는 유럽질병예방통제센터(ECDC)에서 정한 기준이기도 합니다. 왜 유병률 10%가 신속항원검사의 도입의 기준으로 정해졌는지 생각해보기 위해, 식약처 허가 기준인 민감도 90%, 특이도 99%인 검사로 유병률에 따라 양성 예측 정도가 얼마나 차이 나는지 확인해봅시다.

▲ **그림 11-6** 유럽질병예방통제센터(ECDC) 마크

실제 감염자 비율 (유병률)	1%	2%	3%	5%	**10%**
양성 예측도	47.6	64.7%	73.6%	82.6%	**90.6%**

▲ **표 11-5** 유병률에 따른 양성 예측도(출처: 식품의약품안전처 보도참고자료 2022.2.7)

여기서 '양성 예측도'는 코로나 진단 키트로 검사한 결과가 양성으로 진단된 사람들 중에서 진짜 양성인 확진된 비율을 말합니다. 유병률이 1%일 때의 양성 예측도는 47.6%, 유병률 3%일 때는 73.6%, 유병률 10%가 되었을 때 양성 예측도가 90%를 넘었습니다. 유병률이 10% 이상

이 되어야 비로소 양성 판정으로 나온 사람 중 90%가 진짜 양성일 확률이 되는 거죠. 이처럼 양성 예측도는 감염 상황에 따라 유동적이며, 감염된 사람이 많으면 높아지고 감염된 사람이 적으면 낮아지는 것을 알 수 있습니다.

표 11-6은 코로나 진단 검사의 특징을 비교한 것으로, PCR의 검사 결과가 신속항원검사보다 더 정확하지만 유병률이 충분히 높다면 양성 예측도에 큰 차이가 없을 것입니다. 실제로 중앙재난안전대책본부는 2022년 5월 23일부터 입국 전 코로나19 검사로 전문가용 신속항원검사를 인정했는데, 당시의 유병률은 30%를 넘은 상황이었고, 신속항원검사가 PCR보다 검사 소요 시간이 짧고 비용이 덜 든다는 점을 고려한 결정임을 알 수 있습니다.

구분	유전자 진단(PCR)	신속항원검사
시간	약 3~6시간	약 15~20분
민감도/특이도	민감도: 98% 이상	민감도: 90%
	특이도: 100%	특이도: 96~99%
장점	정확도 높음	검사 시간 짧고 저비용
단점	검사 시간 길고 고비용	PCR 대비 정확도 낮음

▲ **표 11-6** 코로나 진단 검사법 비교

3 가설 검정의 미묘한 밸런스: 1종 오류와 2종 오류

앞서 민감도와 특이도가 같아도 유병률에 따라 검사의 정확도가 달라지는 것을 확인했습니다. 이러한 개념은 진단 검사의 결과 해석과 의사결정에 중요한 영향을 미칩니다. 이번에는 검사 결과의 정확성과 관련해 외부 환경 요인이나 사례의 특정 맥락이 아닌 검사 과정 자체에서 발생할 수 있는 오류를 다뤄보겠습니다. 표 11-7에서 검사 결과가 정확한 경우는 '음성을 음성으로 판단한 경우'와 '양성을 양성으로 판단한 경우'입니다. 반대로 '음성을 양성으로 판단한 경우'와 '양성을 음성으로 판단한 경우'는 오류 즉, 거짓 양성과 거짓 음성인 경우입니다.

	검사 결과 음성	검사 결과 양성
질병 없음	진짜 음성(True Negative)	거짓 양성(False Positive)
질병 있음	거짓 음성(False Negative)	진짜 양성(True Positive)

▲ **표 11-7** 코로나 검사 결과 속 오류: 거짓 양성, 거짓 음성

거짓 양성과 거짓 음성을 통계학적 용어로 각각 '1종 오류(Type I Error)'와 '2종 오류(Type II Error)'라고 합니다. 둘 다 오류이지만 1종 오류와 2종 오류는 성격이 다른 오류이고, 때에 따라서는 둘 중 한쪽이 더 중요합니다. 예를 들어 코로나 검사에서는 실제 코로나가 아닌데 코로나에 걸렸다고 진단한 1종 오류보다, 실제로 코로나에 걸렸는데 아니라고 진단한 2종 오류가 더 심각한 문제가 됩니다. 1종 오류에서는 추가 진단이나 치료 과정을 통해 코로나가 아님을 곧 알게 되겠지만, 2종 오류는 환자가 코로나에 걸린 사실을 모르고 다니면서 주변에 전파가 될 수도 있고 치료 시기가 늦어져 위험할 수 있기 때문입니다.

		예측값	
		음성	양성
실제값	음성	정확함(Correct)	1종 오류(Type I Error)
	양성	2종 오류(Type II Error)	정확함(Correct)

▲ **표 11-8** 1종 오류, 2종 오류

1종 오류와 2종 오류는 통계 및 연구 분야에서 매우 중요한 개념이며, 가설 검정과 통계적 분석에서 자주 다룹니다. '가설 검정'이란, 어떤 주장이나 증명되지 않은 이론이 데이터를 통해 지지되는지 아니면 기각되는지를 판단하는 과정입니다. 이를 위해 먼저 두 가지 가설을 설정합니다. 하나는 일반적으로 어떤 변화나 효과가 없다는 '귀무 가설(Null hypothesis)'이고, 다른 하나는 귀무 가설을 기각하려는 가설이자 연구자가 주장하려는 '대립 가설(Alternative hypothesis)'입니다. 다음으로 연구자는 해당 주장을 검증하기 위해 필요한 데이터를 수집하며, 어느 정도 결과가 나올 때 변화나 효과가 있다고 판단할지 그 기준을 결정합니다. 이를 '유의 수준(Significance level)'이라고 부릅니다. 가설 검정에서 허용할 수 있는 오류의 확률을 결정하는 것이죠. 이 유의수준이 높다면 어떤 결과에 관대한 것이고, 낮다면 엄격한 것입니다. 새로운 용어들이 많이 나와서 낯설고 어렵게 느껴질 수 있으니 예를 들어볼까요?

어떤 제약 회사에서 다이어트에 도움을 주는 약을 만들고 임상 실험을 진행한다고 해봅시다.

제약 회사가 다이어트에 도움을 주는 약의 효과를 증명하려면 다음과 같은 가설을 설정할 수 있습니다.

✔ 귀무 가설 (H0): 이 약은 다이어트에 도움이 되지 않는다.

✔ 대립 가설 (H1): 이 약은 다이어트에 도움이 된다.

▲ **그림 11-7** 신약을 만들 때 약의 효과를 증명하는 데 필요한 임상 실험

여기서 1종 오류는 귀무 가설이 사실임에도 불구하고 우연히 통계적으로 유의한 결과를 얻는 경우입니다. 다시 말해, 실제로는 이 약이 다이어트에 도움이 되지 않지만, 실험에서는 효과가 있다고 나오는 것이죠. 이 경우 제약 회사가 1종 오류를 간과하고 비효과적인 약을 시장에 내놓는다면 소비자들이 피해를 입게 됩니다. 따라서 이를 방지하기 위해, 즉 1종 오류의 확률을 낮추기 위해 연구자는 유의 수준을 적절히 설정해야 하는데, 보통 0.05(5%) 또는 0.01(1%)로 설정합니다. 반면 2종 오류는 실제로는 약이 다이어트에 도움이 되는데도 불구하고, 실험 결과에서 그 효과가 없다고 나오는 상황입니다. 약은 효과가 있었지만, 실험에 사용된 표본 크기가 작거나 개인의 식사나 운동량 등의 영향을 받아 실험 결과에 반영되지 않은 경우라고 볼 수 있죠. 열심히 개발한 약의 효과가 인정받지 못한다면 제약 회사에게 손해입니다. 이러한 오류를 피하기 위해 효과가 실제로 존재할 때 이를 검출할 확률인 '검정력'을 고려합니다. 검정력을 높이는 방법으로는 표본의 크기를 늘리거나 검정의 유의 수준을 조정하는 것이 있습니다.

따라서 새로운 사실 및 결과에 대해 검증할 때는 1종 오류와 2종 오류의 가능성을 함께 고려하면서 검사 결과를 해석해야 합니다. 그런데 1종 오류를 줄이기 위해 검정의 유의 수준을 감소시키면 2종 오류의 가능성이 높아질 수 있고, 반대로 2종 오류를 줄이기 위해 검정력을 증가시키면 1종 오류의 가능성이 높아질 수 있습니다. 즉, 두 오류 중 하나를 줄이려고 하면 다른 하나가 증가하는 상충 관계가 있기 때문에, 연구나 실험 설계에서는 이러한 두 오류 사이의 균형을 잘 맞추는 것이 중요합니다.

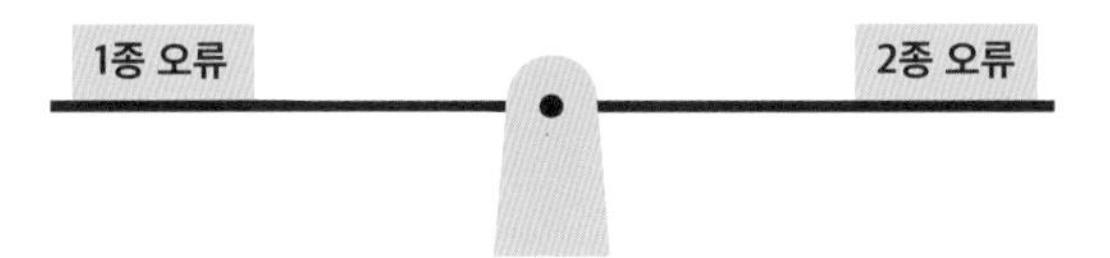

▲ **그림 11-8** 1종 오류와 2종 오류 사이의 균형

결국 연구자는 목적과 상황에 따라 적절한 유의 수준과 검정력을 설정해야 합니다. 예를 들어 코로나 진단 키트를 개발하는 상황에서는 1종 오류보다 2종 오류를 낮추는 것이 중요하니, 유의 수준을 낮추기보다는 검정력을 높이는 쪽을 더 고려할 것입니다. 또한, 데이터의 품질과 양 그리고 사용하는 통계적 방법론도 이러한 오류의 확률에 큰 영향을 미치므로 신중하게 선택해야 합니다. 이처럼 1종 오류와 2종 오류 사이의 균형을 맞추는 것은 중요하며, 연구의 설계부터 해석까지 모든 단계마다 지속적인 관찰과 주의가 필요합니다.

이번 장에서는 코로나19 검사 결과의 정확성을 가지고 두 가지 관점에서 오류를 찾아보았습니다. 통계와 의학 개념까지 합쳐져 다소 난이도가 있었지만, 결국 데이터를 이해하고 해석해 의사결정에 활용한다는 내용이었습니다. 의학 분야가 아니더라도 모든 분야에서 어떤 결론과 관련해 환경적인 영향이나 검사 자체의 오류 등을 고려해 더 신뢰성 있는 결과를 도출하고자 노력하는 것은 매우 중요한 일입니다. 데이터를 해석할 때 주의하고 신경 써야 하는 것들이 점점 더 많아진다고요? '아는 만큼 보인다'고 우리의 데이터 리터러시 감각이 열심히 길러지고 있으니 좀 더 힘을 내봅시다!

편견도 데이터로 수정이 될까?

주희 씨는 친구에게 민호 씨를 소개받아 만나려고 합니다. 평소 이상형이 친절하고 재미있는 사람인 주희 씨는 민호 씨가 친절하고 재미있는 사람이라는 친구의 말에 잔뜩 기대를 했습니다. 그리고 실제로 만나기 전에 두 사람은 문자로 대화를 나누었습니다.

주희 그러면 저희 몇 시에 어디서 볼까요?

민호 맛나 레스토랑에서 6시 반에 만나는 것이 어떨까요?

주희 네 좋습니다^^ 좋은 레스토랑 알아봐 주셔서 감사해요!

민호 그럼 그때 뵙겠습니다.

주희 네 알겠습니다!

하지만 주희 씨는 문자를 주고받으면서 민호 씨의 말투가 다소 무뚝뚝하다고 느껴졌습니다. 짧은 대화를 통해 새로운 정보를 얻게 된 주희 씨의 인식 속에서 민호 씨가 친절하고 재미있는 사람일 거라는 기대감이 낮아졌습니다. 며칠 후 둘은 첫 만남을 가졌습니다. 그런데 막상 만나서 얘기해보니 문자로 대화했을 때보다 훨씬 말도 잘 통하고, 민호 씨는 굉장히 친절하고 유쾌한 사람이었습니다. 주희 씨는 다시 민호 씨에 대한 호감이 커졌죠. 대체 주희 씨의 머릿속에선 어떤 일이 일어나고 있었을까요?

▲ **그림 12-1** 첫인상을 판단하는 첫 만남

1 머신러닝의 기반이 되는 베이즈 법칙 이해하기

우리는 살아가며 수많은 경험을 하고 이 경험들은 향후 내 의사결정에 어떤 방식이든 영향을 끼칩니다. 이때 머릿속에서 어떤 일이 일어나는지를 이해하려면 아주 약간 수학적인 용어에 대한 이해가 필요합니다. 이 과정은 고등학교 수학 과정인 '확률과 통계' 과목에서 다루는 내용이지만, 어렵지 않으니 천천히 살펴볼까요?

베이즈 법칙이란?

18세기에 영국의 수학자 토머스 베이즈(Thomas Bayes)가 만든 베이즈 정리는 확률을 업데이트하는 방법을 설명하는 중요한 개념입니다. 간단하게 얘기하면 두 사건 A, B에 대해 사전 확률과 사후 확률의 관계에 대한 개념으로, 사전 확률로부터 사후 확률을 구할 수 있습니다. 기존에는 사전 확률이 주관적이기 때문에 그 확률을 알지 못하면 사후 확률을 추정하는 것이 어렵다는 한계가 있었지만, 빅데이터를 통해 사전 확률을 점차 정확히 추정할 수 있게 되면서 베이즈 정리의 활용도가 더욱 높아졌습니다.

'베이즈 정리'란 어떻게 새로운 정보를 사용해 확률을 업데이트할 수 있는지를 수학적으로 설명하는 도구입니다. 과연 어떻게 확률을 업데이트한다는 것일까요? 어떤 사건이 일어났을 때 다른 사건의 확률이라는 것을 보니, 조건부확률이 자연스럽게 떠오르죠? 조건부확률 $P(A|B)$란 사건 B가 일어난 상황에서 사건 A가 일어날 확률을 의미했습니다. 즉, 사건 B가 일어날 확률에 대해 사건 A와 B가 동시에 일어날 확률을 의미하죠. 여기에 A를 원인이나 가정, B를 결과나 데이터라고 의미를 부여해보고 새로운 관점으로 바라봅시다. 수식으로 표현하면 다음과 같습니다.

$$P(A|B) = \frac{P(A \cap B)}{P(B)}$$

$P(A|B)$는 데이터 B가 얻어졌을 때 그 원인이 A인 확률이므로 사후 확률이라고 합니다. $P(B|A)$도 마찬가지로 다음과 같이 수식으로 표현할 수 있습니다. 여기서 분모에 있는 $P(A)$는 사전 확률이라고 하고, $P(B|A)$는 원인 A에 대해 B가 얻어질 확률이므로 '우도(likelihood)'라고 합니다.

$$P(B|A) = \frac{P(A \cap B)}{P(A)}$$

두 식을 한꺼번에 정리해서 $P(A \cap B)$를 없애면, 다음과 같이 $P(A|B)$와 $P(B|A)$를 하나의 식으로 표현할 수 있습니다.

$$P(A|B) = P(B|A) \times \frac{P(A)}{P(B)}$$

이것이 바로 베이즈 법칙입니다. 사전 확률과 새로운 데이터가 만나 확률을 업데이트하는 과정입니다.

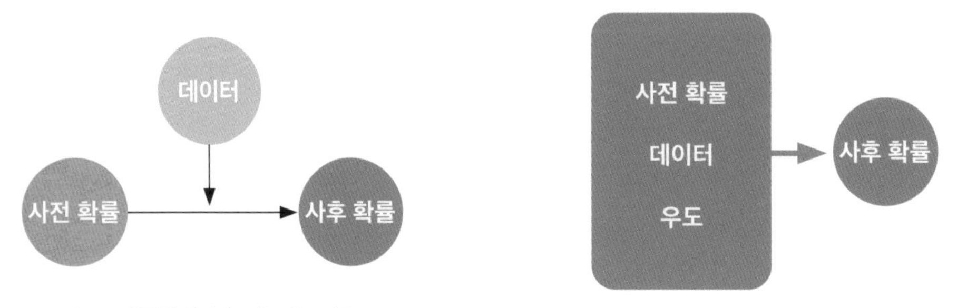

▲ **그림 12-2** 확률을 업데이트하는 알고리즘

휴대폰 제조사 (가), (나)의 휴대폰 수명이 3년이 넘는지를 한 변의 길이가 1인 정사각형인 모자이크 플롯으로 나타내 볼까요? 무작위로 추출된 100명의 사람들 중 70%는 (가) 회사, 나머지는 (나) 회사의 휴대폰을 사용하고 있습니다. 이때 (가) 회사의 휴대폰 중 50%는 수명이 3년 이상, (나) 회사의 휴대폰 중 40%는 수명이 3년 이상이었습니다. 이 데이터를 모자이크 플롯을 그리는 순서대로 나타낸 것이 그림 12-3입니다. 각각에 대한 확률을 가로와 세로의 길이를 곱해 구할 수 있습니다.

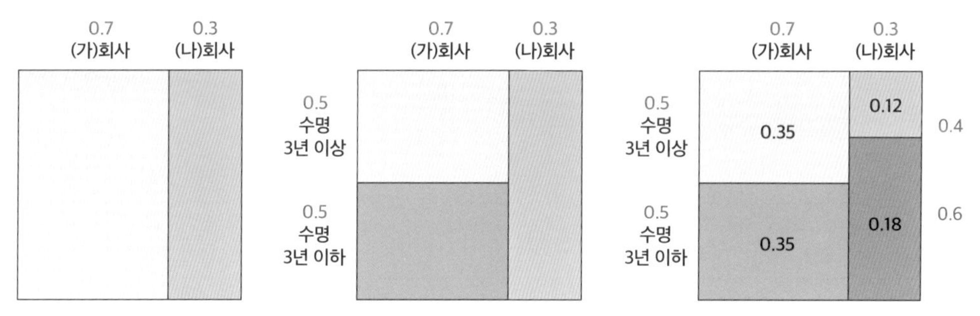

▲ **그림 12-3** 데이터를 모자이크 플롯으로 나타내는 과정

좀 더 쉽게 설명해보겠습니다. 아래 그림에서 ⓐ, ⓑ, ⓒ, ⓓ는 각각 사건 A와 B가 모두 일어나는 확률, 사건 A가 일어나고 B가 일어나지 않는 확률, 사건 A가 일어나지 않고 B가 일어나는 확률, 마지막으로 사건 A, B모두 일어나지 않는 확률을 의미합니다.

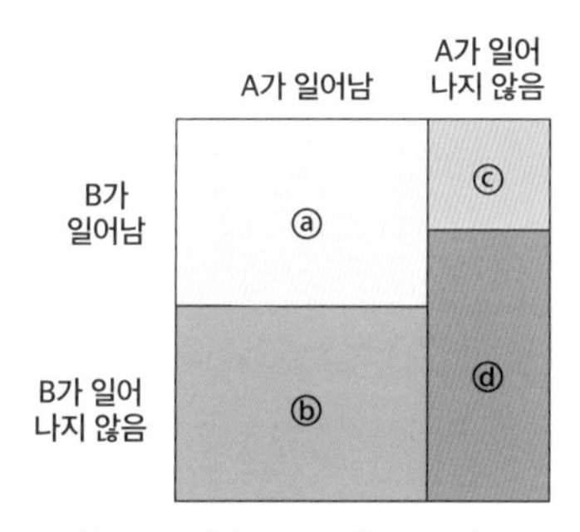

▲ **그림 12-4** 사건 A, B에 대한 모자이크 플롯 샘플

예를 들어 사건 A가 일어났을 때 B가 일어날 확률 P(B|A)는, 사건 A가 일어난 경우의 수(ⓐ+ⓑ)에 대한 사건 A와 B가 모두 일어난 경우의 수(ⓐ)의 비로 나타낼 수 있습니다(ⓐ/(ⓐ+ⓑ)).

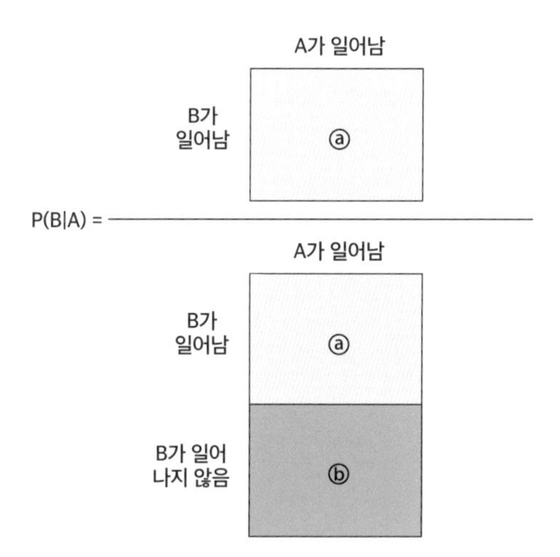

▲ **그림 12-5** A가 일어났을 때 B가 일어날 확률 P(B|A)

한편 P(A|B)는 사건 B가 일어났을 때만 고려하면 되므로, 사건 B가 일어난 경우의 수(ⓐ+ⓒ)에 대한 사건 A와 B가 모두 일어난 경우의 수(ⓐ)의 비로 나타낼 수 있습니다(ⓐ/(ⓐ+ⓒ)). 수식이 아닌 그림으로 확률을 해석하니 훨씬 쉽게 다가오죠?

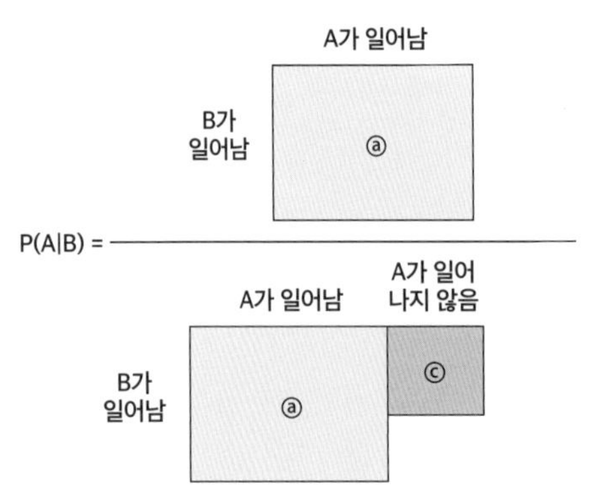

▲ **그림 12-6** B가 일어났을 때 A가 일어날 확률 P(A|B)

베이즈 법칙으로 딜레마 해결하기

베이즈 추정이 빛을 발하는 대표적인 사례는 '몬티 홀 딜레마'입니다. 다음 퀴즈를 봅시다.

> *당신은 3개의 문 중 하나를 골라 그 문 뒤에 있는 상품을 받는다. 하나의 문 뒤에는 고급 승용차가 있고 나머지 2개 뒤에는 염소가 있다. 당신이 문을 선택하면 진행자는 나머지 2개 중 염소가 있는 문을 연다. 이제 당신은 처음 고른 문을 계속 선택하거나 아직 닫혀 있는 다른 문으로 바꿀 수 있다.*

자, 퀴즈에 참가했다고 가정해봅시다. 굳게 닫힌 세 개의 문 중에서 A 문을 선택했습니다. 그랬더니 사회자는 문 뒤를 슬쩍 보고 미소를 띠더니 그 옆의 B 문을 열어 줍니다. 염소가 있네요!

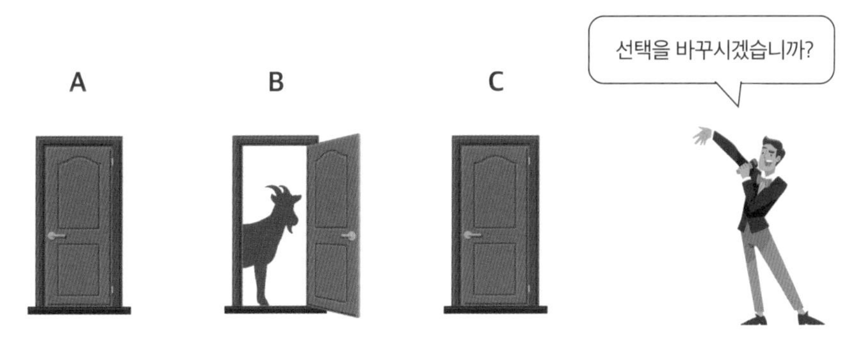

▲ **그림 12-7** 몬티 홀 딜레마: 선택을 바꾼다 vs 선택을 고수한다

사회자가 한 번의 기회를 더 줍니다. A 문을 그대로 선택할 지, C 문으로 바꿀지를 묻네요. 여러분이라면 선택을 바꿀 건가요 아니면 원래의 선택을 고수할 건가요?

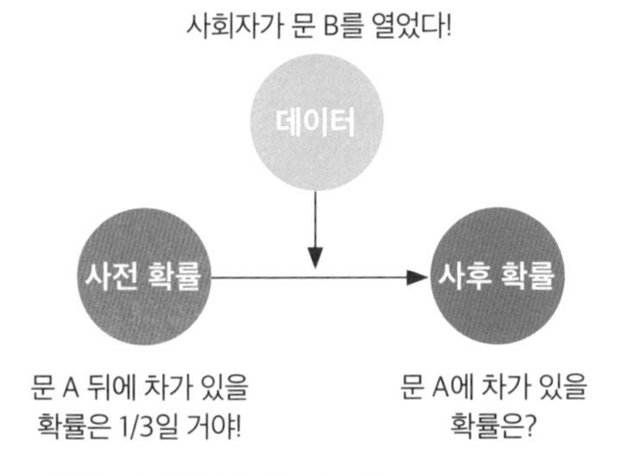

▲ **그림 12-8** 몬티 홀 딜레마의 도식화

이 문제는 <Let's Make a Deal>라는 퀴즈쇼의 사회자 몬티 홀(Monty Hall)의 이름을 딴 문제입니다. 방영 당시 대부분 사람들의 답은 '선택을 바꾸든 안 바꾸든 나머지 문 뒤에 스포츠카가 있을 확률은 50%로 동일하므로 상관없다'였습니다. 하지만 당시 수학자 사반트가 '선택을 바꾸는 것이 유리하다'라고 주장하며 이 문제는 논란을 일으켰습니다. 모두가 사반트의 주장이 잘못되었다고 했죠. 하지만 결론을 먼저 얘기하면 사반트의 주장이 옳았습니다. 왜 그럴까요? 모자이크 플롯과 조건부확률을 이용해서 이해해봅시다.

먼저 사건 A를 '문 A 뒤에 차가 있는 사건'이라고 하고, 사건 B는 '사회자가 문 B를 여는 사건'이라고 정의해봅시다. 처음에는 어떤 문 뒤에 차가 있는지 알 수 없으므로 세 개의 문 뒤에 차가 있을 확률은 1/3로 모두 동일합니다. 즉, 사전 확률 P(A)=1/3이 됩니다. 이제 사회자가 문

B를 열었을 때 문 A 뒤에 차가 있을 확률인 P(A|B)를 비교해봅시다. 만약 P(A|B)가 P(A)보다 크다면 선택을 바꾸지 않는 것이 좋고, 더 작다면 선택을 바꾸는 것이 좋고, 동일하다면 아무렴 상관없겠죠.

이를 모자이크 플롯으로 표현해보면 그림 12-9와 같습니다. 가로축은 각 문 뒤에 차가 있는 사건을 의미합니다.

▲ **그림 12-9** 몬티 홀 딜레마에서 사회자의 전략

그럼 내가 문 A를 선택했을 때 사회자는 어떤 문을 열어 힌트를 줄지 고민할 것입니다.

- ✓ 만약 실제로 A에 차가 있다면 사회자는 B나 C 중 아무 문이나 열어도 됩니다. 따라서 이때 문 B를 열 확률은 1/2입니다.
- ✓ 만약 B에 차가 있다면 사회자는 C를 여는 수밖에 없습니다.
- ✓ 만약 C에 차가 있다면 사회자는 B를 여는 수밖에 없습니다.

바로 실제 정답을 알고 있는 사회자의 판단 자체에 정답이 숨어 있다는 것이죠.

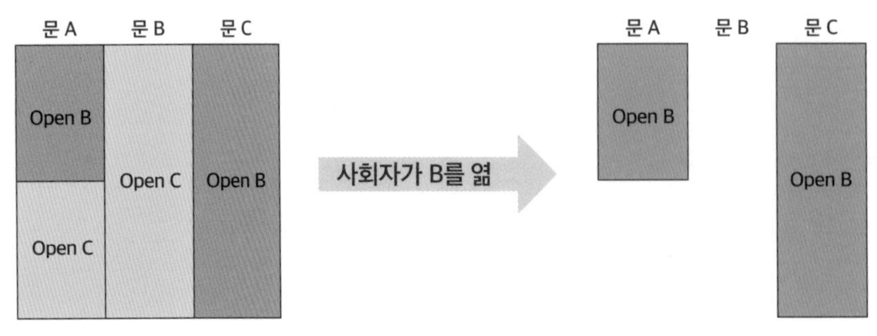

▲ **그림 12-10** 사회자가 B를 연 상황에서 'C를 여는 결과'가 사라짐

하지만 앞서 언급했듯이 사회자는 문 B를 열었습니다. 그러면 'C를 연다'는 가능성은 아예 고려할 필요가 없게 되고, 그림에서 노란색 부분은 사라지게 되죠.

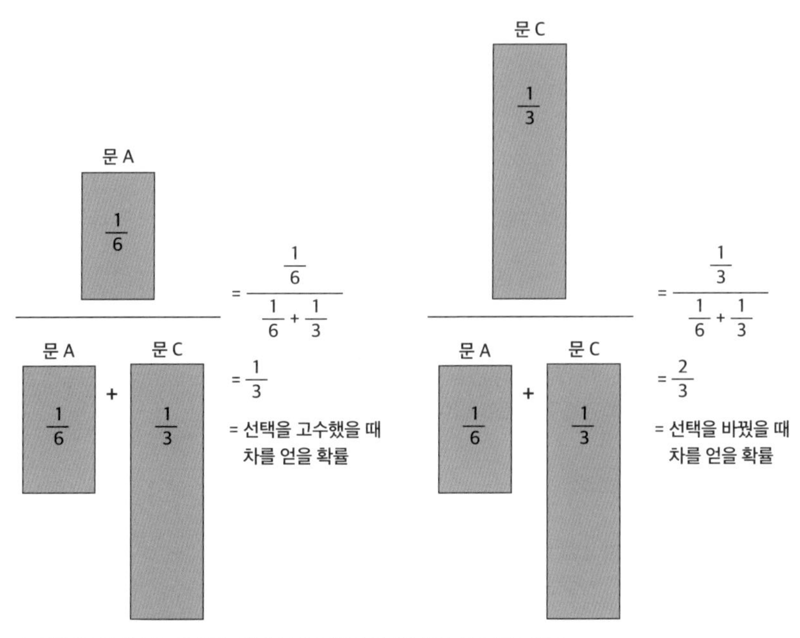

▲ **그림 12-11** 문 A를 유지하는 것과 문 C로 변경했을 때 차를 얻을 확률 비교

따라서 선택을 유지했을 때 차를 얻을 확률 $P(A|B)=1/3$인 반면, 선택을 C로 바꾼다면 확률이 2/3으로 두 배나 유리합니다. 당연히 선택을 바꾸는 게 좋겠죠?

베이즈 법칙을 시작으로 몬티 홀 딜레마까지 빠르게 정리해보았습니다. 수식이 어려워보일 수 있지만, 수식 그 자체가 아니라 어떤 상황을 수식으로 표현한 것인지에 집중하면 '수식은 그저 거들 뿐'이라는 사실이 보일 것입니다.

2 경험을 통해 믿음을 업데이트하는 과정

다시 처음에 언급한 소개팅 상황으로 돌아갑시다. 주희 씨는 문자를 주고받는 과정에서 새로운 정보를 통해 사전 확률을 업데이트해, 소개팅 상대가 친절하고 재미있는 사람일 확률이 낮아졌다는 새로운 사후 확률을 얻게 됩니다. 이것이 바로 베이지안 추론의 기본 원칙입니다. 즉, 새로운 정보가 들어올 때마다 기존의 믿음이나 편견을 업데이트해 나가는 것입니다.

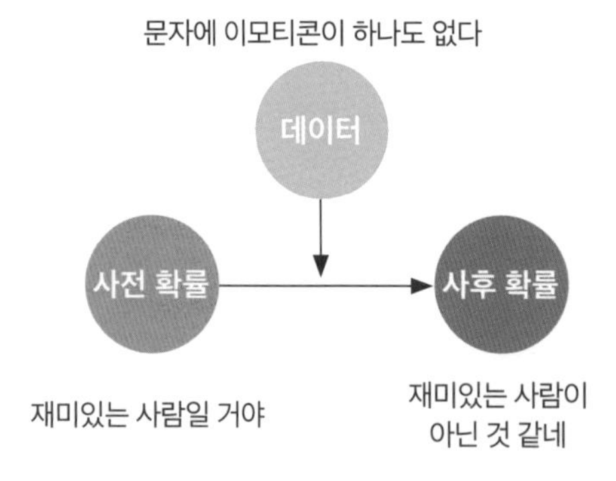

▲ **그림 12-12** 상대와 대화하며 첫인상이 변하는 과정

사람에 대한 편견을 업데이트하는 과정

1단계: 사전 확률 설정하기

주희 씨의 친구가 '상대가 친절하고 재미있는 사람'이라고 평가한 것을 토대로, 상대가 친절하고 재미있는 사람일 사전 확률 P(A)를 0.8로 설정합니다.

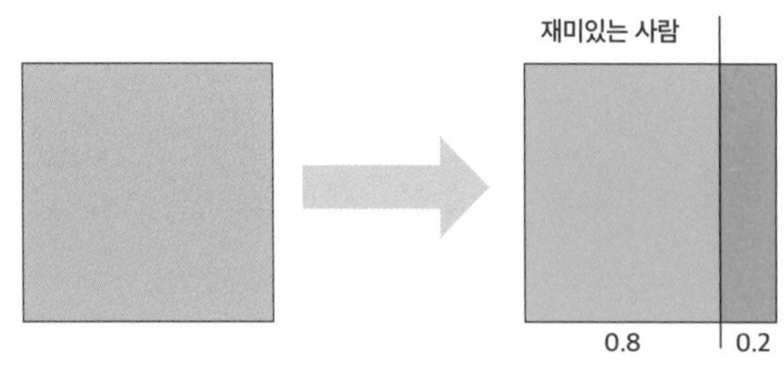

▲ **그림 12-13** 사전 지식이 없는 상태에서 친구의 말을 듣고 사전 확률이 0.8로 설정되는 과정

2단계: 경험으로 증거의 확률 P(B|A) 계산하기

그런데 문자를 주고받으면서 상대방이 단 한 번도 이모티콘을 쓰지 않았다는 것을 발견했습니다. 주희 씨는 주변 사람들과 대화했던 지난 경험을 비추어봤을 때 재미있는 사람 중 60%는 이모티콘을 쓰고, 40%는 이모티콘을 쓰지 않았습니다. 또한, 재미있지 않은 사람 중에는 10%만이 이모티콘을 사용하고, 나머지 90%는 이모티콘을 사용하지 않는 경향이 있었습니다.

이 말을 수식으로 정리하면 다음과 같습니다.

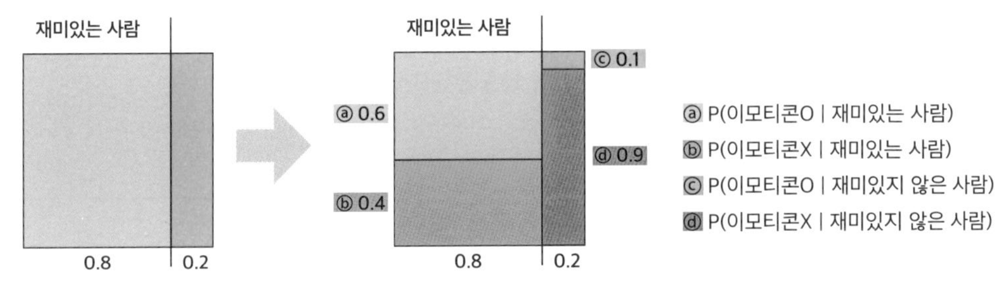

▲ **그림 12-14** 재미있는 사람이 이모티콘을 쓰지 않을 확률과 재미없는 사람이 이모티콘을 쓰지 않을 확률의 반영

3단계: 베이즈 정리 적용하기

소개팅 상대인 민호 씨가 이모티콘을 한 번도 쓰지 않았다는 사건을 바탕으로 '이모티콘을 쓴 경우'에 대한 부분을 없앱니다. 그럼 두개의 사각형만 남게 됩니다.

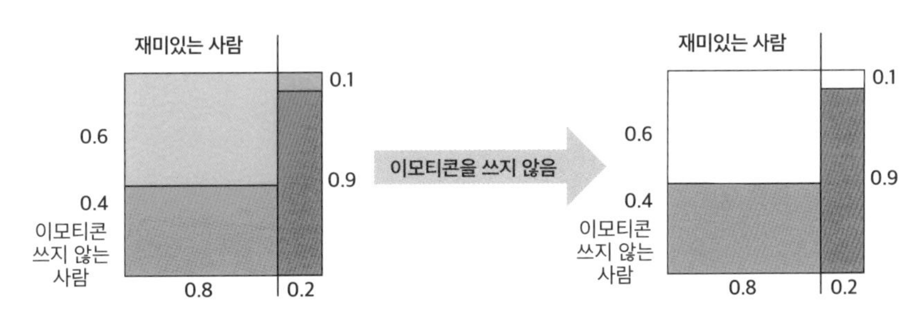

▲ **그림 12-15** 이모티콘을 쓰지 않았으므로 사라지는 '이모티콘을 쓰는 사건'

이제 베이즈 정리를 적용해 사후 확률 P(A|B)를 계산할 수 있습니다. 두 사각형 중에서 파란 사각형의 비율을 다시 계산하면 P(A|B) = 0.64입니다. 문자로 대화를 하는 과정에서 민호 씨가 친절하고 재미있는 사람일 확률이 처음의 0.8에서 0.64로 낮아지죠.

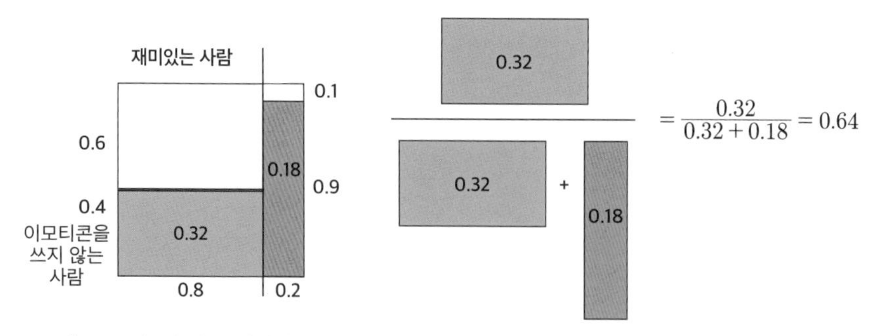

▲ **그림 12-16** 이모티콘을 쓰지 않았을 때 그 사람이 재미있을 확률

물론 앞으로 여러 번의 만남을 거치면서 사후 확률은 업데이트되겠죠?

머신러닝에서 베이즈 이론을 사용하는 방법

베이즈 이론의 효과를 세상에 알린 이론 중 하나가 바로 베이즈 분류입니다. 베이즈 이론을 이용해서 주어진 대상을 분류하는 방법으로, 가장 간단한 알고리즘으로는 '나이브 베이즈 필터'가 있습니다. 스팸 메일을 분류하는 것이 대표적인 사례입니다. 예를 들어 '통계'라는 단어가 내용에 포함된 메일보다 '무료', '광고' 등이 포함되는 메일이 스팸이 확률이 더 높겠죠? 나이브 베이즈는 메일 속의 독립적인 단어가 해당 메일과 어떤 관련이 있는지 계산하고, 각 단어의 정보를 모두 합쳐 결론을 내립니다.

베이지안 추론의 관점에서 삶을 정의하기

사건의 사전 확률과 추가적인 정보를 통해 해당 사건의 사후 확률을 추론하는 방법이 바로 베이지안 추론입니다. 이런 방식의 추론이 어딘가 친숙하지 않나요? 사실 우리가 일상에서 항상 해왔던 추론 방법입니다. 우리는 삶을 살아가며 서로 다른 환경에서 서로 다른 경험을 하고, 이러한 경험들은 때로 우리에게 편견을 심기도 합니다. 다르게 말하면, 다양한 경험은 우리에게 서로 다른 사전 확률을 갖게 하는 것입니다. 우리가 삶을 살아가는 과정 자체가 베이지안 추론이라고 할 수 있죠.

베이지안 추론의 렌즈를 통해 본다면, 삶이란 신념을 업데이트하고 관찰된 증거와 사전 지식을 기반으로 결정을 내리는 지속적인 과정으로 볼 수 있습니다. 베이지안 추론처럼, 모든 믿음은 우리 주변 세계에 대한 초기 믿음에서 시작되면서 업데이트됩니다. 우리는 성장하고 다양한 상황을 경험하면서 기존의 믿음에 반대되거나 혹은 믿음을 더 굳히는 새로운 정보를 접하게 됩니다. 다양한 사람, 문화, 생각과 교류하면서 시야가 넓어지며 얻는 새로운 정보는 우리 자신은 물론 타인 및 세계에 대한 이해에 영향을 미칠 수 있는 관찰값이 됩니다.

사회적인 관계에서도 베이지안 추론은 중요한 역할을 합니다. 어떤 사람을 처음 보고 난 후 첫인상(사전 확률)이 생기지만, 그들과 시간을 더 많이 보내고 성격에 대해 더 많이 알게 되면, 그 인상이 바뀔 수 있습니다. 확률이 업데이트 되는 과정이죠. 특히 사람과 관련해 믿음을 업데이트하는 경우 언제까지나 우리는 '추론'을 할 뿐이기에 어떤 사람이 내게 주는 정보를 바탕으로 믿음을 업데이트할 순 있지만, 언제나 그 확률이 0 또는 1이 되는 것은 아닙니다. 이처럼 편견은 확률을 잘못 해석했을 때 비롯될 수 있다는 것을 기억한다면 우리의 인간관계가 조금 더 편안해지지 않을까요? 마지막으로 우리 모두 시간이 지날수록 다른 사람에게 긍정적으로 기억되는 사람이었으면 좋겠습니다.

PART 3

DATA LITERACY

데이터 리터러시를 활용하는 시간

13장 이 그래프에서 무슨 일이 일어나고 있을까?

그래프를 보면 어떤 생각이 드나요? 아무 생각이 없는 사람도 있고, 무슨 내용인지 어떻게 해석하면 좋을지 호기심이 드는 사람도 있을 것입니다. 이번 장에서는 처음 보는 그래프를 마주했을 때 어떻게 해석을 해야 하는지, 어떤 질문을 던지고 논의를 해야 할지 등을 살펴보려고 합니다. 그래프는 언제나 새로운 이야기를 품고 있기 때문에 이 이야기를 발견하는 과정은 정말 흥미롭습니다. 시각화된 데이터에 질문을 던지다 보면 여러분도 데이터에 대한 흥미가 더 생길 것입니다. 그래프와 함께 우리의 데이터 여행을 시작해봅시다!

1 시각화를 통한 데이터 탐색

데이터 시각화 해석 연습을 위한 재미있는 사이트를 소개하려고 합니다. 바로 'What's Going On in this Graph?'라는 사이트입니다.

- https://www.nytimes.com/column/whats-going-on-in-this-graph

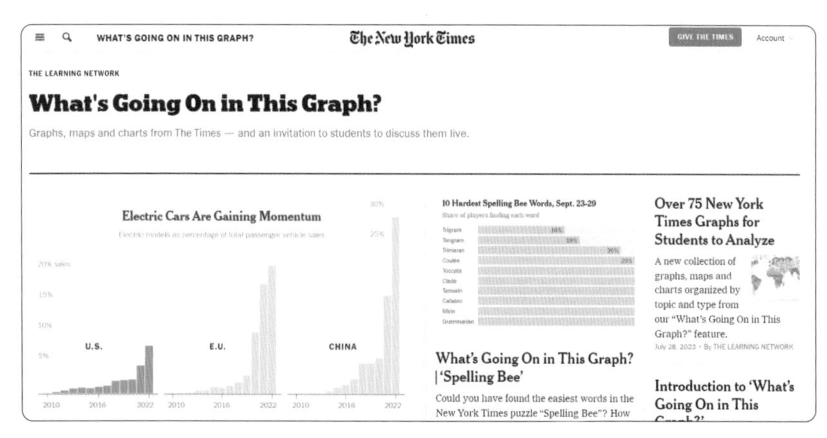

▲ 그림 13-1 What's Going On in this Graph 사이트

What's Going On in this Graph(이하 WGOIG)은 2017년부터 <뉴욕타임스>의 '학습 네트워크(The Learning Network)'의 코너 중 하나로, 미국통계협회(A.S.A.)와 협력해서 진행된 코너입니다. 2017~2023년까지 무려 약 150개의 그래프에 대해 전 세계의 학생들과 선생님들의 토론이 진행되어 왔습니다. WGOIG에서는 그래프 해석을 위해 모든 그래프에 대해 공통적으로 네 가지 질문에 대한 답을 댓글로 적도록 제안했는데, 그 목록은 다음과 같습니다.

- ✓ 무엇을 알 수 있나요?
- ✓ 궁금한 것은 무엇인가요?
- ✓ 이것이 나와 나의 사회와 어떻게 관련이 있나요?
- ✓ 이 그래프에서 무슨 일이 일어나고 있는지 포착할 수 있는 눈에 띄는 헤드라인은 무엇인가요?

TIP The Learning Network는 교사가 수업 시간에 관련 자료를 토론에 활용할 수 있도록 만든 뉴욕 타임즈의 뉴스 콘텐츠를 제공하는 웹 사이트입니다. What's Going On In This Graph 외에도 What's Going On In This Picture 등 토론할 수 있는 학습용 자료가 많습니다.

WGOIG의 핵심이기도 한 이 간단한 4가지 질문은 그래프를 읽을 수 있는 기초를 다질 수 있게 도와줍니다. WGOIG는 <뉴욕타임스>에 게재되었던 그래프를 분석하고 해석하는 활동으로, 학교 수업 시간에 활용할 수 있도록 도와주는 사이트입니다. 다른 배경 설명 없이 그래프에 주목하고 질문을 던지며 그래프의 주요 아이디어를 포착할 수 있는 매력적인 헤드라인을 만들고, 마지막으로 이 데이터가 자신과 커뮤니티에 미칠 수 있는 영향을 생각하도록 합니다. 잘 구성된 데이터 시각화를 일상에서 느낄 수 있게 하는 것이죠.

주목할 점은, 바로 교실 내에서만 이 그래프에 대해서 토론하는 것이 아니라, 전 세계의 학생들이 댓글을 게시하고 소통할 수 있다는 것입니다. 학생들은 스포츠, 기온 상승과 같은 환경 동향, 물가 상승 같은 경제 활동, 세계 지도자의 나이 등 실제 그래프를 분석하며 데이터가 세계와 자신을 객관적으로 연결해주는 매개체가 된다는 것을 학습할 수 있습니다.

그럼 어떤 과정으로 WGOIG가 진행되는지 살펴볼까요? 매주 목요일, 하나의 그래프가 What's Going On In This Graph 사이트에 게시됩니다. 배경 설명은 거의 없고 기사의 제목도 없는 채로 말이죠. 이후 며칠 동안 학생들의 실시간 댓글 토론이 진행된 후 그 다음 주 수요일에 미국에서 통계를 가르치는 선생님들이 직접 학생들의 댓글을 분석해 라이브 토론을 진행합니다. 이 토론에는 누구나, 언제든지 참여할 수 있습니다. 그리고 그 다음 날인 목요일에는 해당 그래프에 대한 추가 배경과 실제 인기 기사의 헤드라인 그리고 그래프와 관련된 통계 개념이 포함된 게시물이 올라옵니다.

UPDATED: SEPT. 23, 2021

Reveal

Just three weeks ago, record breaking rain fell on the Gulf Coast, Northeast and Tennessee and drought exacerbated record breaking forest fires in California and the Pacific Northwest. Both weather occurrences, floods and fires, have been increasing in the U.S. for over a century. These four choropleths (see below Stat Nuggets) appeared in The New York Times May 12, 2021 article "There's a New Definition of 'Normal' for Weather." The article shows the transformation of the fingerprints of temperature and precipitation climate change with ten choropleths for 30-year periods from 1901 to 2020. For precipitation, the Central and Eastern parts of the country are getting wetter and the Southwest and Pacific parts are becoming increasingly dry. The average precipitation levels for parts of the U.S. (and the world) are diverging. Also, there is greater variability with extreme weather.

Stat Nuggets for "There's a New Definition of 'Normal' for Weather"

Below, we define mathematical and statistical terms and how they relate to this graph. To see the archives of all Stat Nuggets with links to their graphs, go to this index.

CHOROPLETH

A choropleth map uses different shading, coloring or symbols within defined regions to indicate the values in these regions. The quantitative values are divided into intervals, which are shown on a key with their corresponding shading, coloring or symbols.

The U.S. Precipitation graphs are called choropleth maps. They display the percentage change in average precipitation between ten 30-year periods from 1901 to 2020 and the 20th century average. The differences are represented in colors with brown for percentage decreases and green for percentage increases. The darker the color, the greater the divergence from the 20th century average precipitation level. The percentage changes vary from less than -9.0% to more than +9.0%.

▲ **그림 13-2** 시간에 따른 미국 강수량 변화에 대한 기사 내용 요약과 통계 용어 설명 자료

어떤 식으로 논의가 되는지 예를 들어 살펴보겠습니다. 살펴볼 예시는 2023년 3월에 게재된 '지난 11,700년 동안의 인류 인구의 증가'와 관련된 시각화 자료입니다.

인류세 관련 그래프 살펴보기

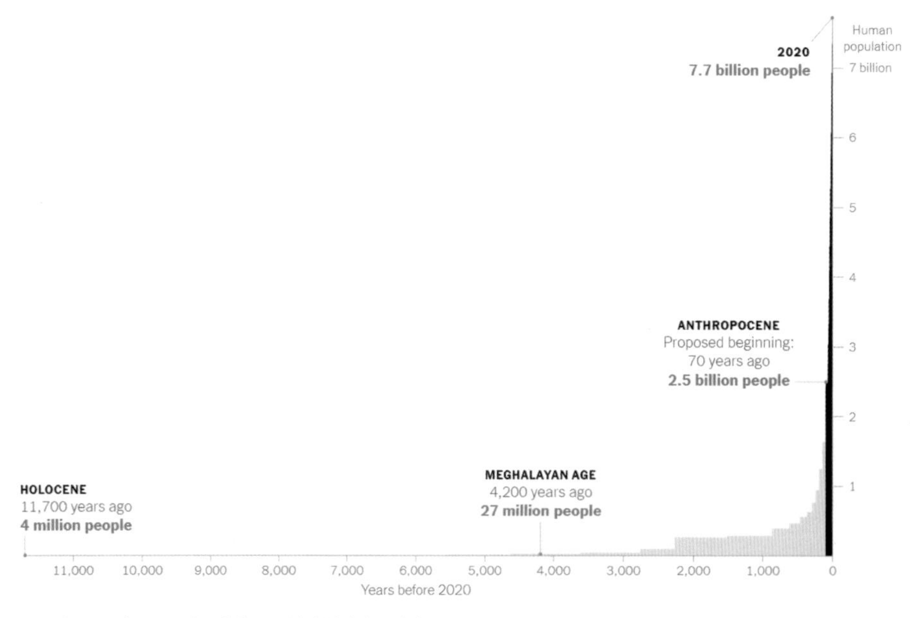

▲ **그림 13-3** 인구수 그래프에서 무슨 일이 일어나고 있나요?

(출처: Syvitski, et al. (2020) Credit: By Mira Rojanasakul/The New York Times)

그림 13-3은 인류의 인구수 증가를 나타낸 그래프입니다. 그래프를 자세히 보니, 굵은 글씨로 Holocene, Meghalayan age, Anthropocene이라는 용어가 보입니다. 전신세(Holocene)는 지질 시대를 구분했을 때 가장 최근의 시대로, 약 1만 년 전부터 현재까지의 지질 시대 의미합니다. 지질학자들은 이후에 큰 사건을 기준으로 시대를 구분했는데, 극심한 가뭄이 있었던 4200년 전부터 서기 1950년까지를 메갈라야기(Meghalayan age)로, 인류가 지구 환경에 크게 영향을 미친 시점인 1950년부터 현재까지를 인류세(Anthropocene)라고 명명했죠. 최근의 70년, 즉 인류세 시점부터 인구의 수가 폭발적으로 늘고 있는 것이 눈에 띕니다. WGOIG로 함께 살펴볼 그래프가 바로 이 시대에 따른 인구수의 그래프입니다. 한번 앞의 네 가지 질문에 따라 그래프를 해석하며 답변을 해보세요.

- ✔ 무엇을 알 수 있나요?
- ✔ 궁금한 것은 무엇인가요?
- ✔ 이것이 나와 나의 사회와 어떻게 관련이 있나요?
- ✔ 이 그래프에서 무슨 일이 일어나고 있는지 포착할 수 있는 눈에 띄는 헤드라인은 무엇인가요?

그럼 세계 각국의 학생들의 해석 사례를 살펴볼까요?

- ✔ **무엇을 알 수 있나요?**

  이 그래프는 인류의 인구수를 시간에 따라 나타내고 있다. 가로축에는 연도가 아닌, 2020년을 기준으로 몇 년 전인지를 나타낸다. 0에 해당하는 지점이 2020년, 1,000에 해당하는 지점은 1020년을 의미한다. 세로축은 인류 인구수를 의미하고 최근 70년 동안 인류가 52억 명이나 급격하게 늘어난 것을 알 수 있다.

- ✔ **궁금한 것은 무엇인가요?**

  Holocene, Anthropocene 등의 용어가 궁금하다.
  왜 1950년을 기점으로 인류가 폭발적으로 늘어났을까?
  2020년까지 기준인데 코로나19 전, 후 차이는 어떨까?

- ✔ **이것이 나와 나의 사회와 어떻게 관련이 있나요?**

  인류가 계속해서 증가한다면 자원 부족 문제가 심각해질 것이다. 따라서 우리 사회에 직접적으로 큰 영향을 미칠 것 같다.

- ✔ **이 그래프에서 무슨 일이 일어나고 있나요? 그래프의 주요 아이디어를 포착할 수 있는 헤드라인을 만들어봅니다.**

  "'기하급수학적 증가'를 직접 눈으로 확인하다니!"
  "최근 70년 사이에 일어난 일!"

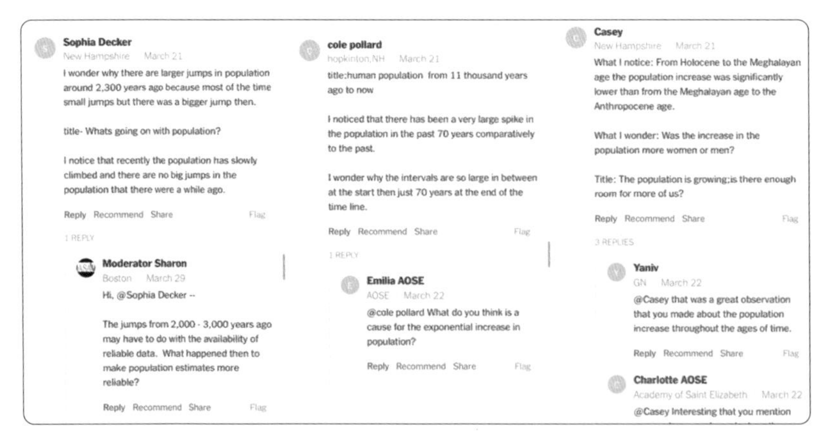

▲ **그림 13-4** 학생과 선생님의 댓글 예시

이 포스트에는 약 400개의 댓글이 달렸습니다. 그리고 며칠 후에는 통계를 가르치는 선생님들이 이 댓글들을 생중계로 언급하며, 이 그래프의 원본 기사 및 'Stat Nuggets'라는 통계 섹션이 함께 공개됩니다. Stat Nuggets 섹션에서는 그래프와 관련된 통계 용어나 그래프의 특징 등에 대해 설명하고 있습니다. 이 포스트에서는 시간에 따른 추이를 나타내는 '시계열 그래프'에 대해 설명하고 있네요. 그래프에 대한 토론과 통계학 선생님들의 코멘트와 정답 공개까지 WGOIG는 그야말로 데이터 리터러시를 위한 완벽한 자료라고 할 수 있습니다.

2 뉴욕타임스로 데이터 리터러시를 기르는 방법

WGOIG의 가장 중요한 목적은 학생과 일반 대중이 〈뉴욕타임스〉에 게재된 그래프를 분석하고 해석하는 데 참여하고 서로 의견을 공유하는 것입니다. 우리가 비판적 사고 능력을 개발하고, 데이터를 더 잘 이해하고, 데이터가 자신과 커뮤니티에 미치는 영향을 고려하는 것이죠.

사실 우리는 살아가면서 직접 프로젝트를 하거나 데이터를 직접 다뤄야 할 때보다 다양한 매체에서 그래프를 접하는 경우가 훨씬 많습니다. 이렇게 〈뉴욕타임스〉 기사를 활용해서 그래프에 무슨 일이 일어나고 있는지 토론하다보면 어떤 점이 좋을까요?

▲ **그림 13-5** 데이터 세상 속 우리 사회

첫째, 그래프에 내재된 사실이 무엇인지 살펴보는 통계적 안목과 데이터 해석 능력을 키울 수 있습니다. 뉴스와 신문 기사뿐만 아니라 우리가 자주 접하는 SNS에도 정말 수많은 그래프가 등장합니다. 그리고 이 그래프를 바탕으로 댓글을 달며 토론하고, 의사결정에 활용하기도 합니다. 그래프를 볼 때 어떤 점을 주의해야 하는지, 그래프를 효과적으로 해석하는 방법이 무엇인지 등 정답은 없어도 다른 사람들과 의견을 나누며 새로운 사실을 알게 됩니다. 이때 왜곡하지 않고 비판적으로 해석해야 하는 것을 잊지 말아야겠죠. 또한, 다른 사람들과 의견을 나누는 과정에서 다른 사람들의 생각을 존중하는 습관을 들이는 게 중요합니다.

둘째, 다양한 종류의 멋진 시각화 방법 대해 배울 수 있습니다. 우리가 학교에서 배우는 그래프는 막대그래프, 원그래프, 히스토그램, 상자그림 등이지만 그래프의 종류는 수없이 많습니다. 심지어 우리가 새로운 유형의 그래프를 만들어낼 수도 있습니다. 예를 들어 볼까요? 백의의 천사로도 잘 알려진 나이팅게일은 사실 데이터 시각화의 선구자이기도 합니다. 나이팅게일이 만든 그래프 중 가장 유명한 시각화는 바로 로즈 다이어그램(Rose Diagram)입니다. 기존에 없던 새로운 그래프를 자료의 목적에 맞게 만든 것이죠.

나이팅게일은 당시 크림전쟁에서 병사들을 간호하며 전쟁으로 인한 부상보다 열악한 환경 때문에 사망하는 사람이 더 많다는 것을 깨닫고 이를 효과적으로 나타내고자 이 그래프를 만들었습니다. 그림에서 분홍색은 전쟁으로 인해 사망한 사람, 하늘색은 열악한 위생 상태로 인해 사망한 사람, 검정색 부분은 그 외의 기타 이유로 사망한 사람의 수를 나타냅니다. 또한,

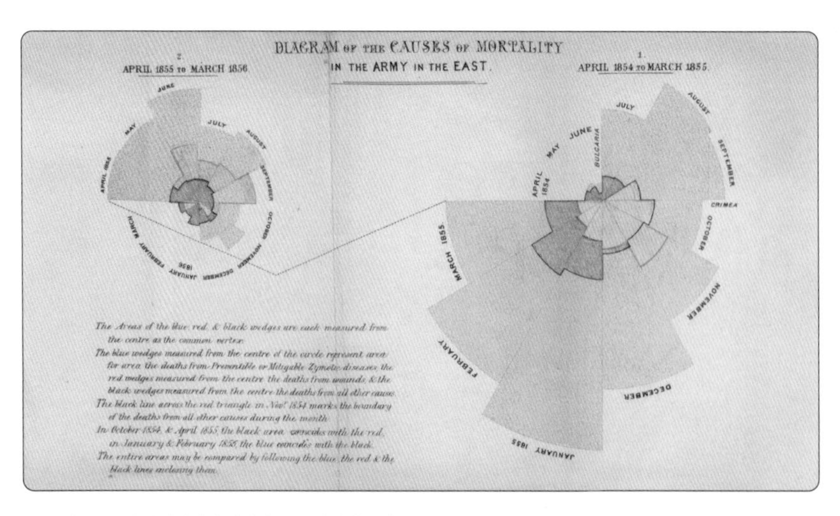

▲ **그림 13-6** 나이팅게일이 제안한 로즈 다이어그램

열악한 환경을 개선했을 때의 효과를 보여주기 위해 군 병원에서 손 씻기가 실행되기 전(오른쪽 다이어그램)과 후(왼쪽 다이어그램)를 구분해서 나타냈습니다. 기간별 사망 원인에 따른 사망자 수를 나타내려면 막대그래프를 사용할 수도 있었지만, 계절에 따라 패턴이 다를 수 있으므로 주기성을 표현하기 위해 원그래프와 막대그래프를 합쳐 만들었는데, 그게 바로 로즈 다이어그램입니다. 원그래프를 1월부터 12월까지로 중심각을 12등분하고, 반지름의 길이를 조절해 면적이 사망자 수에 비례하도록 그린 것이죠. 이렇게 환경 변화 전후를 비교해 환경 개선을 위한 설득 자료로 사용했고, 병원 위생과 환경의 중요성을 대중에 알리게 되었습니다.

이처럼 데이터 시각화를 할 때는 그 목적과 자료의 특성에 따라 기존의 그래프를 활용할 수도 있지만, 적절한 그래프가 없을 경우 새로운 그래프를 만들 수도 있습니다. 데이터 시각화의 표본이라고도 할 수 있는 〈뉴욕타임스〉의 그래프를 해석하다 보면 자료의 특성과 시각화의 목적에 맞는 독창적인 그래프를 구상할 수 있는 안목을 기를 수 있답니다.

셋째, 효과적인 전달을 위한 데이터 시각화 방법을 배울 수 있습니다. 같은 데이터를 같은 유형의 그래프로 시각화하더라도 명암이나 색감, 강조 주석 방법에 따라 전달력이 많이 달라집니다. 주석(Annotation)은 주요 정보를 강조하는 방법입니다. 그래프에 정보가 많이 담겨있을수록 그래프는 복잡해보입니다. 그림 13-7처럼 여러 개의 항목에 대해 한꺼번에 꺾은선 그래프로 나타낸 경우를 생각해봅시다.

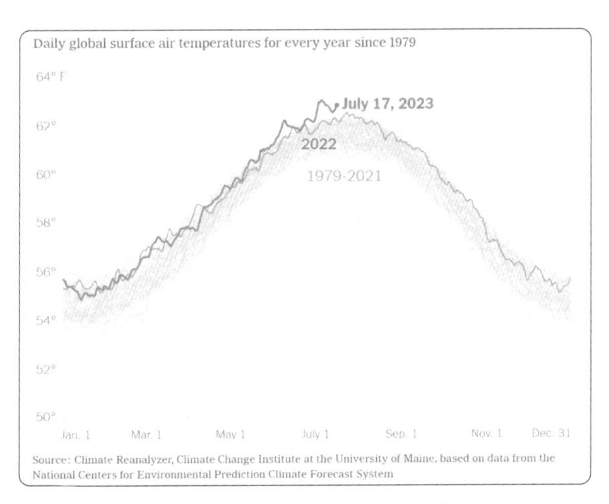

▲ **그림 13-7** 세계 기후 그래프에서 확인할 수 있는 현상[6]

이 그래프는 1979년부터 2023년 7월까지 매년의 대기 온도를 꺾은선 그래프로 나타낸 것입니다. 만약에 이 그래프를 색 구분 없이 혹은 매년마다 색을 모두 다르게 표현했다면 어땠을까요? 마치 스파게티 면처럼 서로 구분되지 않고, 보는 사람으로 하여금 피로감을 느끼게 했을 겁니다. 하지만 이 그래프에서는 2023년이 지난 약 40년 간의 대기 온도에 비해 훨씬 높다는 것을 강조하기 위해 2023년의 그래프를 굵게 그리고 눈에 띄는 주황색으로 표시했습니다. 그에 비해 이전 연도인 2022년의 데이터는 덜 강조된 진한 회색으로, 그 전의 42년 간의 그래프는 흔적만 볼 수 있게 아주 연하게 표현했죠. 주석도 해당 연도의 선과 같은 색으로 표현했습니다. 이처럼 주석을 잘 활용하면 지루해 보일 수 있는 그래프에서 통찰을 전달할 수 있습니다. 특히 데이터 시각화의 목적이 설득이라면, 빠른 시간 안에 그래프만으로 원하는 메시지가 전달될 수 있게 하는 것이 중요합니다. 다양한 주석과 강조 기법을 통해 데이터 시각화를 효과적으로 할 수 있는 방법을 배워보세요.

마지막으로 현실 세계와 연결하는 경험을 할 수 있습니다. 당연히 실제 데이터를 바탕으로 시각화한 것이고, 소재 자체도 중요한 소재를 주로 다루기 때문에 세계를 공부하고 현실의 맥락을 읽을 수 있는 정말 좋은 자료가 됩니다. 나아가 단순히 시각화가 숫자나 통계에 머무르지 않고 현실 세계의 이슈나 문제에 대해 통찰력을 갖게 되며 관심을 키울 수도 있으니 일석이조 아닌가요?

---

6 출처: https://www.nytimes.com/2023/09/07/learning/whats-going-on-in-this-graph-sept-13-2023.html

What's Going On In this Graph 사이트는 교육용 자료이지만, 한 걸음 더 나아가고 싶다면 직접 이 그래프의 출처인 〈뉴욕타임스〉의 기사를 보는 것도 좋은 방법입니다. 〈뉴욕타임스〉 기사 중에서 데이터 시각화, 지도 및 시각화 저널리즘은 〈뉴욕타임스〉의 Graphics(https://www.nytimes.com/spotlight/graphics)에서 확인할 수 있습니다. 우리나라에서도 여러 언론사에서 효과적으로 기사를 전달하기 위해 이와 같은 데이터 저널리즘을 사용하고 있으므로 우리나라 기사에서도 시각화를 구경해보세요.

데이터 시각화에 유용한 사이트, datavizproject

다양한 시각화 방법을 이해하는 데 유용한 시각화 사이트를 소개합니다. datavizproject.com에서는 데이터 입력 유형, 목적(비교, 상관관계, 분포, 추이) 및 모양에 따라 그래프의 유형을 분류해서 보여 줍니다. 그래프의 종류를 구경할 수 있고, 그래프마다 상세한 설명이 적혀 있어 새로운 그래프를 보거나 직접 시각화를 할 때 이곳을 참고하세요.

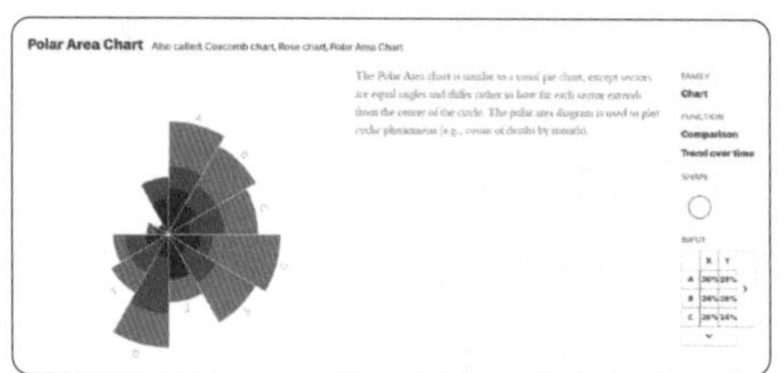

▲ **그림 13-8** datavizproject 사이트와 로즈 다이어그램(polar area chart)에 대한 설명

14장 생활 속에서 활용하는 데이터 리터러시

지금까지 다양한 주제의 데이터를 분석하며 데이터 리터러시 감각을 키워보았습니다. 이제 활용해볼 차례입니다. 이번 장에서는 간단한 사례를 통해 누구나 접할 수 있는 일상생활 속 문제를 해결하는 경험을 해보겠습니다. 총 4단계의 데이터 리터러시 활용 가이드를 나침반으로 삼아 따라 가면서, 일상에서 문제 상황을 포착하고 데이터를 수집 및 분석해 문제를 해결해봅시다.

1 데이터 리터러시 활용 가이드

우리 사회는 이미 데이터가 없이는 살아갈 수 없는 인공지능 기반 사회가 되었습니다. 인공지능은 데이터에 기반해 판단합니다. 인공지능은 확실히 문제 해결에 있어서는 뛰어난 능력을 보이지만, 처음부터 끝까지 모든 것을 다 해주지는 않습니다. 그렇다면 인간의 역할은 무엇일까요? 바로 현실 세계의 문제를 정의하고 인공지능의 문제 해결을 평가하는 것입니다. 따라서 데이터 리터러시는 데이터에 기반해 새로운 관점에서 문제를 설정하고 해결하는 데 필요한 미래 역량입니다. 데이터 리터러시가 중요한 이유를 알아보았으니 이제 본격적으로 4단계의 데이터 리터러시 활용 가이드를 살펴봅시다. 표 14-1은 데이터 리터러시를 활용하기 위한 목적과 단계를 정리한 것입니다.

목적	단계
문제 파악	1단계. 문제 설정
현상 파악	2단계. 데이터 수집 및 분석
원인 파악	3단계. 결론 도출
방법 모색	4단계. 문제 해결

▲ 표 14-1 4단계의 데이터 리터러시 활용 가이드

1단계에서는 문제 해결 목적을 명료하게 세우고 문제를 구체적으로 설정해야 합니다. 문제 해결 목적을 잘 세우려면 먼저 문제 상황을 정확히 파악하고 문제를 해결하려는 의지를 가져야 합니다. 이 목적이 명확해야 데이터 기반 문제 해결 방향이 정해지기 때문입니다. 또 복잡한 상황 속에서 구조화된 사고를 통해 핵심 문제를 정의할 수 있어야 합니다. 첫 번째 단추가 가장 중요하듯 1단계에서 문제를 어떻게 설정하는지에 따라 어떤 데이터를 어떠한 방법으로 탐색하고 수집할지 정해진다는 것을 꼭 기억하세요.

2단계는 데이터 수집 및 분석을 통해 문제 현상을 파악하는 과정입니다. 문제의 근본적 원인을 꿰뚫어 보려면 문제 상황의 기저에 깔린 현상을 파악해야 하고, 현상을 파악하려면 앞서 설정한 문제에 대해 적절한 데이터를 수집하고 분석하는 과정이 필요합니다. 이때 모든 과정을 처음부터 완벽히 해내겠다는 생각은 내려놓는 것이 좋습니다. 설정한 문제를 해결하기 위해 적절한 데이터를 수집하고, 수집한 데이터가 적절한지 검증하는 과정은 수많은 시행착오를 통해 완성되기 때문이죠. 수집한 데이터가 앞서 정의한 문제 해결에 적합한지 여부를 검증한 후 적절한 분석 도구를 통해 데이터를 구조화하고 시각화합니다.

3단계는 문제가 발생한 근본적인 원인을 파악하고 해결 방안을 도출하는 과정입니다. 이때 이전 단계에서 분석한 내용을 토대로 문제가 발생한 원인을 도출하는데, 단순히 내가 분석한 결과에만 의존하는 것이 아니라, 다양한 시각과 의견을 수용하는 것이 중요합니다. 비판적인 시각으로 다른 사람들과 생각을 나누면서 분석한 내용과 문제 발생 요인을 검증하는 것이 좋습니다. 이러한 과정을 통해 미래 4C 역량 중 의사소통 역량과 비판적 사고 역량을 기를 수 있습니다.

마지막 4단계에서는 문제 해결 방안을 실행시킬 방법을 모색해야 합니다. 이를 위해서는 이전 단계에서 도출한 결론, 즉 해결 방안을 구체화하고 구현할 수 있는 방법을 고민해야 하겠죠. 실행 가능한 해결 방안을 선정하고, 이를 체계적으로 실행하는 것이 문제 해결을 완성하는 마지막 단계입니다.

이제 위 가이드를 따라가며 생활 속 문제를 해결하기 위해 데이터 리터러시를 활용한 사례를 살펴봅시다.

2 생활 속 데이터 리터러시 활용 사례

청소년 언어 습관 개선 프로젝트

여러분도 한 번쯤 청소년들이 이해하기 어려운 신조어나 심한 욕설을 쓰는 것을 들어본 적이 있을 것입니다. 청소년들의 언어 사용 습관에는 어떤 문제가 있는지 그리고 그 원인과 해결 방안이 무엇인지, 학교 현장에서 수집한 가상 데이터를 활용해 앞서 나온 생활 속 가이드 4단계를 기반으로 문제 해결 과정을 살펴봅시다.

▲ **그림 14-1** 이해하기 어려운 신조어나 비속어를 사용하는 청소년

1단계: 문제 설정

표 14-1을 다시 보고 올까요? 1단계에서 가장 중요한 것은 '목적과 문제를 명료하고 구체적으로 설정하는 것'입니다. 다음 내용을 읽고 데이터를 분석하려는 목적과 해결하려는 문제를 작성해봅시다.

"최근 청소년들의 언어 사용의 문제점이 도를 넘고 있다. 다양한 줄임말을 포함한 신조어의 무분별한 사용으로 인해 맞춤법의 잘못된 사용에 영향을 주게 되어, 한글 파괴 현상이 많이 일어나고 있다. 또한 학교 폭력 중 언어 폭력의 비율이 가장 높을 만큼 또래 친구 관계에서 비속어가 자주 사용되고 있다."

목적	
문제	

▲ **표 14-2** 1단계 예제

목적과 문제를 모두 설정했다면 체크리스트를 활용해서 스스로 확인해봅시다.

(1) 문제 해결 목적을 명료하게 표현했는가?

(2) 문제 현상을 정확하게 표현했는가?

(3) 문제 원인을 포함했는가?

(4) 문제 해결 방안(가설)을 포함했는가?

다음은 우리에게 도움을 줄 수 있는 하나의 예시 답안입니다.

목적	청소년들의 언어 사용 습관 개선
문제	(1) 언어 사용 습관을 개선하기 위해, 한글 파괴 현상을 예방하고 학교폭력을 줄여야 한다.

▲ **표 14-3** 1단계 예제 예시 답안

이 답안의 경우 문제 해결 목적은 '청소년들의 언어 사용 습관 개선'으로 명료하게 표현했지만, 문제 현상이 표현되어 있지 않습니다. 또 문제의 원인과 문제 해결 방안도 포함되어 있지 않죠. 앞서 설명한 것처럼 설정한 문제에 따라 수집할 데이터와 데이터를 분석할 도구가 결정됩니다. 위의 예시에서는 문제를 제대로 정의하지 않은 상태에서 오로지 자신의 생각에 의존해 결론까지 내버려 이후 단계에서 어떤 데이터를 수집하고 데이터에서 어떤 부분을 봐야 할지, 즉 어떤 데이터를 추출해서 분석할지가 불투명해졌습니다. 문제 설정을 어떻게 보완하면 좋을까요?

목적과 문제를 명료하고 구체적으로 정의를 내리려면 구조화된 사고를 연습할 필요가 있습니다. 문제 현상은 두 가지로 나누어 볼 수 있습니다. 첫 번째는 '신조어의 무분별한 사용으로 인한 한글 파괴 현상', 두 번째는 '비속어의 무분별한 사용으로 인한 언어 폭력'입니다. 물론 2~3단계에서 데이터 분석을 통해 알아보겠지만, 위 글에서 나타난 문제의 원인은 신조어와 비속어의 사용 맥락과 개인 및 사회적 요인이라고 특정할 수 있습니다. 그럼 문제 해결 방안으로 어떤 것이 좋을까요? 정답은 없지만 다음과 같이 정리해볼 수 있습니다.

목적	(1) 청소년들의 언어 사용 습관 개선
문제	(2) 신조어와 비속어의 무분별한 사용을 줄이기 위해 원인을 파악하고 해결 방안을 모색해야 한다. (3) 언어 사용 맥락과 개인/사회적 요인이 언어 사용 실태와 어떠한 관련이 있는지 확인해, (4) 이에 대한 청소년 교육이 이루어질 필요가 있다.

▲ **표 14-4** 1단계 예제 모범 답안

2단계. 데이터 수집 및 분석

1단계에서 설정한 문제를 해결하려면 우리는 언어 사용 맥락과 개인 및 사회적 요인이 청소년들의 언어 사용 실태와 관련이 있는지 확인해야 합니다. 이를 위해 다음과 같이 총 22문항으로 이루어진 설문 조사를 실시했다고 가정합시다.

- ✓ 문항 1~3: 인구사회학적 특성-환경적 요인
- ✓ 문항 4~6: 인구사회학적 특성-개인적 요인
- ✓ 문항 7~9: 바른 말 실태 조사
- ✓ 문항 10~14: 바른 말 사용 의식
- ✓ 문항 15~17: 고운 말 실태 조사
- ✓ 문항 18~22: 고운 말 사용 의식

예를 들어 신조어 사용 빈도와 맞춤법 검사 점수 간의 관계가 궁금하다면 문항 7과 문항 9의 응답 데이터를, 가족 관계와 비속어 사용 빈도 간의 관계가 궁금하다면 문항 2와 문항 15의 응답 데이터를 추출할 수 있습니다.

- 문항 7: 위의 대화에서 밑줄 친 말과 같은 신조어를 얼마나 쓰는지 선택하시오.

  ① 전혀 쓰지 않는다 ② 쓰지 않는 편이다 ③ 보통이다 ④ 쓰는 편이다 ⑤ 매우 자주 쓴다

- 문항 9: 나의 맞춤법 검사 채점 결과를 선택하시오.

  ① 1~5개 ② 6~10개 ③ 11~15개 ④ 16개~20개 ⑤ 21-25개

- 문항 2: 평소 가족과의 관계를 아래 중 선택하시오.

  ① 매우 좋지 않다 ② 좋지 않은 편이다 ③ 보통이다 ④ 좋은 편이다 ⑤ 매우 좋다

- 문항 15: 위의 대화에서 밑줄 친 말과 같은 비속어를 얼마나 쓰는지 선택하시오.

  ① 전혀 쓰지 않는다 ② 쓰지 않는 편이다 ③ 보통이다 ④ 쓰는 편이다 ⑤ 매우 자주 쓴다

위 문항의 응답 데이터가 적절한 데이터인 것 같나요? 이를 검증하기 위해 해당 응답 데이터를 엑셀로 분석해보겠습니다. 그래프를 그려본 적이 없어도 엑셀의 손쉬운 기능을 활용하면 간단하게 분석 및 시각화를 해볼 수 있답니다. 먼저 그림 14-2처럼 시각화하고 싶은 데이터 영역을 드래그한 뒤 엑셀 상단 탭에서 [삽입]을 클릭합니다. 그런 다음 차트 모양 아이콘에서

'분산형'을 클릭하고, 그래프 제목을 설정합니다. 마지막으로 데이터 특성이 잘 드러나는 차트 디자인 형식을 클릭합니다.

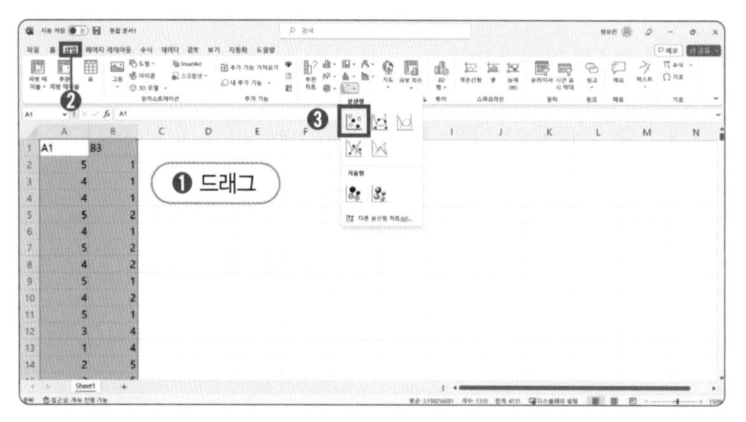

▲ **그림 14-2** 엑셀 데이터 시각화 1~3단계

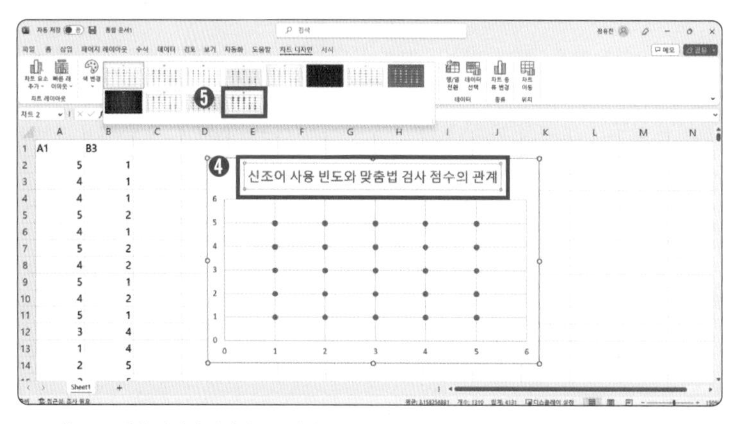

▲ **그림 14-3** 엑셀 데이터 시각화 4~5단계

위와 같은 과정을 거치면 4가지 문항의 응답 데이터를 아래 그래프처럼 시각화할 수 있습니다. 신조어 사용 빈도와 맞춤법 검사 점수의 관계 그리고 가족 관계와 비속어 사용 빈도의 관계를 살펴볼까요?

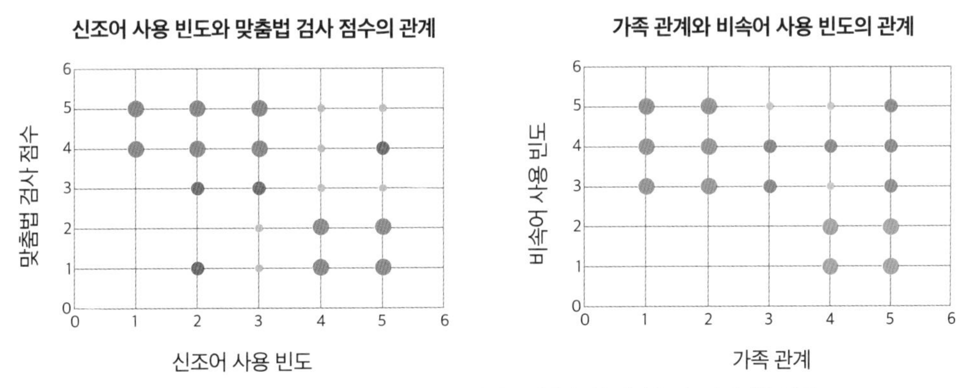

▲ **그림 14-4** 신조어 사용 빈도와 맞춤법 검사 점수의 관계(왼쪽)와 가족 관계와 비속어 사용 빈도의 관계(오른쪽)

엑셀에서 CORREL 함수를 활용해 상관계수를 구해보겠습니다. 8장에서 설명했듯이 상관계수란 두 변수의 통계적 관계를 표현하기 위해 특정한 상관관계의 정도를 수치적으로 나타낸 계수입니다. 함수식을 적용한 결과 신조어 사용 빈도와 맞춤법 검사 점수 간의 상관계수는 약 -0.72이므로, 다소 강한 음의 상관관계를 가진다고 할 수 있습니다. 같은 방법으로 가족 관계와 비속어 사용 빈도의 상관계수를 구하면 약 -0.73이므로, 이 또한 다소 강한 음의 상관관계를 가진다고 할 수 있습니다.

이처럼 상관 계수를 사용하면 두 속성 사이의 관계를 확인할 수 있습니다. 엑셀을 활용해 간단하게 상관계수를 구하려면 그림 14-5처럼 빈 셀 아무 곳이나 더블클릭해서, =CORREL(A1:A655,B1:B655) 함수를 입력하면 됩니다. CORREL 함수는 두 셀 범위의 상관계수를 반환합니다.

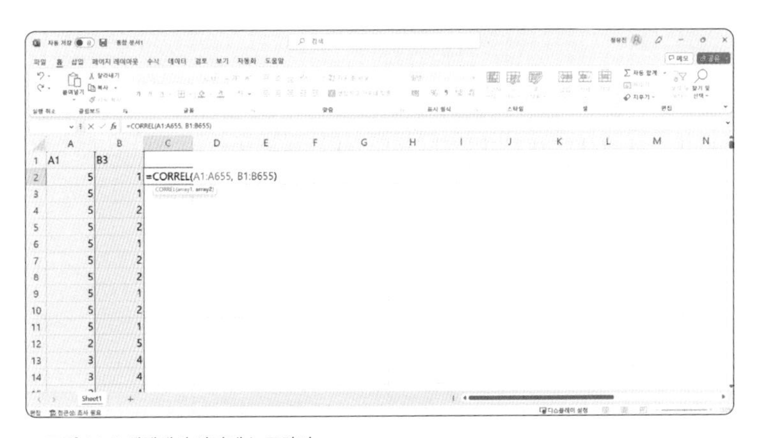

▲ **그림 14-5** 엑셀에서 상관계수 구하기

지금까지 엑셀의 간단한 기능을 활용해 데이터 시각화 및 분석 과정을 통해 데이터 간 연관성을 파악해보았습니다. 엑셀은 입문자가 많은 수의 데이터를 간편하게 분석하기에 적합한 도구이며, 두 변수 간의 관계를 시각적으로 확인할 뿐만 아니라 수치로도 확인하기 편리합니다.

3단계. 결론 도출

2단계에서 엑셀을 활용하여 데이터 분석을 해보았습니다. 그럼 이제 3단계로 넘어가(표 14-1 참고) 문제 원인을 파악하고 결론을 도출해봅시다. 우리가 본래 설정한 데이터 목적과 문제는 다음과 같았습니다.

목적	청소년들의 언어 사용 습관 개선
문제	신조어와 비속어의 무분별한 사용을 줄이기 위해 원인을 파악하고 해결 방안을 모색해야 한다. 언어 사용 맥락과 개인/사회적 요인이 언어 사용 실태와 어떠한 관련이 있는지 확인해, 이에 대한 청소년 교육이 이루어질 필요가 있다.

언어 사용 실태가 악화되어 있는 현상에 대한 원인을 규명하기 위해 2단계에서 분석한 결과를 정리하면 다음과 같습니다.

문제	신조어와 바르지 못한 맞춤법의 무분별한 사용
분석 결과	신조어 사용 빈도가 높을수록 맞춤법 검사 점수가 낮다.

문제	비속어의 무분별한 사용
분석 결과	가족관계가 좋지 않을수록 비속어 사용 빈도가 높다.

가상의 데이터를 분석한 결과 청소년들은 신조어 사용 빈도가 높을수록 맞춤법을 올바르게 사용하지 못하고, 가족관계가 좋지 않을수록 비속어 사용 빈도가 높습니다. 그렇다면 신조어 사용 빈도와 좋지 않은 가족 관계가 악화된 언어 사용 실태의 직접적 원인이라고 확신할 수 있을까요?

2단계에서의 분석 과정은 직접적인 인과관계보다는 서로 유의미한 상관관계가 있다는 것을 의미합니다. 예를 들어 가족 관계가 좋을수록 비속어의 사용 빈도가 적다는 것은 확인되었지만, 중간에 '감정 표현 능력' 등 영향을 미치는 다른 변수가 있을 수도 있습니다. 만약 이처럼 해석 과정에서 의문이 생긴다면, 새로운 질문을 설정해서 데이터 수집과 분석을 다시 해야 합니다. 그래서 핵심을 꿰뚫는 질문을 하고 이에 대한 데이터를 탐색하는 능력, 즉 데이터 리터러시가 중요합니다.

데이터 분석을 할 때마다 명쾌한 질문을 던져서 확실한 해결 방안이 나온다면 좋겠지만, 이는 현실적으로 어려운 일입니다. 현실의 문제는 너무나 복잡하고 다양한 변수가 요인과 원인이 되는 문제가 대부분이기 때문이죠. 따라서 데이터 해석 과정에서 의사소통과 비판적 사고의 중요성을 유념하고, 필요하다면 수집한 데이터가 적합한지 검증하고 질문을 던지는 단계로 다시 돌아가야 합니다.

그렇다면 가족 관계에 관한 데이터 이외에 어떤 문항의 응답 데이터를 수집하면 좋을까요? 2단계의 데이터 수집 및 분석 과정을 다시 거칩니다. 예를 들면 아래와 같은 문항의 응답 데이터를 활용해 바른 말 사용 문제의식(문항 13)과 바른 말 사용 개선 의지(문항 14) 간의 관계를 살펴볼 수 있습니다. 또는 비속어 원의미 배경지식(문항 19)과 비속어 사용 빈도(문항 15) 간의 관계를 살펴볼 수도 있습니다.

- 문항 13: 자신의 평소 언어 생활을 돌아보았을 때, 신조어 사용 및 맞춤법을 지키는 습관에 대해 어떻게 생각하는지 선택하시오.

  ① 전혀 문제가 없다 ② 문제가 없는 편이다 ③ 보통이다 ④ 문제가 있는 편이다 ⑤ 매우 문제가 많다

- 문항 14: 앞으로 신조어 사용 및 맞춤법을 지키는 습관과 관련해서 언어 생활을 개선할 생각이 얼마나 있는지 선택하시오.

  ① 전혀 없다 ② 없는 편이다 ③ 보통이다 ④ 있는 편이다 ⑤ 매우 많다

- 문항 19: 비속어의 의미를 얼마나 잘 알고 있는지 선택하시오.

  ① 전혀 모른다 ② 모르는 편이다 ③ 보통이다 ④ 잘 아는 편이다 ⑤ 매우 잘 알고 있다

- 문항 15: 위의 대화에서 밑줄 친 말과 같은 비속어를 얼마나 쓰는지 선택하시오.

  ① 전혀 쓰지 않는다 ② 쓰지 않는 편이다 ③ 보통이다 ④ 쓰는 편이다 ⑤ 매우 자주 쓴다

문항 13과 14, 문항 19와 15의 응답 데이터를 각각 시각화한 그래프에서 어떤 상관관계를 알 수 있나요? 언어 사용 실태가 악화되어 있는 현상에 대한 원인을 규명하기 위해 새롭게 분석한 결과를 아래 빈칸에 정리해봅시다. 첫째, 바른 말 사용에 대한 문제의식이 높을수록 개선

의지가 높다는 것을 확인할 수 있고, 둘째, 비속어의 원의미를 잘 모를수록 비속어 사용 빈도가 높다는 것을 확인할 수 있습니다.

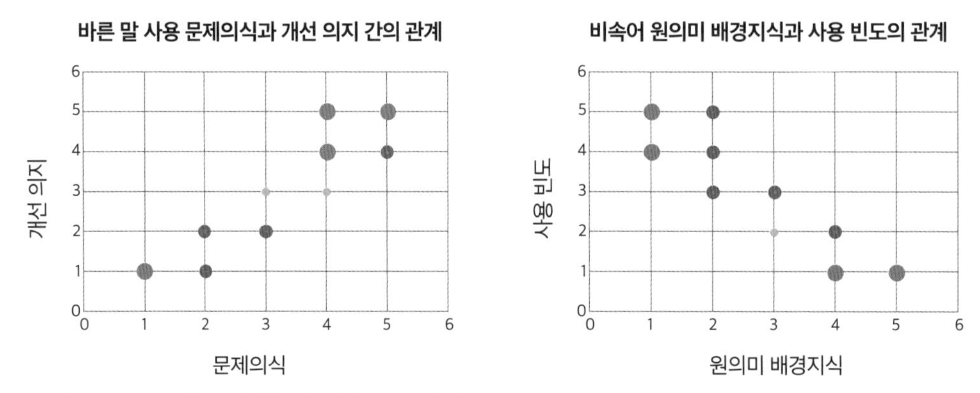

▲ **그림 14-6** 바른 말 사용 문제의식과 개선 의지 간의 관계(왼쪽) /비속어 원의미 배경지식과 사용(오른쪽) 빈도의 관계

문제	신조어와 바르지 못한 맞춤법의 무분별한 사용
분석 결과	

문제	비속어의 무분별한 사용
분석 결과	

4단계. 문제 해결

4단계에서는 3단계의 결론 도출을 통해 청소년들의 언어 사용 습관을 개선하기 위한 문제 해결 방법을 다음과 같이 떠올려볼 수 있겠습니다. 첫째, 과한 신조어 사용으로 인해 우리 말이 훼손되지 않도록 올바른 맞춤법 사용을 지도하고, 바른 말 사용에 대한 문제의식을 스스로 가질 수 있도록 지속적인 언어 습관 개선 교육이 필요합니다. 둘째, 청소년들이 적절한 언어적 표현 방법과 비속어에 대한 배경지식을 가질 수 있도록 학교와 사회에서 아낌없는 지원을 해야 합니다.

이렇게 청소년들의 언어 사용 습관이라는 문제를 해결하기 위해 데이터 리터러시 가이드의 4 단계를 직접 실습해보았습니다. 우리는 3단계에서 다시 2단계로 다시 돌아갔었지만, 어느 단계에서나 회귀할 필요성이 있다면 망설임 없이 다시 비판적으로 데이터를 살펴보아야 합니다.

결국 데이터는 도구일 뿐, 중요한 것은 독자 여러분이 목적과 정의를 스스로 설정해 그에 맞는 데이터를 수집하고, 데이터 분석 및 시각화 방법을 결정하는 역량입니다. 한 가지 더 잊지 말아야 할 것은 자신의 배경지식이나 직관적 사고에 의지하지 않는 것입니다. 이는 인지 편향의 오류에 빠지지 않기 위함입니다. 인지 편향의 오류란 경험에 의해 논리적이지 않은 추론으로 잘못된 판단에 이르는 것을 의미합니다. 인지 편향의 오류에 빠지게 되면, 미리 생각해둔 방향대로 데이터를 해석하게 될 수 있으므로 데이터 리터러시를 기르는 데에 큰 위험요소가 됩니다. 마치 정답을 정해두고 문제를 푸는 느낌이라고 할 수 있겠죠? 언제나 비판적인 사고와 의사소통하려는 자세를 유지하며 데이터 분석 과정을 연습하여 데이터를 읽어내는 렌즈를 갖출 수 있길 바랍니다.

이번 장에서는 4단계의 데이터 리터러시 활용 가이드를 통해 각 단계별 중요한 포인트를 살펴보고 간단한 문제해결 사례도 살펴보았습니다. 이제 생활 속 문제를 직접 데이터로 해결할 준비가 되었나요? 다음 장에서는 데이터 수집의 꽃, 설문지를 직접 제작해보고 응답 데이터를 분석 및 해석하는 실습을 해보겠습니다.

질문부터 통찰까지 꿰뚫는 설문 조사 만들기

이번 장에서는 실제로 데이터를 직접 수집해보고 간단히 분석해보려고 합니다. 데이터를 수집하는 방법에는 여러 가지가 있습니다. 내가 해결하고 싶은 질문을 모아 설문 조사를 시행해보고 데이터를 수집해보면 재미도 있고 데이터를 보는 눈이 사뭇 달라질 것입니다.

혹시 어떤 강의를 듣고 강의평가를 하면서 내가 지금까지 참여한 설문 조사는 어떻게 분석되고 통계적으로 처리될지 궁금하지 않았나요? 여러분도 이러한 설문 조사에 참여한 적이 한 번 이상은 있었을 것입니다. 이번 장에서 설문 조사와 분석, 데이터 시각화 활동을 함께 해본다면 데이터에 숨겨진 통찰을 멋지게 파악할 수 있을 것입니다. 자, 그러면 일상에서의 질문을 바탕으로 설문지를 제작하는 것부터 시작해볼까요?

1. 이 강의는 전체적으로 만족스러웠다.

   ① 매우 그렇다 ② 그렇다 ③ 보통 ④ 그렇지 않다 ⑤ 매우 그렇지 않다

2. 강의 준비와 강의 내용이 충실했다.

   ① 매우 그렇다 ② 그렇다 ③ 보통 ④ 그렇지 않다 ⑤ 매우 그렇지 않다

3. 교육방법이 효과적이었다.

   ① 매우 그렇다 ② 그렇다 ③ 보통 ④ 그렇지 않다 ⑤ 매우 그렇지 않다

4. 이 강의에서 좋았던 점을 적어 주십시오.

   ....

   ....

5. 이 강의에서 개선할 점이 있다면 적어 주십시오.

   ....

   ....

▲ **그림 15-1** 강의가 끝난 후 작성하는 강의평가 설문 예시

1 설문지 만들고 응답 데이터 받기

우리가 설문지를 만드는 이유는 어떤 문제를 해결하는 데 여러 사람들의 의견이 궁금하고 이를 바탕으로 합리적인 의사결정을 하기 위함입니다. 설문지는 조사 대상을 추출해 체계적으로 목적을 위해 설계된 질문의 목록입니다. 예전에는 종이 형태로 수집해 응답을 하나하나 수작업으로 정리했지만, 최근에는 구글 설문지나 네이버 폼처럼 온라인으로 수집해 손쉽게 시트 형태로 정리합니다. 이번 장에서는 구글 설문지와 구글 스프레드시트를 활용해보겠습니다.

먼저 일상생활에서 해결하고 싶은 통계적 문제를 찾아봅니다. 예시로, 유엔의 지속가능발전목표(Substainable Development Goals, SDGs) 중 하나인 기후 변화 대응과 관련된 사람들의 인식을 알아보려고 합니다. 사람들의 인식이 어떤지, 연령별로는 인식이 어떻게 다른지, 그리고 어떤 방안을 일상에서 실천할 수 있는지를 조사해봅시다. 궁금한 점을 정리하면 다음과 같습니다.

- ✔ Q1. 사람들의 기후 위기 인식 수준은 전반적으로 어느 정도일까?
- ✔ Q2. 사람들은 어떤 방안을 일상에서 실천할 수 있다고 생각할까?
- ✔ Q3. 연령대별로 기후 위기 인식 수준은 얼마나 다를까?

이 질문들에 대답하기 위해 어떤 항목을 조사해야 할까요? 먼저 '기후 위기 인식'을 구체적으로 물어볼 수 있는 질문을 정합니다. 예를 들어, '기후 변화를 멈추기에는 늦었다고 생각하나요?'와 '기후 위기의 심각성에 대해 어떻게 생각하나요?'와 같은 문항으로 구성할 수 있습니다.

데이터 수집의 꽃, 설문지 만들기

설문지를 만들려면 질문에 숨어 있는 요인들을 찾아내는 것이 필요합니다. 이 질문에 포함된 요인은 다음과 같습니다. Q1과 Q2에서는 기후 위기 인식 문제 두 문항과 일상에서의 실천 방안을 물어본다면, Q3는 '연령대'와 '기후 위기 인식 수준'에 대해 물어보고 있습니다.

세 질문의 차이점이 보이나요? Q1, Q2에는 한 가지 요인이 숨어 있고 Q3에는 두 가지 요인이 숨어 있습니다. 중요한 것은 Q3에서 이 두 요인이 연결되어 있다는 것입니다. 예를 들어 Q3 질문에 답하기 위해서는 응답자의 연령에 대한 정보가 필요하고 그 다음에 이 사람이 어떤 인식 수준을 갖고 있는지를 조사해야 합니다. 단순해 보이지만, 그 안에 어떤 요인이 담겨있는지 파악하는 과정이 필요합니다. 먼저 각 요인에 따라 질문을 구성해볼까요? 그룹을 나누기 위한 A 문항(A1), 기후 위기 인식 수준을 나타내는 B 문항(B1, B2), 실천 방안을 묻는 C 문항(C1)으로 나누어서 구성했습니다.

[설문 리스트]

- ✓ A1. 귀하가 속하는 연령대를 고르세요.
- ✓ B1. 기후 변화를 멈추기에는 늦었다고 생각하나요?
- ✓ B2. 기후 위기가 심각하다고 생각하나요?
- ✓ C1. 기후 위기를 막기 위해 무엇을 실천하고 있나요?

질문이 완성되었습니다. 이때 설문을 주관식 응답으로 받으면 어떻게 될까요? 아마 수십 명, 혹은 수백 명의 텍스트 응답 결과를 정리하느라 시간이 많이 걸릴 것입니다. 그래서 설문지에서는 주관식 응답도 가끔 있지만 일반적으로 선택형 응답을 많이 사용합니다. 예상되는 항목을 미리 설정하고 항목을 선택할 수 있게 하는 것이죠. 따라서 질문을 만드는 것도 중요하지만, 선택형 질문의 보기를 어떻게 구성할지도 굉장히 중요합니다.

연령대도 학생을 대상으로 조사하느냐 모든 사람을 대상으로 조사하는지에 따라 선택형 질문의 보기가 달라집니다. 여기서는 10대, 20대, 30대, 40대, 50대 이상으로 구분하겠습니다. 또한 B1, B2처럼 정도를 나타내는 응답을 구성할 때는 '예, 아니오' 이렇게 두 가지 척도로 구성할 수도 있고 '매우 그렇다, 그렇다, 보통이다, 그렇지 않다, 매우 그렇지 않다'와 같이 다섯 개의 척도로 구성할 수도, 더 많은 척도로 구성할 수도 있습니다. 여기서는 일반적으로 많이 사용하는 다섯 개의 척도를 사용하겠습니다. 마지막으로 실천 방안의 경우 어느 정도 예비 조사를 통해 몇 가지 대표적인 방법으로 그리고 너무 많지 않게 항목을 구성하겠습니다.

다음은 Q1, Q2, Q3을 해결하기 위해 필요한 요인들을 설문지의 질문으로 구성한 결과입니다.

[설문 리스트]

A1. 귀하가 속하는 연령대를 골라 주세요.

① 10대 ② 20대 ③ 30대 ④ 40대 ⑤ 50대 이상

B1. 기후 변화를 멈추기에는 늦었다고 생각하나요?

① 매우 그렇다　② 그렇다　③ 보통이다　④ 그렇지 않다　⑤ 매우 그렇지 않다.

B2. 기후 위기가 심각하다고 생각하나요?

① 매우 그렇다　② 그렇다　③ 보통이다　④ 그렇지 않다　⑤ 매우 그렇지 않다.

C1. 기후 위기를 막기 위해 무엇을 실천하고 있나요?

① 대중교통 이용하거나 친환경 이동수단 이용하기

② 고기 대신 채식하는 습관 들이기

③ 일회용품 대신 에코백, 텀블러 사용하기

④ 쓰지 않는 전자제품 코드 뽑기

⑤ 나무 심기, 묘목 키우기

⑥ 아무것도 실천하지 않고 있음

Q1에는 B1과 B2가, Q2에는 C1가, Q3에는 A1에 따른 B1, B2라는 요소가 포함된 것을 알 수 있네요! 이렇게 설문지를 계획했다면, 반 이상이 끝났습니다. 이제 구글 설문지로 옮겨볼까요?

구글 설문지 만들기

구글 설문지에 들어가서 새 양식을 만듭니다. 혹은 주소 창에 forms.new를 입력하면 바로 다음과 같이 설문지 만들기 창으로 연결됩니다.

▲ **그림 15-2** 구글 설문지 첫 화면

설문지의 제목과 설명은 응답자가 처음 마주하는 부분이므로 좋은 인상을 심어주는 것이 좋겠죠? 제목은 설문 내용을 담을 핵심 키워드를 담아 작성하고, 설명란에는 간단한 인사말과 어떤 목적으로 조사를 실시하는지 그리고 개인정보보호에 대한 설명을 포함합니다.

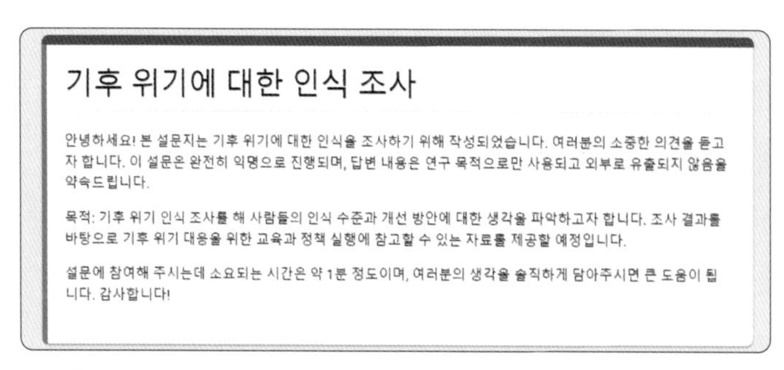

▲ **그림 15-3** 설문지 인사말 작성 예시

다음으로 설문지 문항을 작성합니다. 이전에 계획해 놓은 설문지 문항을 옮기면 되는데, 선택해야 할 질문 유형이 굉장히 많습니다.

▲ **그림 15-4** 설문지 유형 목록 선택

응답자가 원하는 대로 작성할 수 있는 '주관식'과 '단답형'과 '장문형'이 있습니다. 주관식은 텍스트를 입력 받기 때문에 사람들의 생생한 의견이나 이름 등을 수집할 때 필요한 항목입니다. 반대로 객관식 질문은 여러 보기 중에 하나만 선택해야 될 때 사용하며, 체크박스는 복수 응답을 허용할 때 사용하곤 합니다. 서로 기능은 비슷하기 때문에 객관식 중에서는 대표적으로 객관식 질문과 선형 배율 두 가지만 사용하도록 하겠습니다.

객관식 질문은 연령대, 실천 방법 등 여러 목록 중 하나를 고를 때 사용하고, 선형 배율은 만족도와 선호도와 같이 '매우 그렇지 않다, 그렇지 않다, 보통이다, 그렇다, 매우 그렇다'처럼 어떤 정도를 나타낼 때 사용합니다. 이때 조심할 점은 같은 선택형 문항이라도, '실천 방법'과 '기후 위기 인식'은 유형이 다르다는 것입니다. 어떤 점이 다를까요?

정답은 '순서' 여부입니다. 실천 방법에는 순서가 없지만, 기후 위기 인식 심각도는 '매우 그렇다'부터 '매우 그렇지 않다'까지 여러 순서가 있습니다. 이처럼 항목 사이에 순서가 존재하지 않는 경우를 '명목형 자료'라고 하며, 항목 사이에 순서가 존재하는 경우를 '순서형 자료'라고 합니다.

용어 정리 범주형 데이터와 수치형 데이터

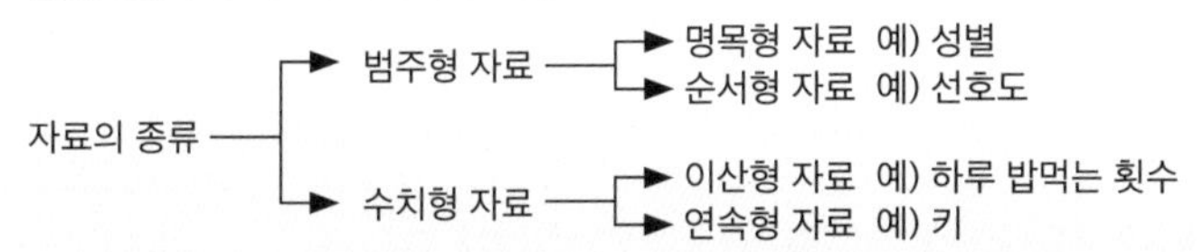

명목형과 순서형처럼 선택지가 몇 가지의 항목으로 나뉘는 자료를 범주형 자료(Categorical Data)라고 합니다. 위 설문 조사에는 나오지 않았지만, 또 다른 자료의 종류로 수치형 자료가 있습니다. 수치형 자료(Numerical Data)는 '하루 밥 먹는 횟수'처럼 셀 수 있는 이산형 자료, 그리고 키나 몸무게와 같은 '연속형 자료'로 구분됩니다. 수치형 자료의 경우 단답형 질문으로 설정을 해야 합니다.

이러한 내용들을 토대로 설문지를 완성해보세요. 여러분의 생각을 더해 다른 항목들을 추가해도 좋습니다.

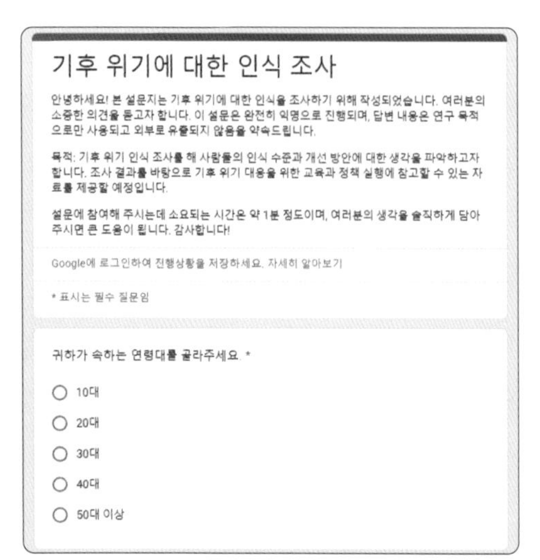

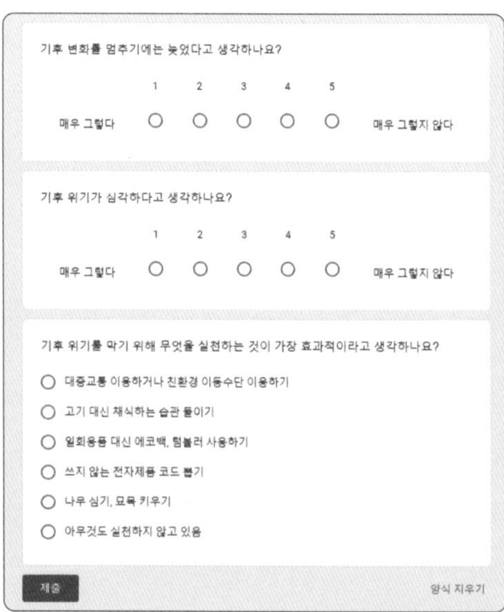

▲ **그림 15-5** 완성된 설문지의 예

2 코답(CODAP)을 활용한 설문 응답 데이터 분석

설문지를 완성했으면 설문지 링크를 다른 사람들에게 공개하기 전에, 엉뚱한 대답이 수집되거나 중요한 정보를 수집하지 못하는 일이 없게 다시 한 번 검토합니다. 시간이 있다면 주변 지인들에게 몇 개의 답변을 받아보는 '예비 조사'를 통해 설문 문항을 보완하면 더 좋습니다.

준비를 다 했으면 이제 링크를 통해 사람들에게 응답을 받으면 됩니다. 응답이 수집되면 실시간으로 '요약' 탭이 업데이트됩니다. 다음은 100명에게 응답을 받은 결과입니다.

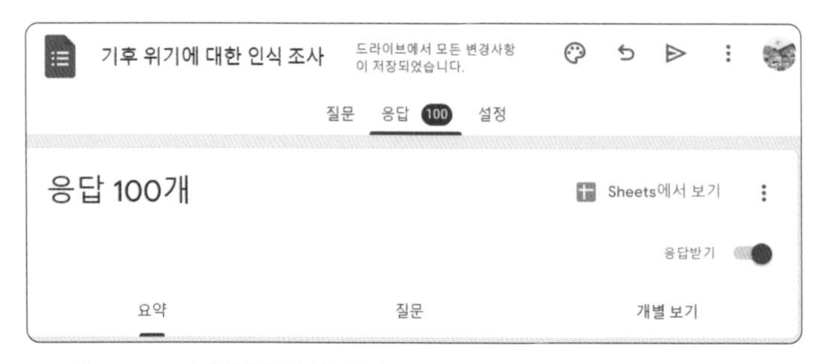

▲ **그림 15-6** 100명에게 응답을 받은 결과

구글 설문지의 '요약' 탭에는 응답 결과가 문항별로 정리되어 그래프로 표시됩니다. 1번부터 살펴볼까요?

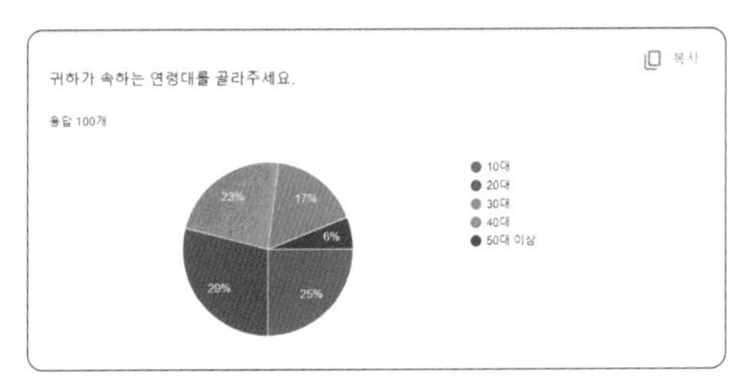

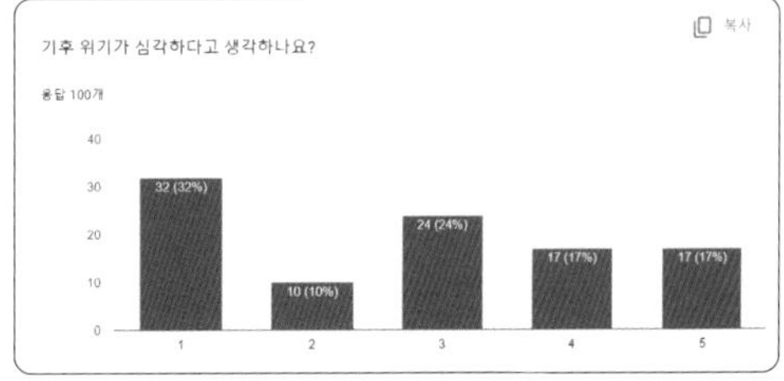

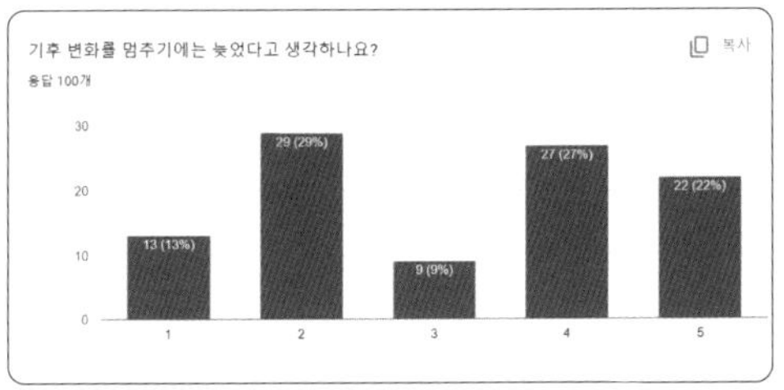

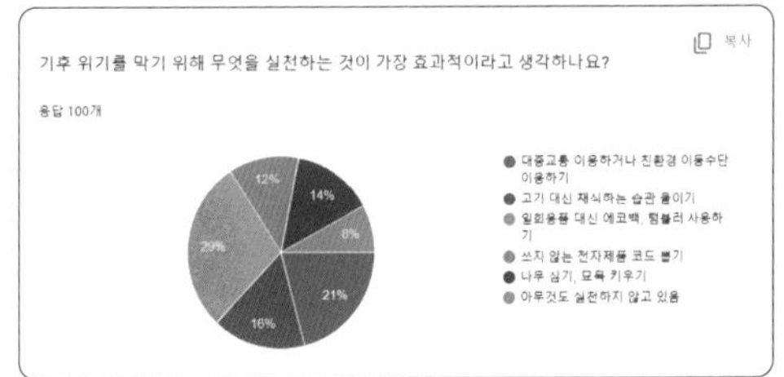

▲ **그림 15-7** 응답 결과가 문항별로 정리되어 그래프로 나타남

'객관식 질문'으로 설정했던 명목형 데이터는 원그래프, '선형 배율'로 설정했던 순서형 데이터는 막대그래프로 나왔습니다. 반드시 어떤 자료는 어떤 그래프로 나타내야 한다는 원칙은 없지만, 항목이 5개 내외일 때에는 원그래프로, 항목이 많을 때에는 막대그래프로 주로 나타냅니다. 참고로 선형 배율에서는 각각 순서대로 1, 2, 3, 4, 5로 변환되어 데이터가 쌓입니다.

네 개의 그래프를 살펴보니, 연령대는 2~30대를 중심으로 몰려 있고, 50대 이상 표본이 유난히 적지만 그 외에는 골고루 분포되어 있는 것을 확인할 수 있습니다. 가끔 설문 조사 대상을 결정할 때, 특정 집단에서만 응답을 받아 그 결과를 일반화하기 어려울 수 있으므로 연령대 분포 확인을 통해 자료가 편향되지 않게 수집되었는지 확인해야 합니다. 다음으로 B1 '기후 변화를 멈추기에는 늦었다고 생각하나요?'에 동의하는 사람의 비율은 42%, 동의하지 않는 사람의 비율은 49%로 동의하지 않는 사람의 비율이 좀 더 높은 것을 알 수 있습니다. B2 '기후 위기가 심각하다고 생각하나요?'에 동의하는 사람은 42%, 동의하지 않는 사람은 34%로 동의하는 사람이 조금 더 많네요. 사람들의 기후 위기 인식 수준은 전반적으로 높다고 볼 수 있습니다. 마지막으로 C1 '기후 위기를 막기 위한 실천 방법'으로 교통수단과 일회용품 사용하지 않기가 높은 순위를 차지했습니다.

데이터 깊게 분석하기: 데이터 시트로 연결하기

이렇게 Q1, Q2은 해결되었는데 Q3은 어떻게 해결하면 좋을까요? 바로 '연령대'에 따른 기후 위기 인식 수준입니다. 요약 탭의 그래프는 각 문항에 대한 분포만 나타내고 있어 Q3을 해결하기엔 어려울 것 같은데, 한 명 한 명의 응답 데이터를 어떻게 볼 수 있을까요?

이 질문에 대한 답을 하기 위해서는 구글에서 요약해준 자료가 아닌 원자료가 필요합니다. 원자료는 구글 설문지에서 '응답' 탭을 누르고, 이 [Sheets에서 보기] 버튼을 누르면 '기후 위기에 대한 인식 조사(응답)'이라는 제목의 구글 시트가 새로 생성됩니다.

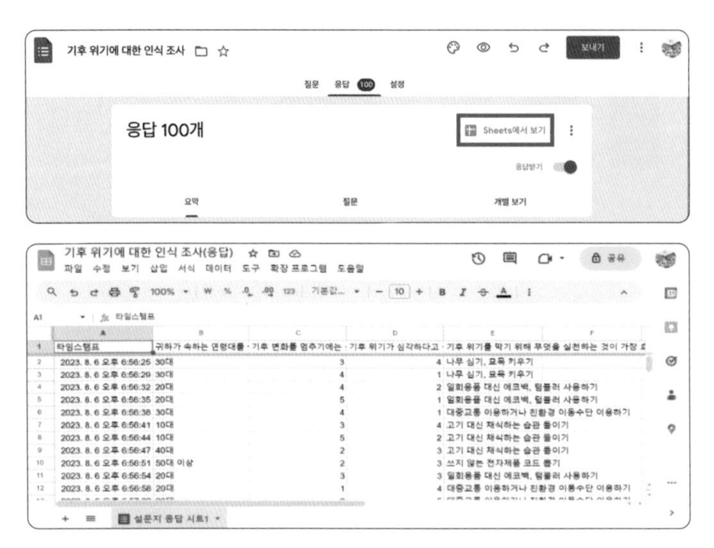

▲ **그림 15-8** [Sheets에서 보기] 버튼을 누르면 구글 시트가 새로 생성됨

이것을 원자료 혹은 원시데이터(raw data)라고 하는데, 말 그대로 날것의 데이터입니다. 요리로 비유하자면 싱싱한 식재료가 되겠죠. 가로줄을 행(row), 세로줄을 열(column)이라고 합니다. 열에는 응답한 시각을 나타내는 타임스탬프와 질문으로 구성되어 있습니다. 한 행은 한 사람의 응답을 뜻합니다. 예를 들어 첫 번째로 응답한 사람의 연령은 30대이고, 기후 변화를 멈추기에는 늦지도 빠르지도 않다고 응답했으며, 기후 위기가 심각하지 않고 기후 위기를 막기 위해선 나무를 심는 것이 좋다고 응답한 것이죠.

질문을 해결하려면 원자료에서 연령대에 따라 데이터를 구분할 필요가 있습니다. 즉, 연령대별 기후 인식을 따로 구분해서 분할표로 정리해야 하는데요, 연결된 데이터 시트에서 다음과 같이 '피봇 테이블'을 이용해 나타낼 수 있습니다.

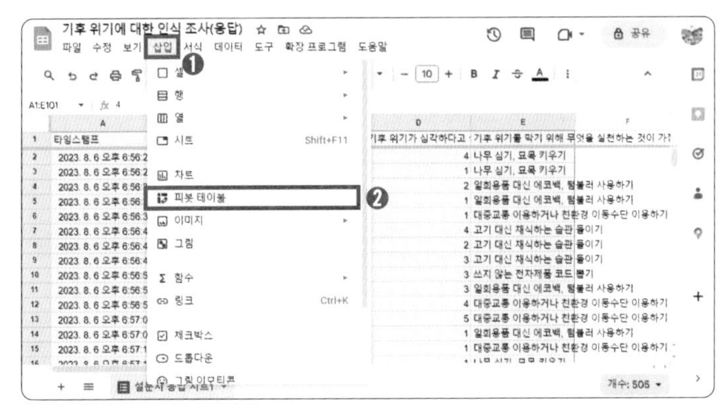

▲ **그림 15-9** 시트에서 모든 데이터를 선택 후 [삽입] - [피봇 테이블] - [새 시트] 클릭

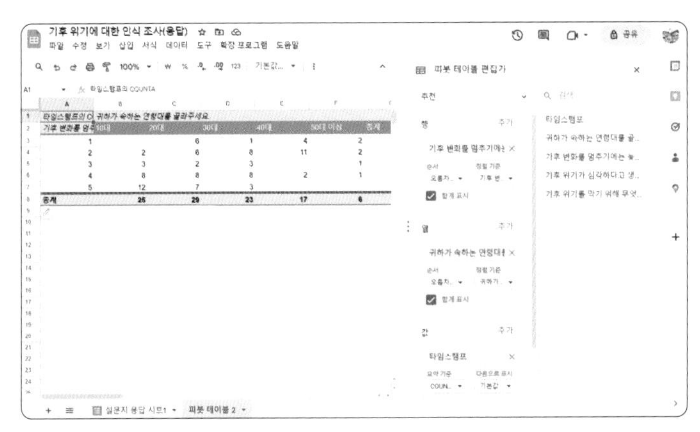

▲ **그림 15-10** 행, 열, 값을 지정해 분할표 완성하기

이렇게 요약된 표를 분할표 혹은 빈도표라고 합니다. 하지만 이러한 표 형태보다 그래프로 나타낸다면 더욱 한눈에 분포를 볼 수 있습니다. 그래프로 나타내려면 시트에서 [삽입] - [차트]를 통해 만들 수 있지만, 좀 더 쉽고 직관적으로 그리는 방법을 소개합니다.

코답을 이용한 설문 분석

코답(CODAP)은 데이터 과학 수업을 위해 만들어진 무료 사이트입니다. 홈페이지 첫 화면의 오른쪽 위에 있는 Lauch CODAP을 클릭해 기존에 있는 문서를 불러오거나 새로운 문서를 열 수 있는데, 여기서는 새로운 문서를 만들어보겠습니다. 위의 응답 데이터를 불러오는 가장 간단한 방법은 스프레드시트의 원자료에서 데이터를 모두 선택해 복사한 후, [테이블] 버튼을 클릭해 [클립보드에서 새로...]라는 버튼을 눌러서 불러오는 방법입니다.

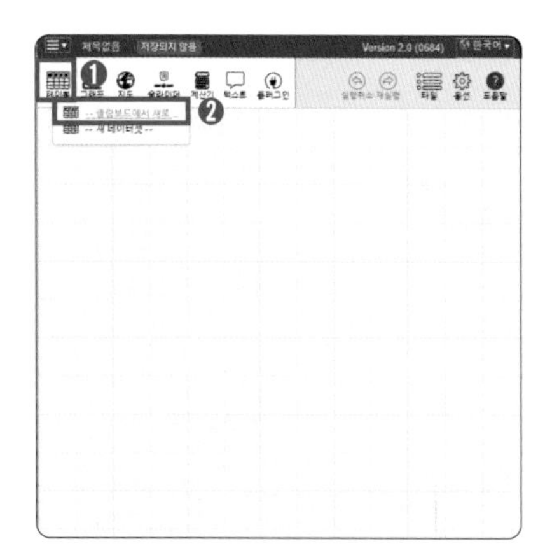

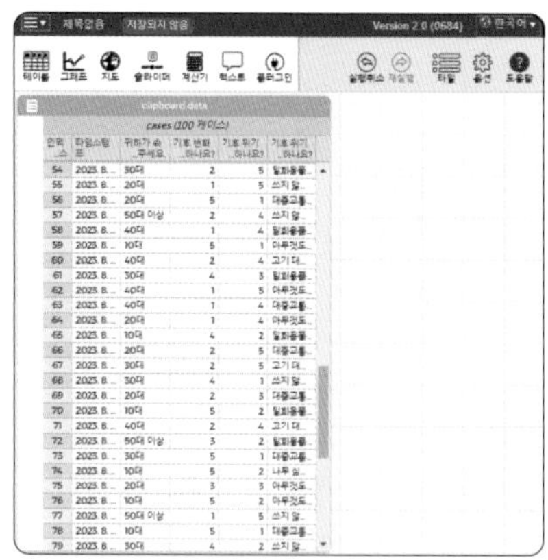

▲ **그림 15-11** [클립보드에서 새로...] 버튼을 눌러서 스프레드시트 불러오기

이때 열 이름이 너무 길어서 보이지 않을 경우 열 이름을 클릭하고 '이름 바꾸기'를 통해 열 이름을 간단하게 수정합니다. 이때 특히 B1, B2의 경우 1, 2, 3, 4, 5가 각각 무엇을 의미하는지 꼭 기억해 두세요!

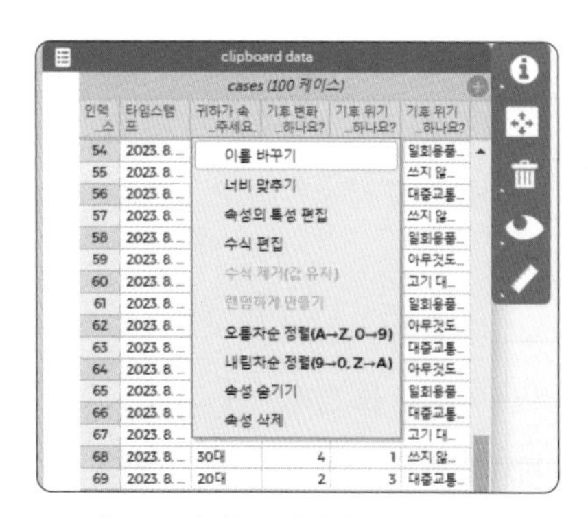

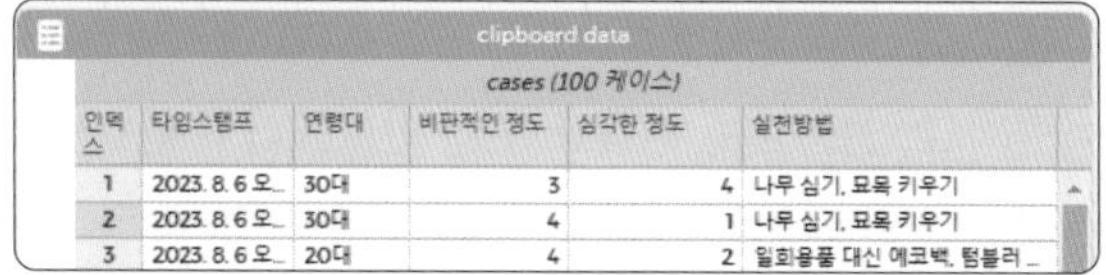

▲ **그림 15-12** 열 이름 수정 방법

이제 왼쪽 상단의 두 번째 '그래프' 버튼을 누르면 됩니다. 각 질문에 따라 그래프를 표현할 수 있도록 질문 개수만큼 그래프를 생성합니다. 여기서는 네 개의 질문에 대한 그래프를 나타내기 위해 네 개의 그래프를 그리는데 각각 연령대, 비관적인 정도, 심각한 정도, 실천 방법에 대한 그래프를 그릴 것입니다.

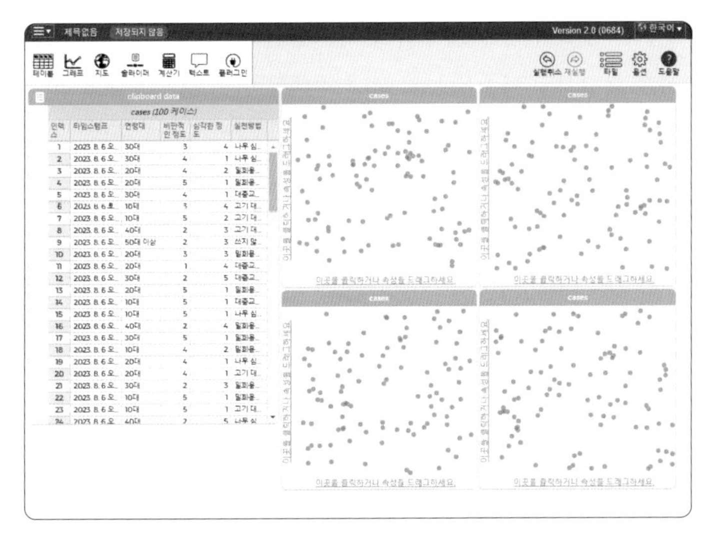

▲ **그림 15-13** 네 개의 질문에 대한 그래프 생성

그런 다음 타임스탬프를 제외한 열 이름을 각각 좌표평면에 그대로 드래그 앤 드롭하면 분포가 점그래프로 생성되는 것을 볼 수 있습니다.

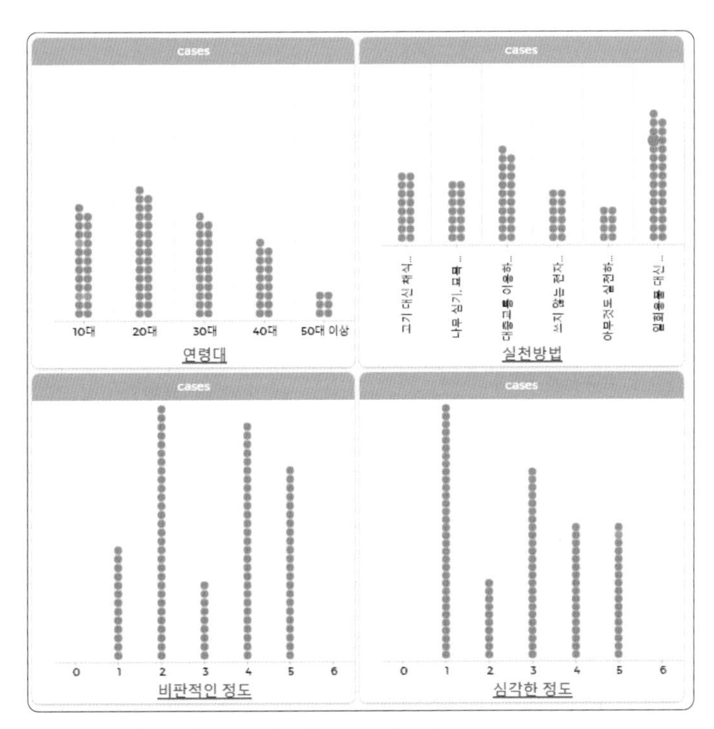

▲ **그림 15-14** 열 이름을 드래그 앤 드롭하여 점그래프 생성

또한, 오른쪽에 있는 여러 가지 버튼 중에서 자 모양의 측정 버튼을 통해 개수나 비율도 나타낼 수 있습니다. 또 그래프 모양의 환경설정 버튼을 눌러 '점을 막대로 변환'을 누른다면 범주형 데이터를 막대그래프로 쉽게 나타낼 수 있습니다.

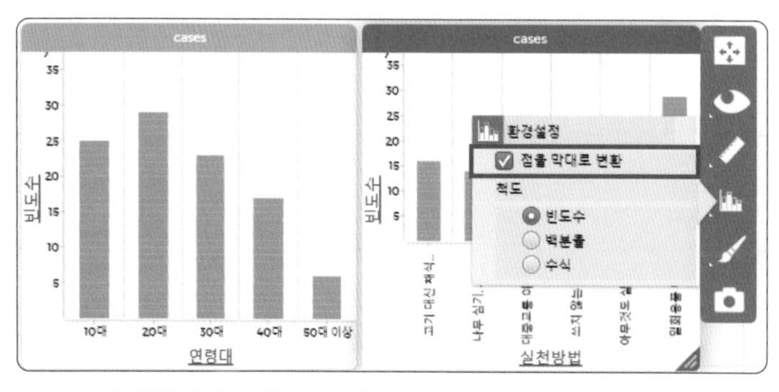

▲ **그림 15-15** [환경설정] 버튼에서 '점을 막대로 변환'을 클릭

기후 위기 인식에 대한 질문인 B1, B2의 경우 1, 2, 3, 4, 5로 표현되어 있어 수치형 데이터로 인식되었는데 이를 범주형 데이터로 변환하려면 해당 열 이름을 클릭하고 '속성의 특성 편집'을 클릭해 범주형으로 변환할 수 있습니다. 혹은 현재 그래프에서 파란색 열 이름을 클릭해 '범주형으로 변환'을 클릭해도 됩니다.

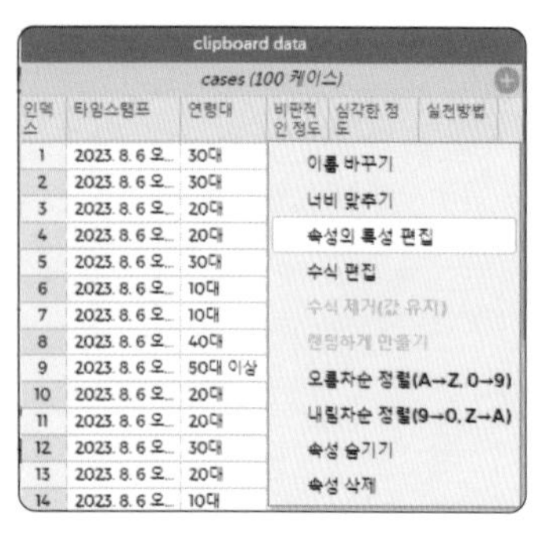

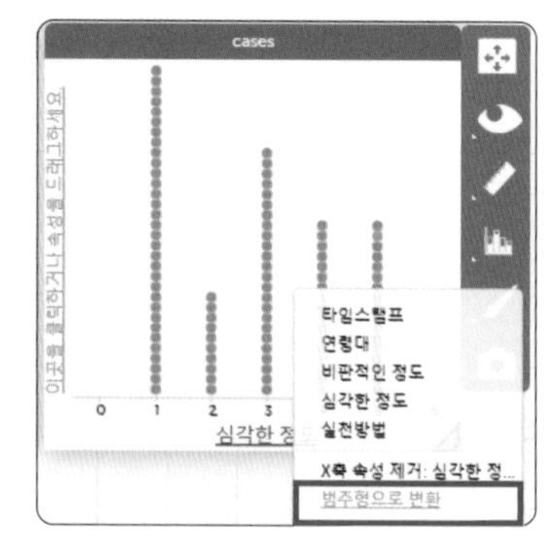

▲ **그림 15-16** 수치형 데이터를 범주형 데이터로 변환

여기까지는 구글 설문의 요약 탭에 나타난 것과 동일합니다. 이제 그래프에 다른 열 이름을 추가로 드래그합니다. 예를 들어 연령대에 따른 기후 인식을 나타내려면 새 그래프를 만들고 가로축에 B2 열을 드래그한 다음, 연령대를 좌표평면 상단에 [+] 버튼이 나올 때 드롭하면 됩니다.

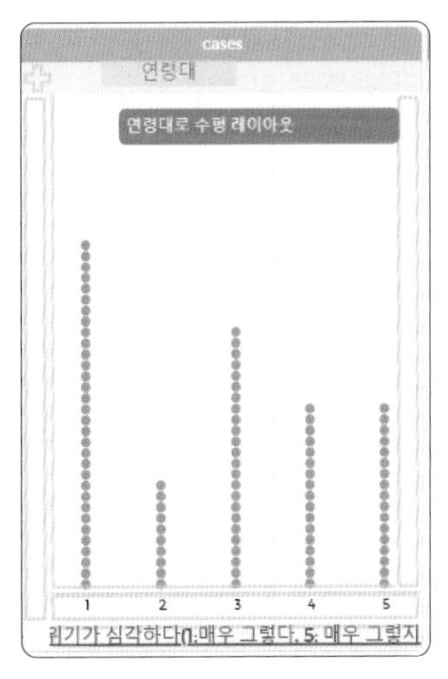

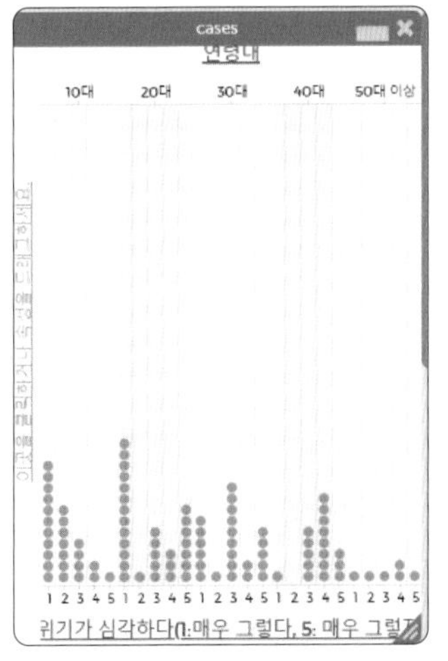

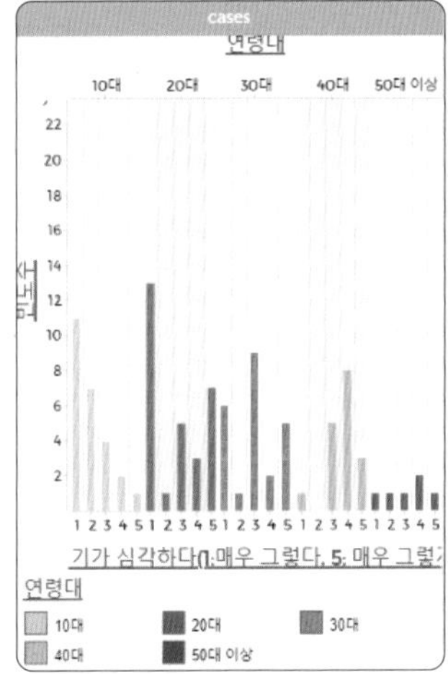

▲ **그림 15-17** 다른 열 이름을 추가

이때 순서를 바꿔 A1(연령대)를 먼저 나타낸 후 B2열을 상단에 드래그하면 기후 위기 인식 정도에 따른 연령대를 나타내는 그래프가 되므로, 그래프에서 말하고자 하는 바가 달라지니 유의해야 합니다.

마지막으로, Q3를 해결해봅시다. 연령별로 구분해 기후 위기에 대한 인식 정도를 살펴보겠습니다.

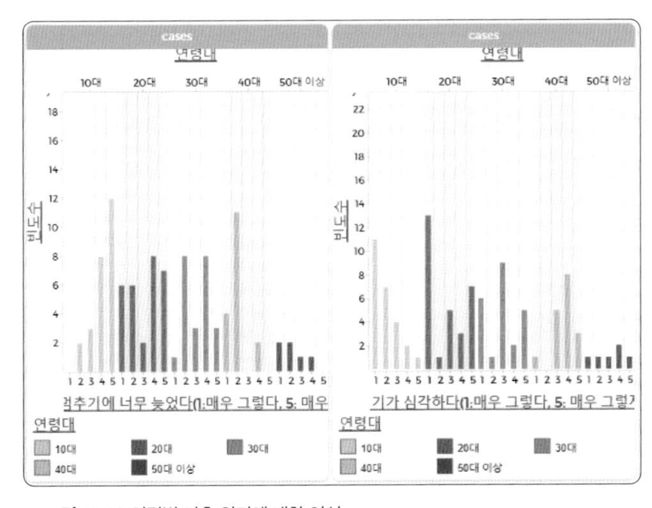

▲ **그림 15-18** 연령별 기후 위기에 대한 인식

연령에 따라 그 양상이 많이 다른 것을 알 수 있습니다. 10대는 각각 기후 위기를 충분히 멈출 수 있다고 생각하고, 기후 위기는 심각함을 강하게 인식하고 있습니다. 최근 들어 학교에서 실시한 환경 교육이 자리잡은 것이 영향을 미친 것 같습니다. 20대의 경우 기후 위기를 멈추기엔 늦었다고 생각하는 사람이 절반에 해당해, 기후 위기의 심각성에 대해 꽤 많은 사람이 공감하는 것으로 보입니다. 30대는 보통과 양 극단에 몰려 있는 경향이 있고, 40대의 경우에는 기후 위기를 멈추기엔 너무 늦었다는 사람이 대부분을 차지합니다. 기후 위기의 심각성에서도 심각하지 않다고 생각하는 사람이 더 많은 것을 알 수 있습니다. 50대 이상은 표본이 많지 않아 경향이 뚜렷하게 보이진 않습니다.

지금까지 하나의 가상의 설문 조사를 예로 들어 간단한 분석을 해보았습니다. 데이터 기반 프로젝트의 꽃은 바로 자신이 관심있는 분야에 대해 수집한 데이터를 분석하는 것입니다. 또한, 데이터 기반의 추론은 통계적 질문에서 시작하는데, 이는 아주 다양한 사람들로부터 시작합니다. 이를 '변이성'이 있다고도 하죠. 이렇게 변이성이 내재된 세상에서 여러분도 꼭 관심 있는 분야의 데이터를 직접 수집해보고, 다양한 툴을 활용해 시각화한 뒤 데이터를 분석하는 기쁨을 맛보면 좋겠습니다.

설문지로 데이터 수집 시 개인정보보호에 주의

설문을 통해 응답을 수집할 때는 특별한 경우를 제외하고는 익명으로 수집하며, 응답자의 개인 식별을 방지하도록 변형할 수 있습니다. 그리고 수집된 응답은 유출되지 않도록 주의해서 다뤄야 합니다. 설문의 용도에 따라 다르지만, 개인정보이용동의를 받을 때는 다음과 같이 설문지에 안내 설명을 적도록 합시다.

"이 설문으로 수집되는 정보는 [목적]에 사용되며, 개인 식별을 위한 목적으로는 사용하지 않습니다. 이 설문 조사에 참여하시려면 '동의합니다' 버튼을 클릭하세요."

데이터 패턴을 분석해 2050년 서울 기온 예측하기

세상에는 수많은 데이터가 존재하고 수집할 수 있는 방법도 다양합니다. 앞에서는 직접 데이터를 수집해서 분석해보았는데요, 우리가 필요한 모든 데이터를 설문을 통해 얻기엔 한계가 있습니다. 이때 공공기관이나 민간기관에서 수집한 데이터를 활용하면 다양한 데이터를 쉽게 수집할 수 있어 유용합니다.

따라서 이번 장에서는 기상자료개발포털에서 제공하는 기온 데이터로 미래의 기온을 예측해 보려 합니다. 이는 시각화로만은 해결할 수 없는 복잡한 문제인데요. 파이썬을 활용하면 좀 더 심화된 다양한 분석을 할 수 있습니다. 그럼 함께 시작해볼까요?

1 기온 데이터 패턴 분석하기

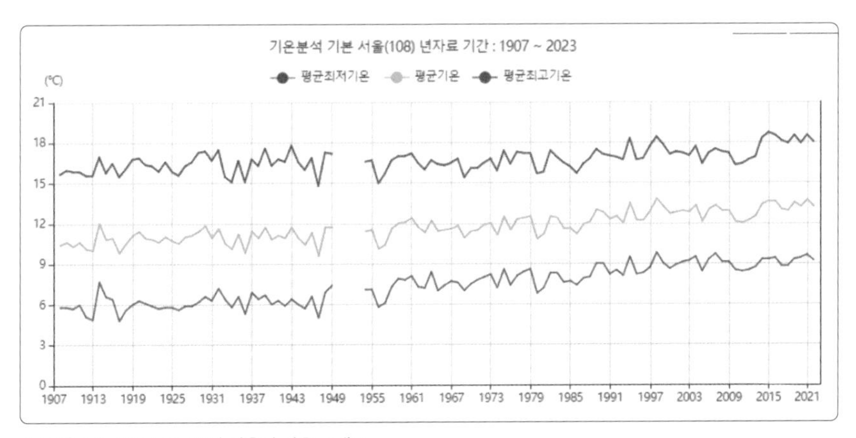

▲ **그림 16-1** 1907~2022년 서울의 기온 그래프

학생들에게 이 그래프를 보여 주고 2050년의 기온을 예측해보라고 하면 크게 두 가지 반응을 보입니다. 하나는 '○○도 정도가 될 것 같아요.'라는 반응이고, 또 다른 하나는 '올라갈 것 같은데 정확하게 몇 도인지는 잘 모르겠어요.'입니다. 두 반응의 공통점은 이 그래프에서 기온이 올라가는 선형(Linear) 패턴을 발견했다는 것입니다. 그리고 이 패턴을 2050년까지 연결해 보면 정확하진 않아도 기온을 예측할 수 있습니다.

지금부터 데이터에서 패턴을 발견하고 이 패턴을 바탕으로 2050년의 기온을 예측하는 과정을 살펴보겠습니다. 먼저 데이터를 수집해야 하니 3장에서 살펴보았던 기온 데이터를 한 번 더 다운로드하겠습니다.

▲ **그림 16-2** 기상자료개방포털에서 1907년부터 최근까지 서울 지역 기온 다운로드

설정을 끝낸 후 [csv] 버튼을 눌러서 다운로드한 파일을 열면, 서울의 경우 1907년 10월 1일부터 데이터를 수집했기 때문에 1907년의 데이터와 6.25 전쟁이 있었던 1950~1953년 사이의 데이터는 빈 상태입니다. 이렇게 비어 있는 데이터는 어떻게 처리하는 게 좋을까요? 1906년의 데이터도 없으니 삭제해도 되고, 1908년의 기온과 1907년의 기온이 비교적 비슷할 것이라 가정하고 1908년의 데이터로 빈 데이터를 채워도 됩니다.

그렇다면 6.25 전쟁이 일어났던 1950~1953년 사이에 비어 있는 데이터도 삭제하면 될까요?

1948	108	11.7	6.9	17.3
1949	108	11.7	7.4	17.2
1950	108			
1951	108			
1952	108			
1953	108			
1954	108	11.4	7.1	16.6

▲ **그림 16-3** 6.25 전쟁 시기 데이터 누락

이번에는 그렇지 않습니다. 그 이유는 우리는 지금 연도와 기온의 관계를 직선 형태의 패턴으로 나타내고자 하는데, x축에 해당하는 연도 축에서 4년이 사라지면 예측에 문제가 생기기 때문입니다. 따라서 이번 데이터의 경우 1949년과 1954년의 사이의 기온 데이터를 적절한 형태로 채우는 것이 좋습니다. 평균 기온을 기준으로 보면 1950~1951년엔 11.6도, 1952~1953년엔 11.5도 이런 식으로 말이죠. 물론 이 당시 기록이 없기 때문에 정답은 없으며, 상황과 맥락에 따라 더 적절한 답이 있을 수 있습니다. 여기서는 일단 1954년의 기온으로 빈 데이터를 채운 다음, 꺾은선 그래프로 나타내 보았습니다.

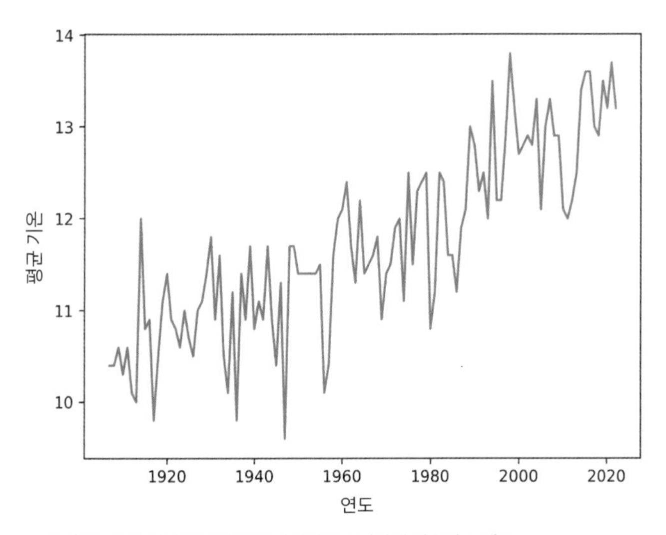

▲ **그림 16-4** 빈 데이터를 채운 후 파이썬으로 나타낸 꺾은선 그래프

그래프 중간에 어색한 부분이 있지만, 지속적으로 기온이 상승하는 패턴은 이전 그래프보다 더 명확하게 표현된 것 같습니다. 하지만 두 데이터 사이의 패턴을 살펴볼 때는 꺾은선 그래프보다 산점도로 보는 것이 더 적합합니다. 이번에는 같은 데이터를 산점도로 그린 다음, 그래프를 제일 잘 표현할 수 있는 추세선을 그려보겠습니다.

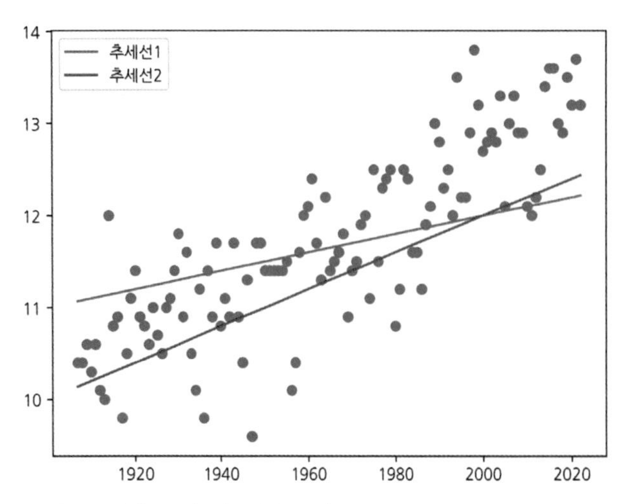

▲ **그림 16-5** 산점도 그래프에 추세선을 그린 모습

그림 16-5는 기온 데이터를 산점도로 표현한 것 위에 두 개의 추세선을 그린 것입니다. 추세선은 직선이기 때문에 수학 시간에 배운 직선의 방정식, 즉 $y = ax + b$와 같은 형태로 표현할 수 있습니다. 초록색 추세선1은 기울기(a)가 0.01이고 y절편(b)이 -8입니다. 빨간색 추세선2는 기울기가 0.02이고, y절편이 -28입니다. 두 직선 중에 어떤 직선이 더 이 데이터를 표현하는 데 적합할까요? 여기에서 중요한 것은 '적합한 직선을 어떤 기준으로 판별할 것인가?'입니다.

조금 더 단순하게 생각하기 위해 가상의 데이터와 추세선을 그려보았습니다. 파란색 점은 각 데이터를 의미하고, 초록색 점선은 각 데이터와 추세선 사이의 거리를 나타냅니다. 이 초록색 점선은 실제 데이터와 추세선의 차이로 오차라고 합니다. 그리고 이 오차는 때로는 플러스(+) 값인 경우도 있고, 때로는 마이너스(-) 값인 경우도 있습니다.

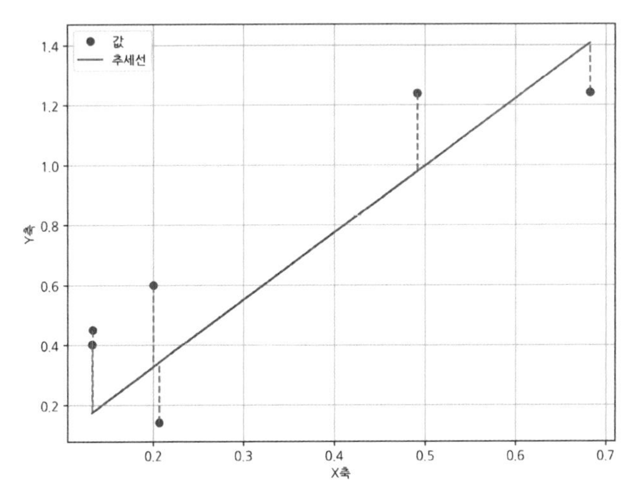

▲ **그림 16-6** 추세선의 오차

여기에서 추세선이 적합한지 판단하는 기준은 실제 데이터와 추세선 사이의 오차의 크기입니다. 그리고 당연히 하나의 점과 추세선 사이의 오차가 아니라, 모든 점과 추세선 사이의 오차의 합이 가장 작아야 합니다. 하지만 때로는 오차가 플러스인 경우와 마이너스인 경우가 있기 때문에 오차에 절댓값을 취하거나, 오차에 제곱한 값을 더합니다. 참고로 오차에 제곱을 취한 합의 평균을 '평균 제곱 오차(Mean Squared Error)'라고 하고, 오차의 절댓값에 대한 합의 평균을 '평균 절대 오차(Mean Absolute Error)'라고 합니다.

추세선1의 평균 제곱 오차를 계산해보면 1.66215이고, 추세선2의 평균 제곱 오차는 1.2406으로 추세선2가 더 적합한 추세선입니다. 하지만 이건 두 개의 추세선을 비교한 것일 뿐 추세선2가 해당 데이터에 대해 최적의 추세선이라는 의미는 아닙니다. 오차가 가장 작은 추세선은 찾으려면 어떻게 해야 할까요? 눈으로 판단하기도 어려운데 '이걸 어떻게 계산해야 하지?'라고 생각될 때, 우리에게 컴퓨터가 필요합니다. 이번에는 기계의 도움을 받아서 이 데이터에 가장 적합한 추세선을 찾아보겠습니다.

2 머신러닝으로 2050년 기온 예측하기

컴퓨터에 데이터를 제공하고 데이터를 학습해서 문제를 해결하는 것을 기계 학습 또는 머신러닝(Machine Learning)이라고 합니다. 머신러닝으로 문제를 해결하려면 데이터를 잘 준비하는 것이 가장 중요합니다. 그리고 컴퓨터에게 어떤 방식으로 학습을 할 것인지 정해주면 컴퓨터가 데이터를 학습하여 답을 찾아냅니다.

이미 우리는 데이터를 준비했으므로 단 두 줄의 코드만으로도 컴퓨터는 최적의 직선을 찾아냅니다(코드에서 연도는 **year**에 평균 기온은 **temp**에 저장되어 있다고 가정합니다). 코드에 등장하는 선형 회귀(Linear Regression)는 직선 형태의 패턴을 보이는 데이터에서 최적의 직선을 찾아내는 함수를 의미합니다.

```
from sklearn.linear_model import LinearRegression
model = LinearRegression().fit(year, temp)
```

이 코드를 실행하면 컴퓨터는 최적의 직선에 대한 기울기인 0.0245285라는 값과 직선의 y절편인 -36.47245492638295라는 값을 순식간에 찾아냅니다. 다음과 같이 머신러닝으로 찾아낸 최적의 직선을 데이터와 함께 표현한 결과에 2050년까지 직선을 연장시키면 2050년의 기온을 예측할 수 있습니다.

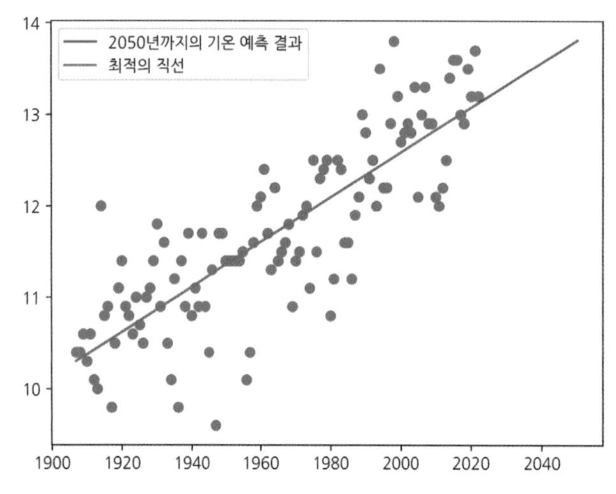

▲ **그림 16-7** 최적의 직선을 찾아2050년까지의 기온을 예측한 결과

생각보다 2050년까지의 기온을 예측하는 것이 어렵지 않았죠? 그리고 2050년의 기온을 예측한 결과는 확인해보니 13.81도였습니다. 하지만 그래프를 잘 살펴보면 뭔가 이상한 점이 있습니다. 빨간 선의 끝 부분이 2050년 기온인데 높이가 조금 이상해보이지 않으신가요? 2022년의 평균 기온이 13.2도였고 2021년의 평균 기온은 13.7도였는데, 2050년의 기온이 13.81도라니 뭔가 합리적인 예측이라고 보기 어렵네요. 심지어 1998년의 평균 기온은 13.8도였습니다. 그래서 이 데이터의 패턴을 새로운 관점에서 살펴보겠습니다. 바로 1970년 전 후로 나누어서 말이죠. 파란색의 그래프와 빨간색의 그래프 사이에 어떤 패턴의 차이가 보이나요?

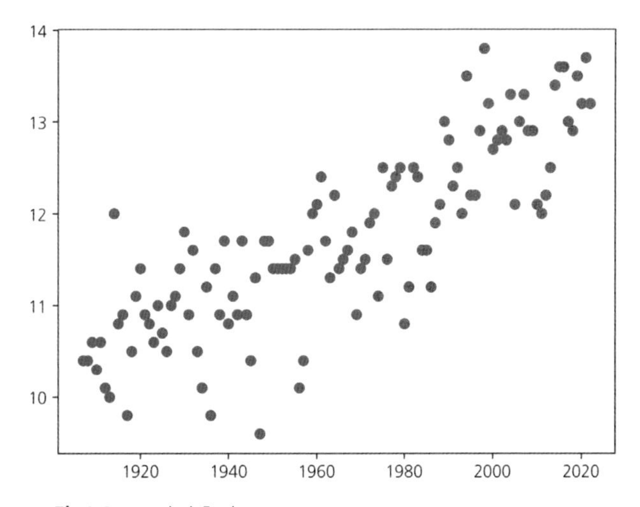

▲ **그림 16-8** 1970년 전 후 비교

1970년 이후인 빨간색 점들은 확실히 오른쪽 위로 올라가는 패턴이 보이는데, 파란색 점들은 어떤가요? 만약 두 점들 사이의 기울기를 계산한다면 어떤 쪽이 더 가파른지 알 수 있을 것 같네요. 이런 기울기 계산은 우리가 하는 것보다 컴퓨터에게 시키는 것이 훨씬 빠르고 쉽습니다. 직선 형태의 패턴을 보이는 데이터에서 직선을 찾는 선형 회귀를 사용해 파란점과 빨간점을 가장 잘 표현할 수 있는 각각의 직선을 찾아보고 이를 시각화해서 어떤 차이가 있는지 살펴보겠습니다.

이번 코드가 앞에서 살펴봤던 코드에서 달라진 점은 데이터의 범위 뿐입니다. 그리고 아까는 1개의 직선을 찾았지만 이번엔 2개의 직선을 찾아야 하므로 `LinearRegression` 함수를 두 번 사용한 것을 제외하면 큰 차이가 없습니다.

```
# 1907년부터 1970년까지의 데이터로 학습하기
model2 = LinearRegression().fit(year[:-50], temp[:-50])
# 1971년부터 최근 50년간 데이터로 학습하기
model3 = LinearRegression().fit(year[-50:], temp[-50:])
```

이 코드를 실행한 결과 `model2`(1970년 이전 파란색 데이터를 학습한 직선)는 기울기가 0.017이고, `model3`(1970년 이후 빨간색 데이터를 학습한 직선)는 0.032입니다(0.032는 100년 동안 3.2도 정도가 올라가는 정도의 기울기로 이해하면 됩니다). 이렇게 숫자만 비교해도 이미 거의 2배에 가까운 기울기의 차이가 나는 것을 확인할 수 있습니다. 그리고 이를 통해 앞에서 2050년의 기온을 예측했던 것이 왜 틀렸는지 알 수 있는데, 바로 과거의 기온 변화 패턴과 1970년 이후 기온 변화의 패턴이 바뀌었기 때문입니다. 그렇다면 1970년 이후의 빨간 데이터로 학습한 직선으로 2050년을 예측해볼까요?

다음 그래프에서 초록색 직선은 2050년 기온을 13.8도로 예측했던 전체 데이터를 선형 회귀로 찾아낸 직선입니다. 파란색 점선은 과거의 데이터로 학습한 직선인데, 확실히 기울기가 완만한 것을 알 수 있습니다. 빨간색 점선이 1970년 이후의 데이터로 학습한 직선입니다. 이 직선에 따르면 2050년엔 14.25도까지 올라갈 것이라고 예측할 수 있습니다. 지난 50년 사이에 기온의 상승폭이 커진 것으로 미루어 보아 이대로 가면 2050년엔 지금보다 기온이 더 상승할 수도 있을 것이라고 예측할 수 있습니다.

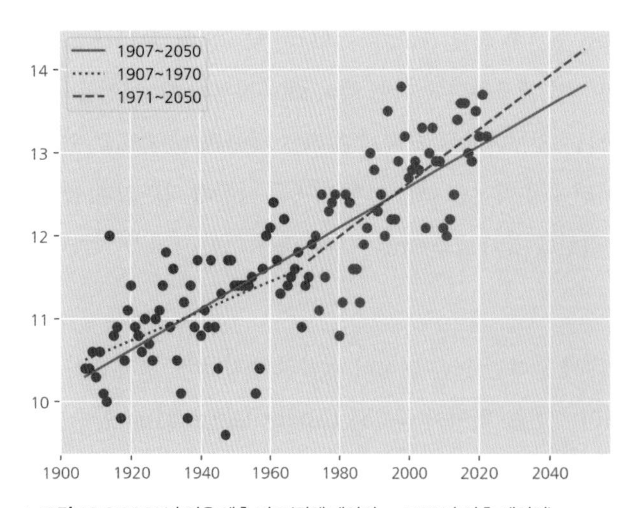

▲ **그림 16-9** 2050년 기온 예측 비교(전체 데이터 vs 1970년 이후 데이터)

지금까지 기온 데이터의 패턴으로 미래의 기온을 예측해보았습니다. 앞으로도 어떤 데이터에서 특정한 패턴을 발견해 그 패턴을 바탕으로 미래를 예측해볼 수 있을 것입니다. 지금 당장 코딩을 배우지 않아도 앞으로 점점 쉽고 간단한 도구들이 많이 나올 테니 데이터에서 패턴을 발견하고, 그것을 바탕으로 미래를 예측할 수 있다는 사실만 기억해도 좋습니다. 도구는 거들 뿐이니까요.

17장 데이터 윤리가 필요한 시간

지금까지 더 나은 의사결정을 위해 데이터를 이해하고, 해석하고, 활용하는 데이터 리터러시 역량을 길러왔습니다. 마지막으로 '윤리(ethics)'에 대해서 강조를 하고 싶습니다. 윤리란 옳고 그름, 해야 하는 것과 하지 말아야 할 것을 구별하고 이에 따라 행동하는 것입니다. 그럼 데이터를 다룰 때는 어떤 윤리가 필요할까요? 데이터 윤리는 데이터를 수집, 저장, 처리, 공유하는 과정에서 발생할 수 있는 윤리적 문제와 관련된 원칙과 가이드라인을 다룹니다. 사회적으로 큰 이슈가 되고 있는 인공지능과 연결 지어 데이터 윤리에 대해 생각해보는 시간을 가져보겠습니다.

1 데이터와 인공지능의 연결고리

주요 앱 MAU 1억 명 도달 소요 시간

앱	주요 앱 MAU 1억 명 도달 소요 시간
챗GPT	2
틱톡	9
인스타그램	30
핀터레스트	41
스포티파이	55
텔레그램	61
우버	70
구글 번역기	78

출처: UBS, 야후파이낸스 TheMiilk

▲ **그림 17-1** 대화형 인공지능 챗GPT의 뜨거운 인기

챗GPT(ChatGPT)를 사용해 보진 않아도 한 번쯤 들어는 봤을 것입니다. 챗GPT는 미국의 OpenAI가 만든 대화형 인공지능 챗봇으로 2021년 11월 30일에 공개된 지 단 5일 만에 사용자 100만 명을 모을 만큼 큰 관심과 인기를 얻었습니다. 이 기록이 얼마나 대단한 것인가 하면 넷플릭스는 40개월, 페이스북은 10개월 동안 해낸 일을 단 5일 만에 해낸 것입니다. 더 나아가 공개된 지 두 달이 지난 2023년 2월에는 월 사용자 1억 명이 넘는 서비스가 되었습니다. 챗GPT는 미국에서 의사면허시험, 로스쿨, 경영전문대학원(MBA) 등 각종 시험을 통과할 정도로 다방면에 높은 성능을 보여 주었습니다. 과거에는 검색 엔진을 통해 지식을 찾았다면, 이제는 인공지능과의 대화를 통해 쉽게 정보를 찾고 다양한 분야의 문제를 해결하는 시대가 온 것입니다. 그런데 챗GPT는 어떻게 이렇게 똑똑해질 수 있었을까요?

어렵지 않습니다. 우리가 공부를 하는 것처럼 챗GPT도 공부를 한 것입니다. 무엇으로 공부를 했을까요? 네 맞습니다. 바로 '데이터'죠. 챗GPT의 기반이 되는 GPT-3가 학습에 이용한 데이터양은 약 45테라바이트(TB)라고 합니다. 45TB라고 하면 어느 정도인지 감이 안 올 텐데요. 책으로 따지면 2억 2500만 권에 해당하는 양입니다. 누군가 여러분에게 2억 2500만 권의 책을 읽으라고 하면 읽을 수 있을까요? 상상조차 할 수 없을 것입니다.

▲ **그림 17-2** 사람이 2억 2500만 권을 읽을 수 있을까?

2016년 이세돌 9단과의 경기로 전세계를 놀라게 한 바둑 인공지능 알파고(AlphaGo)를 기억하나요? 알파고는 온라인 바둑 사이트의 최고수 기보 16만 개를 5주 만에 학습했고, 인간의 직관마저 흉내 내며 10만 수를 내다봤다고 합니다. 정말 어마어마하죠? 이처럼 우리 인간은 평생에 걸쳐서도 읽을 수 없는 자료를 인공지능이 학습해 다양한 분야의 문제를 해결할 수 있게 된 것입니다. 그런데 인공지능이 학습을 한다는 것이 잘 와닿지 않습니다. 그렇다면 인간의 뇌는 어떻게 학습하는지 먼저 살펴볼까요?

나의 어린 시절을 떠올려봅시다. 아기 때는 모든 것을 입으로 가져가려 하죠. 그런데 돌, 공, 인형 이런 것들은 딱딱하거나 맛이 없기에 다음부터는 '아! 저것은 못 먹는 것'이라는 인식이 생깁니다. 반면 음식을 맛있게 먹은 뒤에는 '이것은 먹어도 되는 것'이라고 뇌에서 학습을 할 겁니다. 구체적으로 설명할 순 없지만 우리의 뇌가 경험을 통해 사고의 틀을 형성하는 것처럼, 인공지능도 데이터를 학습함으로써 데이터를 이해하고 예측하기 위한 틀, 즉 모델(model)을 형성합니다. 참고로 모델을 수학적으로 설명하면 '데이터에서 패턴(규칙)을 찾아내고, 이를 바탕으로 새로운 입력에 대한 출력을 예측하는 함수'라고도 합니다. 결국 인공지능에 어떤 데이터가 입력되고, 어떤 데이터로 학습했는지에 따라서 모델이 달라질 것이기에 데이터와 인공지능은 떼려야 뗄 수 없는 관계입니다. 그런데 만약 데이터가 잘못되었다면 어떤 일이 벌어질까요?

2 데이터 편향의 위험성

편향(Bias)이란, 데이터나 정보가 한쪽으로 치우쳐져 있어, 전체적이거나 공정한 판단을 하지 못하게 만드는 것을 의미합니다. 선글라스를 쓴 상황을 상상해봅시다. 선글라스를 쓰면 주변 환경의 색상이나 밝기가 실제와는 다르게 보이죠? 마찬가지로 데이터에 편향이 있으면 인공지능은 그 편향된 데이터를 바탕으로 세상을 이해하게 됩니다. 예를 들어 인공지능에 신발을 인식하도록 가르치면서 운동화만 보여준다면 하이힐, 샌들, 슬리퍼 등은 신발로 인식하는 방법을 배울 수 없습니다. 이처럼 인공지능 모델은 제공된 데이터를 기반으로 학습하기에 데이터가 편향되어 있으면, 모델도 그 편향을 그대로 반영하게 됩니다.

▲ 그림 17-3 인공지능 모델과 편향

이번엔 이미지를 보고 간호사와 의사를 분류하는 인공지능 모델을 만든다고 생각해봅시다. 학습에 필요한 데이터를 얻기 위해 인터넷에 검색해서 의사와 간호사에 대한 다양한 이미지를 다운받을 수 있겠죠. 그런데 수집한 이미지의 대부분이 의사는 남성, 간호사는 여성이라면 의사인 여성 또는 간호사인 남성을 잘 분류하지 못할 것입니다. 이와 같이 학습 과정에서 데이터가 실제 세계의 다양한 상황을 공정하게 반영하지 않는 '데이터 편향'이 나타나면 예측이나 분류에서 오류를 발생시킬 수 있습니다. '그 정도는 실수로 넘어갈 수 있지'라고 가볍게 생각할 수도 있습니다. 하지만 인공지능의 영향력과 활용이 더욱 커진 현재 시점에서 인공지능의 편향은 실제 응용 분야에서 큰 문제를 야기할 수 있습니다.

▲ **그림 17-4** 데이터가 편향되면 모델을 올바로 분류할 수가 없다

실제 사례를 함께 살펴볼까요? 2008년 글로벌 기업 아마존은 새롭게 개발한 인공지능 채용 시스템에 여성 차별 경향이 발견되어 폐기했습니다. 원인을 분석해보니 이 인공지능은 지난 10년간 회사에 제출된 이력서 패턴을 익혀 이를 바탕으로 지원자들을 심사했는데, 아마존의 경우 개발 직군이 전체 직원 수의 70% 이상을 차지했고, 남자 직원이 여성보다 압도적으로 많았기 때문에 남성 지원자가 높은 점수를 받는 성별 편향이 일어났던 것입니다. 이를 발견하지 못했다면 공정한 채용이 이루어지지 못했겠죠?

인공지능이 발전되고 다양한 분야에 활용됨에 따라 사람들은 데이터 편향에 관심을 갖고 문제점을 발견해왔습니다. 2016년 미국 탐사보도매체 '프로퍼블리카'는 미국 법원에서 사용 중인 인공지능 재판 지원시스템 컴파스(COMPAS)가 흑인 피고인(45%)을 백인 피고인(23%)에 비해 두 배나 더 높은 재범 위험으로 잘못 분류하고 있음을 보도했습니다. 실제 현실에서는 흑인의 재범률이 백인보다 더 높지 않았고, 이는 흑인 피고의 검거율(52%)이 백인 피고(39%)보다 높았기 때문이었습니다. 또한 2019년에는 유명한 과학 학술지인 〈사이언스(Science)〉에 미국에서 널리 사용되는 건강 관리 알고리즘이 흑인 환자들에 대해 병원비를 낮게 예측하는 경향이 있음이 발표했습니다. 이러한 편향은 알고리즘이 과거 흑인 환자들이 동일한 건강 상태에서도 더 적은 의료 서비스를 받았던 데이터를 학습했기 때문이었습니다. 이처럼 취업, 재판, 의료 등 우리의 삶과 밀접하고 중요한 영역에서 데이터 편향성의 무서움과 그 영향력을 알 수 있습니다.

우리나라의 사례도 볼까요? 2020년 12월에 오픈한 이루다는 20세 여대생으로 설정된 인공지능 챗봇으로, 친근하고 자연스러운 대화로 2주 동안 75만 명이 넘는 사람들이 이용할 정도로 큰 인기를 끌었습니다. 그러나 많은 윤리적 이슈가 발생해 출시 3주만에 서비스를 중단할 수밖에 없었습니다.

▲ **그림 17-5** 인공지능 챗봇 이루다

가장 큰 문제 중 하나가 이루다가 동성애, 장애인, 임산부, 흑인 등에 대해 혐오와 차별 발언을 하는 것이었습니다. 이는 인공지능이 실제 사용자들의 대화 데이터를 학습하는 과정에서, 편향되고 편견이 들어간 사용자들의 데이터도 포함했기 때문입니다. 이처럼 데이터의 편향은 인공지능의 판단을 잘못된 방향으로 이끌 수 있으므로, 학습 데이터를 준비할 때 공정하고 다양한 정보를 제공하는 것 즉, 데이터의 윤리적 정제 과정이 필요합니다.

참고로 머신러닝 연습 예제로 유명한 사이킷런(scikit-learn)의 보스턴 집값 데이터셋(Boston Housing dataset)이 있습니다. 1970년대 보스턴 지역의 주택 가격과 관련된 정보를 포함하고 있어 집값을 예측하는 실습 예제로 많이 활용된 데이터셋입니다. 그런데 해당 데이터셋이 인종과 주택 가격 사이에 상관관계가 있다는 가정을 내포하고 있음이 발견되면서 사이킷런 개발자 커뮤니티는 보스턴 집값 데이터셋을 라이브러리에서 제거하기로 결정했습니다. 이는 데이터 과학자나 연구자가 사용하는 데이터셋의 윤리적 측면에 대한 중요성을 강조하는 사례로, 데이터를 사용하고 분석하는 입장에서 데이터 속에 숨어 있는 편견에 주의해야 한다는 점을 알 수 있습니다.

3 인공지능 발전의 그늘, 윤리와 책임

앞서 인공지능 챗봇 이루다가 사용자들의 대화 데이터를 이용해 학습했다고 소개했습니다. 이 과정에서 데이터 편향 말고 또 다른 치명적인 문제가 발견되었습니다. 바로 '개인정보보호 위반' 문제입니다. 이루다 개발사인 스캐터랩은 사용자들에게 충분한 고지 없이, 학습을 위해 서비스 이용자의 대화 수집해 논란이 되었습니다. 게다가 이루다와의 대화 과정에서 학습한 대화 속에 있었던 사용자의 계좌번호, 주소 등의 개인정보가 유출되어 큰 충격을 주었습니다. 채팅에서 편하게 말한 나의 개인정보가 불특정 다수에게 공개된다니, 상상만 해도 무섭습니다.

스마트폰을 통해 우리는 대화 데이터뿐만 아니라 건강 데이터, 웹 사이트 접속 기록 등 다양한 개인정보 데이터를 생산합니다. 만약 본인의 동의 없이 데이터가 특정 서비스 개발에 활용이 되고 공유된다면 이는 개인의 프라이버시권 침해입니다.

이와 관련해서 최근 논란이 된 인공지능 창작물에 대한 저작권 분쟁을 함께 생각해볼 수 있는데요. 2023년 1월, 일부 화가들이 '스테이블 디퓨전'과 '미드저니' 등 이미지 생성 인공지능 도구를 개발한 기업을 대상으로 저작권 위반 혐의 소송을 제기했습니다. 이들은 인공지능 훈련에 웹에서 무단으로 스크랩한 50억 개의 이미지를 사용함으로써 예술가의 권리가 침해되었다고 주장했습니다. 이어 2023년 5월에는 미국 할리우드 작가 조합이 생성 인공지능의 무차별 도용 문제를 지적하며 파업에 돌입했습니다. 그들은 "생성 인공지능은 작가들의 언어, 스토리텔링, 스타일, 아이디어를 모방하고 있으며, 인공지능 개발에 작가들의 저작물이 사용된다면 허락 및 적절한 대가 지급이 필요하다"고 주장했습니다.

참고로 챗GPT를 개발한 OpenAI도 무단 도용 문제로 여러 건의 소송에 휘말린 상태라고 합니다. 이처럼 인공지능의 개발과 상업화 속도가 빨라지면서 법적 분쟁이 늘어나고 있으며, 그만큼 데이터 수집 과정에서의 윤리에 대한 관심과 주의가 필요해졌습니다.

위의 여러 사례들을 보면서 '왜 인공지능을 개발할 때 이런 문제점을 미리 고려하지 않았던 걸까?'라는 생각이 들 수 있습니다. 그러나 인공지능과 같은 신기술은 누구도 가지 않은 길이기에 어디서 역기능이 일어날 지 모를 수밖에 없습니다. 과정 속에서 생기는 문제점들을 보며 깨달을 수밖에 없는 셈이죠. 인공지능을 흔히 '양날의 검'이라고 표현합니다. 과거 과학자 노벨이 개발한 다이너마이트처럼 엄청난 힘과 영향력을 가지고 있는데, 이를 어디에 사용하는지에 따라 사람에게 도움이 되는 유용한 도구가 되기도 하고 사람을 해칠 수 있는 무시무시한 무기가 될 수도 있기 때문입니다.

▲ **그림 17-6** 양날의 검과 같은 인공지능

실제로 이러한 인공지능의 양면성을 우려하여 생성형 인공지능 개발 중단 찬반 논쟁이 있었습니다.

2023년 3월 28일 미국 비영리단체 미래생명연구소(FLI)에서 '모든 인공지능 연구소에 GPT-4 기능을 넘어서는 인공지능 개발을 최소 6개월간 중단할 것을 요청'했고, 이 공개 서한에 테슬라 최고경영자(CEO)인 일론 머스크와 베스트셀러 작가인 유발 하라리를 포함한 많은 명사가 서명하여 주목을 받았습니다. 한편 마이크로소프트(MS) 창업자 빌 게이츠는 인공지능 개발 중단으로 인공지능 윤리 및 안전 문제를 해결하는 데는 한계가 있으며, 인공지능 기술의 발전은 큰 이점을 제공할 것이라는 입장을 밝혔습니다. 이처럼 전문가들 사이에도 의견이 분분하지만, 중단 요청 같은 움직임은 인공지능 개발 윤리를 고려하는 중요한 토론의 시작점이었습니다.

인공지능 기술이 발전함에 따라 인간의 역할과 책임은 더욱 중요해지고 있습니다. 그리고 사람에 의해 데이터를 수집하고 인공지능이 학습되므로 인공지능에 대한 책임은 인공지능 개발자만의 것이 아니라, 사용자인 '우리'에게도 있습니다. 더욱이 인공지능은 우리 삶에 큰 영향을 미치고 있기에, 이를 지속적으로 개선하고 윤리적으로 사용하려면 모두가 협력해야 합니다. 올바른 데이터와 데이터 수집 방법에 대한 기준을 사회 전체 구성원이 함께 고민하고 만들어 가는 과정이 필요한 것이죠. 따라서 인공지능을 비판적으로 검토하고 논의에 적극적으로 참여하는 것은 데이터 시대를 살아가는 우리 모두의 역할이며, 이를 통해 더 나은 인공지능을 만들 뿐만 아니라 인공지능과 인간이 공존하는 길을 찾을 수 있을 것입니다.

찾아보기